大学数学 スポットライト・シリーズ ❼

可換環論の様相

——クルルの定理と正則局所環

新妻 弘 著

近代科学社

◆ 読者の皆さまへ ◆

平素より，小社の出版物をご愛読くださいまして，まことに有り難うございます．

(株)近代科学社は1959年の創立以来，微力ながら出版の立場から科学・工学の発展に寄与すべく尽力してきております．それも，ひとえに皆さまの温かいご支援があってのものと存じ，ここに衷心より御礼申し上げます．

なお，小社では，全出版物に対してHCD（人間中心設計）のコンセプトに基づき，そのユーザビリティを追求しております．本書を通じまして何かお気づきの事柄がございましたら，ぜひ以下の「お問合せ先」までご一報くださいますよう，お願いいたします．

お問合せ先：reader@kindaikagaku.co.jp

なお，本書の制作には，以下が各プロセスに関与いたしました：

・企画：小山　透
・編集：小山　透，高山哲司，安原悦子
・組版(TeX)・印刷・製本・資材管理：藤原印刷
・カバー・表紙デザイン：菊池周二
・広報宣伝・営業：冨髙琢磨，山口幸治，東條風太

大学数学 スポットライト・シリーズ
刊行の辞

周知のように，数学は古代文明の発生とともに，現実の世界を数量的に明確に捉えるために生まれたと考えられますが，人類の知的好奇心は単なる実用を越えて数学を発展させて行きました．有名なユークリッドの『原論』に見られるとおり，現実的必要性をはるかに離れた幾何学や数論，あるいは無理量の理論がすでに紀元前 300 年頃には展開されていました．

『原論』から数えても，現在までゆうに 2000 年以上の歳月を経るあいだ，数学は内発的な力に加えて物理学など外部からの刺激をも様々に取り入れて絶え間なく発展し，無数の有用な成果を生み出してきました．そして 21 世紀となった今日，数学と切り離せない数理科学と呼ばれる分野は大きく広がり，数学の活用を求める声も高まっています．しかしながら，もともと数学を学ぶ上ではものごとを明確に理解することが必要であり，本当に理解できたときの喜びも大きいのですが，活用を求めるならばさらにしっかりと数学そのものを理解し，身につけなければなりません．とは言え，発展した現代数学はその基礎もかなり膨大なものになっていて，その全体をただ論理的順序に従って粛々と学んでいくことは初学者にとって負担が大きいことです．

そこで，このシリーズでは各巻で一つのテーマにスポットライトを当て，深いところまでしっかり扱い，読み終わった読者が確実に，ひとまとまりの結果を理解できたという満足感を得られることを目指します．本シリーズで扱われるテーマは数学系の学部レベルを基本としますが，それらは通常の講義では数回で通過せざるを得ないが重要で珠玉のような定理一つの場合もあれば，ε-δ 論法のような，広い分野の基礎となっている概念であったりします．また，応用に欠かせない数値解析や離散数学，近年の数理科学における話題も幅広く採り上げられます．

本シリーズの外形的な特徴としては，新しい製本方式の採用により本文の余白が従来よりもかなり広くなっていることが挙げられます．この余白を利用して，脚注よりも見やすい形で本文の補足を述べたり，読者が抱くと思われる疑問に答えるコラムなどを挿入して，親しみやすくかつ理解しやすものになるよういろいろと工夫をしていますが，余った部分は読者にメモ欄として利用していただくことも想定しています．

また，本シリーズの編集幹事は東京理科大学の教員から成り，学内で活発に研究教育活動を展開しているベテランから若手までの幅広く豊富な人材から執筆者を選定し，同一大学の利点を生かして緊密な体制を取っています．

本シリーズは数学および関連分野の学部教育全体をカバーする教科書群ではありませんが，読者が本シリーズを通じて深く理解する喜びを知り，数学の多方面への広がりに目を向けるきっかけになることを心から願っています．

編集幹事一同

まえがき

本書は学部の2年生程度の群・環・体を学んで，少しイデアルに興味をもった学生に可換環論の面白さを知っていただきたいということを目的に執筆された．もちろん，可換環論は後で述べられているように今や非常に大きな理論の体系となり，本書のようなスポットライトシリーズの1冊に収まるようなものではないが，可換環論の発展の出発点となったクルルの定理（クルルの共通集合定理と単項イデアル定理，標高定理）や代数幾何学に関連の深い正則局所環に的を絞り，それも読者が自己充足的（self-contained）に読めるようなやり方で書くように努力した．

可換環論を学ぶには，いくつかの基本的な手法が必要である．局所化という手法，テンソル積，ホモロジー代数などである．本書では，クルルの定理や正則局所環を調べるために，最低限「局所化」という手法のみで懇切丁寧に解説したつもりである．テンソル積については第2章の練習問題で定義と性質などを書いておいたが，基本的に本書では使わない．また，本書の内容より進んで学ぶためにはホモロジー代数は必須の手法であるが，これも他書に譲りたい．

第1章は群・環・体の復習として，第2章以降で必要と思われる基本的な定義，命題，定理を述べて，必要に応じて説明している．各命題，定理の証明については，代数系入門の本にはどの本にでもあると思われるが，たとえば大学数学スポットライト・シリーズの『イデアル論入門』などを参照していただきたい．

第2章は R 加群の基本事項を述べている．環の基本的な概念はイデアルであるが，その構造などを調べるときには，体を環 R におきかえて，スカラー積をもつ加群としてベクトル空間を一般化し，R 加群を考えると適用範囲が広くなる．ゆえに，可換代数では R 加群として考えることが多い．

第3章では最初に，3.1節として R 加群として適用される「中山の補題」と呼ばれている定理を証明する．これは「クルル・東屋の補題」とも呼ばれるが，非常に適用範囲が広く，いろいろな場面で用いられる便利な定理である．英語の論文などでは「NAKA」として実際に使われている．3.2節では完全系列を簡単に説明した．これはホモロジー代数で用いられる最も基本的な概念であるが，ホモロジー代数を使わない本書でも多くの場面で状況を説明するとき，非常に便利であり，完全系列で物事を理解できるようになると，本書を読みその後でさらに進んで学ぶときには必ず役に立つと思われる．3.3節ではネーター R 加群とアルティン R 加群を定義する．3.4節では R 加群の長さを定義するために，組成列の概念を定義し，その基本的な性質を調べる．特に，ベクトル空間の場合に長さと次元の関係を調べる．

第4章では可換環の有力な方法の一つである局所化について解説する．4.1節では，最初に環 R の積閉集合 S による商環（分数環）$S^{-1}R = R_S$ を定義する．この閉集合 S の取り方により，商環 $S^{-1}R$ が商体になったり，全商環になったりする．商環 $S^{-1}R$ と標準写像 $\varphi : R \longrightarrow S^{-1}R$ がある意味で普遍的な性質をもつことが分かる．また，素イデアル P に対して積閉集合を $S := R \setminus P$ にとれば，商環 $R_P := S^{-1}R$ は局所環になる．4.2節では，R 加群 M に対して商環と同様に商加群 $S^{-1}M$ を定義し，その性質を考察する．4.3節では，環 R のイデアルを商環 $S^{-1}R$ へ拡大した拡大イデアルと，逆に $S^{-1}R$ のイデアルを R へ縮約したイデアルとの関係を調べる．特に，P を R の素イデアルとしたとき，P に含まれる R のすべての素イデアルと商環 R_P のすべての素イデアルが1対1に対応することが示される．

第5章では，整数環 $\mathbb{Z}$ の素イデアル (p) のベキ (p^n) の一般化である準素イデアルを定義する．5.1節では準素イデアルの定義と性質を調べる．準素イデアルは整数環の場合とは違った様相をもつことを示す．5.2節では環 R のイデアル I が準素イデアルの共通集合で表されるときに，I は準素分解可能であるという．特に無駄のない準素分解と呼ばれるものを考察する．無駄のない準素分解のとき，各成分の準素イデアルに対応する素イデアルはどの無駄のない準素分解を選んでも常に同じになることが示される（一意性定理）．この素イデアルをイデアル I の素因子という．5.3 節では，環 R のイデアル I を積閉集合 S による商環 $S^{-1}R$ へ拡大したとき，R における I の準素分解がどのようになるかを調べる．

第 6 章，6.1 節ではネーター環においてはすべてのイデアルが準素分解可能であることを示す．この節の最後に，後で用いられる素イデアル P の記号的 n 乗 $P^{(n)}$ を定義する．6.2 節では，「クルルの共通集合定理」と呼ばれる定理を証明する．この定理はさまざまな形で表現され，それら一連の定理を総称して「クルルの共通集合定理」と呼ばれることもある．6.3 節では準素イデアルの長さを定義し，次節の準備をする．6.4 節では最初に，素イデアルの「高さ」を定義し，次に任意のイデアルの「高さ」を定義する．そして，本書の一つの目的である「クルルの単項イデアル定理」を，素イデアルの記号的 n 乗などを用いて証明する．さらに，この定理を用いて，「クルルの標高定理」を証明する．最後に，素イデアルの高さを用いて，環 R の「クルル次元」$\dim R$ を定義する．最近では環の次元といえば，クルル次元を意味するようになっている．

第 7 章では正則局所環について考察する．最初に環 R のイデアルを R 係数の多項式環に拡大したとき，もとのイデアルとの関係を調べる．7.2 節以降はネーター局所環に限定し，環 R のパラメーター系を定義する．7.3 節では解析的独立性の概念を定義して，パラメーター系ならば解析的独立であることを証明する．7.4 節で正則局所環を定義する．すなわち，R を P を極大イデアルとする局所環とするとき，R のクルル次元が P の極小底の個数に一致するとき，R は正則局所環であるという．その後は，正則局所環の性質をいろいろ調べている．7.5 節では，正則局所環は正規環（整閉整域）と密接な関係があるので，そのために，ここでは整拡大を定義して，その性質を調べている．7.6 節では，クルル次元が 1 のときには R が正則局所環であることと，R が正規環であることは同値であることを示す．

本書を執筆するにあたって，多くの文献を参考にさせていただきました．紙面をお借りしてそれらの著者の方々にお礼を申し上げたいと思います．また，本書を読みさらに進んだ代数学に興味をもっていただければ，これにつきる喜びはありません．

最後に，本書を出版するにあたり，良い提案をしてくれた東京理科大学数学科の宮岡悦良先生，お忙しい中原稿を短期間で読み査読していただいた同大学同学科の佐藤隆夫先生には深く感謝いたします．そして，執筆を快く承諾していただき，相談にのっていただいた近代科学社社長の小山透さんと同社の高山哲司さんに感謝したいと思います．

2017 年 10 月

新妻　弘

記号表

AR： 集合 A により生成されたイデアル

$(a) = aR$： 元 a により生成された単項イデアル

$(1) = R$： 環全体

$\mathrm{Ker}\, f = f^{-1}(0)$： f の核

$f^{-1}f(I) = f^{-1}(f(I))$

$ff^{-1}(I) = f(f^{-1}(I))$

R/I： イデアル I による剰余環

J/I： 剰余環 R/I のイデアル

$I + J$： イデアルの和

IJ： イデアルの積

$I \cap J$： イデアルの共通集合

$(I : J)$： イデアル商

$\mathrm{Ann}_R J = (0 : J)$：$J$ の零化イデアル

$\mathrm{Ann}_R(a) = (0 : a)$：$a$ の零化イデアル

$I^e = f(I)R'$：I の拡大イデアル

$(I')^c = f^{-1}(I')$：I' の縮約イデアル

$\mathrm{Spec}(R)$：環 R のスペクトル

$\mathrm{Max}(R)$：環 R の極大イデアルの集合

PID ： 単項イデアル整域

UFD ： 一意分解整域

$\mathbb{Z}$：有理整数環

$R[X], R[X, Y]$：多項式環

$k[X], k[X_1, \ldots, X_n]$：体 k 上の多項式環

$\sqrt{I}$：イデアル I の根基

$\mathrm{nil}(R)$：ベキ零根基

$\mathrm{rad}(R)$：ジャコブソン根基

(R, P)：R は P を極大イデアルとする局所環

$U(R)$：R の単元の集合

$R \setminus P$：R から P を除いた差集合

$1 + P = \{1 + a \mid a \in P\}$

$I^e = IR[X]$：拡大イデアル

$R[X] = R[X_1, \ldots, X_n]$

σ^*：σ により引き起こされる多項式環の準同型写像

$R^n = \overbrace{R \times \cdots \times R}^{n}$：$R$ の直積

$N_1 + \cdots + N_s$：部分加群の和

$\mathrm{Ann}_R(x)$：x の零化イデアル

$\mathrm{Ann}_R(M)$：M の零化イデアル

$(L : N) = \{a \in R \mid aN \subset L\}$

$x + N$：x の属する剰余類

$x \equiv y \pmod{N} \Longleftrightarrow x - y \in N$

M/N：N を法とする M の剰余加群

$\mathrm{Im}\, f = f(M)$：f の像

$\mathrm{Ker}\, f = f^{-1}(0)$：$f$ の核

$M \cong N$：M と N は同型

$\iota : N \longrightarrow M$：埋め込み写像

$\mathrm{id}_M = \iota_M$：M の恒等写像

$\pi : M \longrightarrow M/N$：標準全射

$M = M_1 \dot{\oplus} \cdots \dot{\oplus} M_n$：内部直和

$M = M_1 \oplus \cdots \oplus M_n$：外部直和

$q_i : M_i \longrightarrow M_1 \oplus \cdots \oplus M_n$：$i$ 入射

$e_i = (0, \ldots, \overset{i}{1}, \ldots, 0) \in R^n$

$\mathrm{Hom}_R(M, N)$：M から N への R 準同型写像の集合

f^X, f_Y：第３章練習問題 7, 8 参照

$M \otimes_R N$：M と N のテンソル積

$f \otimes g : M \otimes_R N \longrightarrow M' \otimes_R N'$：写像 f と g のテンソル積

$\tilde{B}$：行列 B の余因子行列

$|B|$：行列 B の行列式

(R, P, k)：局所環

$n = \dim_k M/PM$：k ベクトル空間 M/PM の次元

$(a, s) \sim (b, t) \Longleftrightarrow \exists u \in S, u(at - bs) = 0$

$S^{-1}R$：商環，分数環

$a/s = \dfrac{a}{s}$：分数環 $S^{-1}R$ の元

$\varphi : R \longrightarrow S^{-1}R$：標準的な準同型写像

$\mathfrak{m}$：R_P の極大イデアル PR_P を表すドイツ小文字

$S^{-1}M, S^{-1}f$：S に関する局所化，その準同型写像

$R_P = S^{-1}R, S = R \setminus P$

$\mathrm{Ass}(M)$：M の付随素イデアルの集合

$S(I)$：I の S 成分

$P^{(n)}$：素イデアル P の記号的 n 乗

$\mathrm{ht}\, I$：イデアル I の高さ（高度）

$\dim R$：環 R のクルル次元

$\mathrm{coht}\, I$：イデアル I の余高度

$\mu(I)$：I の生成系の最小個数

目　次

0 可換環論小史

可換環論は代数幾何学の局所理論であると言われる．著者も最初は代数幾何学を研究するつもりで学んでいたが，あとから振り返ると結局，代数幾何学にいたる可換環論のところで研究していることになる．

余談はさておき，可換環論の定理や命題は幾何学的な意味や背景があり，それらを理解すると定理や命題の代数的意味や証明が理解しやすくなる．さらに，幾何学的直感により，その定理や命題から派生する，あるいは予想されるものもまた考えることができるようになる．

可換環論について．最も基本的な可換環は有理整数環 $\mathbb{Z}$ と，体 k 上の多項式環 $k[X_1, \ldots, X_n]$ である．

有理整数環の拡張として代数的数体の整数環が考察され，そのとき中心的問題になったのが，整数論における素因数分解の一意性であった．すなわち，代数的整数論においてこの整数論の基本定理がそのままでは成り立たない．クンマー[1]やクロネッカー[2]がこれを解決するためにさまざまな努力をしたが，最終的にデデキント[3]によってイデアルの概念が導入され（1870 年代），代数体では (0) 以外の任意のイデアルは有限個の素イデアルの積に因数の順序を除いて一意的に分解されることが証明された．

一方，多項式環は 19 世紀後半に代数幾何学と不変式論から次第に研究されるようになったが，最初は複素数体 $\mathbb{C}$ 上の多項式環 $\mathbb{C}[X_1, \ldots, X_n]$ を消去理論のような特殊な方法により考察することより始まった．このような状況で，ヒルベルトは多項式環のイデアルが有限生成であること（「ヒルベルトの基底定理」）など，いくつかの基本的な定理を証明した．

[1] Ernst Eduard Kummer (1810–1893) ドイツの数学者．フェルマーの最終定理の証明を追求し，その過程で理想数という概念を導入した．

[2] Leopold Kronecker (1823–1891) ドイツの数学者．方程式論，楕円関数論，代数的整数論を研究した．イデアルに近いモジュラー系という概念を導入．

[3] Julius Wilhelm Richard Dedekind (1831–1916) クンマー，クロネッカーらとともに代数的整数論の創始者．現在のイデアルの概念を定義した．また，切断という概念により実数論を構築した．

20 世紀に入り，多項式環のイデアルの準素分解に関する研究がなされ，抽象代数学の時代が到来する．可換環論の抽象化に先鞭をつけたのは園正造で，デデキント環の特徴づけに成功した．続いて，E. ネーターは極大条件からイデアルの準素分解が従うことを証明し，可換環論のそれ以後の発展を決定的に方向づけた．いまでは普通「ネーター環」と呼ばれているこの名前は最初にそれらの重要性を認識した E. ネーターにちなんで名づけられた．ネーター環が可換環論において占める中心的な役割は，彼女の仕事によって明らかにされた．彼女の講義のもとに集まった学生には，ヒルベルトの問題を解いた E. アルティン，ネーターのアイデアを『現代代数学 I, II』という本で世に広めたファン・デル・ベルデン[4]，そして正田健次郎などがいた．彼らはネーター・ボーイズと呼ばれた．その後，抽象代数学的思考様式が急速に広まっていった．

しかし，抽象的な可換環論を深い学問に育て上げた第一の功労者はクルル (1899–1970) である．彼は 1920 年代から 30 年代にわたって，イデアルの高度を導入し，現在のクルル次元を定義してネーター環の次元論を確立し，局所化，完備化の手法や正則局所環の概念等を導入した．

1940 年代には，クルルの理論がシュヴァレー[5]やザリスキー[6]によって代数幾何学に応用されて，著しい成功を収めた．ザリスキーは付値論を特異点の解消や双有理変換に応用し，正則局所環の概念によって多様体の単純点の理論を代数化した．ザリスキーの弟子の I. S. コーエン[7]は完備局所環の構造定理を，シュヴァレーは局所環の重複度理論を創始し，その後重複度の理論はサミュエル[8]と永田雅宜[9]により基礎づけをされ，局所環論の有力な道具の 1 つとなる．永田はこの他，ヘンゼル環[10]の理論を創始し，ヒルベルト第 14 問題の反例をつくり，50 年代の最も卓越した研究者であった．

永田や森[11]の研究がクルルの伝統を受け継ぐものであったのに対し，同じ頃，アメリカのアウスランダー[12]，ブッシュバウム[13]，イギリスのリース[14]，ノースコット[15]，フランスのセール[16]等がホモロジー代数を可換環論へ導入した．この方向で，コーエン・マコーレー[17]環の理論が整備され，正則局所環のホモロジカルな特徴づけによって，可換環論の理論が飛躍的に進歩した．

60 年代に入り，ブルバキの『可換代数』が刊行された．ブルバ

[4] Bartel Leendert Van Der Waerden (1903–1996) オランダの数学者．多項式環におけるイデアルを用いて代数幾何学を研究した．

[5] Claude Chevalley (1907–1984) フランスの数学者．整数論，代数幾何学，リー群論などを研究した．

[6] Oscar Zariski (1899–1986) ロシア出身のアメリカの数学者．可換環論と代数幾何学を研究した．ザリスキー位相を導入．弟子に広中平祐氏や D. マンフォードがいる．

[7] Irvin Sol Cohen (1917–1955) アメリカの数学者．ザリスキーの弟子．

[8] Pierre Samuel (1861–1946) フランスの数学者．可換代数，代数幾何学，代数的整数論を研究した．

[9] 永田雅宜 (1927–2008) 可換環論，代数幾何学，不変式論を研究した．重要な反例を多くつくり，「ミスター反例」と呼ばれた．ヒルベルトの第 14 問題の反例をつくり，否定的に解決した．

[10] Kurt Henzel (1861–1941) ドイツの数学者．代数的整数論において p 進数論を研究した．

[11] 森 誉四郎．

[12] Maurice Auslander (1926–1994).

[13] David Arvin Buchsbaum (1929–).

[14] David Rees (1918–).

[15] D. G. Northcott.

キ[18]は平坦性の概念を重視し，また素因子の理論を新しい視点から定義し，より一般的なものとして，それまでのものを包含している．その後に，グロンタンディーク[19]が出現し，スキームの理論によって可換環論と代数幾何学を融合し，幾何学的手法を環論に応用する道を開いた．その一つの道具として，局所コホモロジーは現在の可換環論に不可欠の手段の一つになっている．

さらに60年代には，広中平祐氏[20]による特異点解消の代数幾何学の論文がある．この論文は可換環論に大きな影響を与え，局所環のイデアル論としてもきわめて独創的な理論を含んでいると言われている．さらに，M. アルティン[21]の近似定理がある．

最後に，松村先生によると，ここまでの可換環論における重要な定理は，

1) クルルの次元定理（標高定理），

2) コーエンの完備局所環の構造定理，

3) セールによる正則局所環のホモロジカルな特徴づけ，

である．

現代可換環論はその基本概念と言語のほとんどすべてを1960年代に負っていると言われている．70年代以降はホモロジカルな方向で多くの研究者が活発な活動を続け，今日に至っている．

ここから後の可換環の発展については著者の力不足で述べることができないし，本書の範囲を超えると思われるので他書に譲りたい．上記に述べた内容は松村先生の『可換環論』の序文に書かれたものを参考にしている．詳しく知りたい読者はそちらを参照されたい．さらに，日本を中心にしているが，「可換環論の50年」永田雅宜，数学36巻2号（1984年4月）などもある．また，上に述べた以後の可換環論の歴史については後藤・渡辺両先生の『可換環論』のまえがきを参照されたい．

16) Jean-Pierre Serre (1926–) フランスの数学者．最初位相幾何学を研究し，代数幾何学，数論を研究．代数幾何学にホモロジーの手法を導入した．「代数多様体と代数的連接層」という論文が代数幾何学に与えた影響は大きい．

17) Francis Sowerby Macaulay(1862–1937).

18) Nikolas Bourbaki (1935–) フランスの数学者集団の名前．『数学原論』を執筆し，20世紀の数学界に与えた影響は大きい．カルタンやヴェイユなどが最初のメンバーだった．

19) Alexandre Grothendieck (1928–2014) フランスの数学者．ホモロジーを代数幾何学に持ち込み，それまでの代数幾何学をスキームという概念により全体を書き換えた．20世紀の最も優れた数学者の一人であると言われている．

20) 広中平祐氏 (1931–) ザリスキーの弟子で，代数幾何学を研究．特異点解消に関する論文で1970年にフィールズ賞を受賞．

21) Michael Artin (1984–) E. アルティンの息子．

1 環とイデアル

本章では環とイデアルに関する基本的な性質をまとめ，必要に応じて証明を与える．証明については，たとえば拙著『イデアル論入門』などを参照せよ．

1.1 環と準同型写像

定義 1.1.1 二つの演算（ここでは加法 $+$ と乗法 $\cdot$ にしておく）の与えられた集合 R が，次の 4 つの条件を満足しているとき，これを環 (ring) という．

(R1) R は加法に関して加法群である．加法の単位元を 0 [22]，a の加法逆元を $-a$ と書く．

(R2) R は乗法に関して結合律を満足する．すなわち，
$a \cdot (b \cdot c) = (a \cdot b) \cdot c.$

(R3) 乗法単位元 1 が存在する．1 と 0 は異なる元とする[23]．

(R4) R は分配律を満足する．すなわち，
$a \cdot (b + c) = a \cdot b + a \cdot c, (b + c) \cdot a = b \cdot a + c \cdot a.$

22) 区別する必要がある場合は 0_R と書くこともある．

23) 区別する必要がある場合は 1_R と書くこともある．$0 = 1$ のとき $R = \{0\}$ となる．

特に，R の任意の元 a, b について可換律 $a \cdot b = b \cdot a$ が成立するとき R を**可換環** (commutative ring) という．**以下において本書で扱う環はすべて可換環とする．**

定義 1.1.2 環 R の単位元 1 を含んでいる部分集合 S が R の演算に関して環になっているとき，S を R の**部分環** (subring) という．

定義 1.1.3 環 R において，

(1) $a \in R$ が乗法に関して逆元をもつとき，a を**単元** (unit) または**可逆元** (invertible element) という．

(2) ある $b \neq 0$ に対して $ab = 0$ をみたす $a \in R$ を R の**零因子** (zero divisor) という．特に，0 は零因子である．零因子でない元を**非零因子** (non zero divisor) という．

(3) 0 と異なる零因子をもたない環を**整域** (integral domain) という[24]．

24) R：整域
⇕
$a \neq 0,\ b \neq 0 \Rightarrow ab \neq 0$

定義 1.1.4 環 R の 0 と異なる元がすべて可逆元であるとき，R は**体** (field) であるという．

定義 1.1.5 R を可換環とする．R の部分集合 $I \neq \emptyset$ が次の条件 (i), (ii) をみたすとき，I は環 R の**イデアル** (ideal) であるという．

(i) $x, y \in I \implies x + y \in I.$

(ii) $a \in R,\ x \in I \implies ax \in I.$

命題 1.1.6 A を環 R の部分集合とし，A の元と R の元の積の有限個の和全体の集合を AR で表す．すなわち，

$$AR = \left\{ \sum a_i x_i (\text{有限和}) \mid a_i \in A, x_i \in R \right\}$$

とすると，AR は 環 R のイデアルである．さらに，この AR は集合 A を含む R の最小のイデアルである．特に，$A = I$ がイデアルの場合，$IR = I$ が成り立つ．

定義 1.1.7 環 R において，命題 1.1.6 のイデアル AR を集合 A によって**生成されたイデアル**であるといい，A をその**生成系** (system of generators) という．特に，$I = AR$ で A が有限集合 $A = \{a_1, \ldots, a_n\}$ のとき，I を $a_1, a_2, \ldots, a_n$ によって生成されたイデアルといい，$I = (a_1, a_2, \ldots, a_n)$ または $I = a_1R + a_2R + \cdots + a_nR$ で表わし，イデアル I は**有限生成** (finitely generated) であるという．すなわち，

$$\begin{aligned} I &= (a_1, a_2, \ldots, a_n) \\ &= a_1R + \cdots + a_nR \\ &= \{a_1x_1 + \cdots + a_nx_n \mid x_i \in R\}. \end{aligned}$$

さらに $n = 1$ のとき，$(a) = aR$ は元 a で生成された**単項イデアル**，または**主イデアル** (principal ideal) という．R のすべてのイデアルが単項イデアルであるような環を**単項イデアル環**といい，特に R が整域であるとき**単項イデアル整域** (principal ideal domain)，あるいは略して **PID** であるという．

命題 1.1.8 I を環 R のイデアルとするとき，次が成り立つ．

(1) イデアル I が単位元 1 を含むならば，$I = (1) = R$ となる[25]．すなわち，

$$1 \in I \implies I = (1) = R.$$

(2) イデアル I が R の単元を含むならば，$I = R$ となる．すなわち，

$$u \in I,\ u : \text{単元} \implies I = R.$$

25) 環全体 R を $(1) = R$ で表す．1 により生成されたイデアルは環全体になるからである．

定理 1.1.9 I を環 R のイデアルとする．I を法とする R の剰余類 $\bar{a} = a + I$ の集合 $R/I = \{\bar{a} \mid a \in R\}$ は，

$$\bar{a}+\bar{b}:=\overline{a+b}, \qquad \bar{a}\cdot\bar{b}:=\overline{ab}$$

により加法と乗法の演算が定義され可換環になる．この環を I を法とする**剰余環** (residue ring) という．零元は $\bar{0}_R = I$ で，単位元は $\bar{1}_R = 1_R + I$ である．さらに，$\bar{a} = a + I$ のマイナス元は $-(a+I) = -a+I$ である．すなわち $-\bar{a} = \overline{-a} = -a+I$ である．

定義 1.1.10 R と R' を環とし，$f : R \longrightarrow R'$ を写像とする．f は以下の (i),(ii),(iii) の条件をみたすとき，環 R から R' への**準同型写像** (homomorphism)，または**環準同型写像** (ring homomorphism) であるという．R と R' の単位元をそれぞれ $1_R, 1_{R'}$ とするとき，R の任意の元 x, y に対して，

(i) $f(x+y) = f(x) + f(y)$,
(ii) $f(xy) = f(x)f(y)$,
(iii) $f(1_R) = 1_{R'}$.

$f : R \longrightarrow R'$ を環の準同型写像とし，R と R' の零元をそれぞれ 0_R と $0_{R'}$ とする．このとき，(i) より f は加法群の準同型写像であるから，$f(0_R) = 0_{R'}$ が成り立つ．また，R の任意の元 a に対して，$f(-a) = -f(a)$ が成り立つ．さらに，a の逆元 a^{-1} が存在するときには，$f(a^{-1}) = f(a)^{-1}$ が成り立つ．

命題 1.1.11 $f : R \longrightarrow R'$ を環の準同型写像とする．このとき，I' が R' のイデアルならば，$f^{-1}(I')$ は R のイデアルである．

命題 1.1.12 $f : R \longrightarrow R'$ を環の全射準同型写像とする．このとき，I が R のイデアルならば，$f(I)$ は R' のイデアルである．

定義 1.1.13 $f : R \longrightarrow R'$ を環の準同型写像とする．このとき，$0_{R'}$ の逆像 $f^{-1}(0_{R'})$ を準同型写像 f の**核** (kernel) といい，$\mathrm{Ker}\, f$ という記号で表す．すなわち，

$$\mathrm{Ker}\, f := f^{-1}(0_{R'}) = \{a \in R \mid f(a) = 0_{R'}\}.$$

上の命題 1.1.11 により，f の核 $\mathrm{Ker}\, f$ は R のイデアルであることが分かる．

定理 1.1.14　$f : R \longrightarrow R'$ を環の準同型写像とする．
このとき，次が成り立つ．

$$f\ は単射である \iff \mathrm{Ker}\, f = \{0\}.$$

定理 1.1.15　$f : R \longrightarrow R'$ を環の準同型写像とする．

(1) I を環 R のイデアルとするとき次が成り立つ．

$$f^{-1}f(I) = I + \mathrm{Ker}\, f,\quad 特に\ \mathrm{Ker}\, f \subset I\ のとき，\ f^{-1}f(I) = I.$$
$$ゆえに\ f\ が単射のときも，\ f^{-1}f(I) = I.$$

(2) I' を R' のイデアルとするとき次が成り立つ．

$$ff^{-1}(I') = I' \cap \mathrm{Im}\, f,\quad 特に\ f\ が全射のとき，\ ff^{-1}(I') = I'.$$

定理 1.1.16（対応定理 (Correspndence Theorem)）　$f : R \longrightarrow R'$ を全射である環の準同型写像とする．$\mathrm{Ker}\, f$ を含む R のイデアル I に対して R' のイデアル $f(I)$ を対応させ，R' のイデアル I' に対して R のイデアル $f^{-1}(I')$ を対応させる．この対応により $\mathrm{Ker}\, f$ を含む環 R のすべてのイデアルの集合と，環 R' のすべてのイデアルの集合は 1 対 1 に対応する．さらに，この対応は包含関係による順序を保存する．

$$\begin{array}{ccc} R & \xrightarrow{f} & R' \\ \mathrm{Ker}\, f \subset I & \dashrightarrow & f(I) \\ f^{-1}(I') & \dashleftarrow & I' \end{array}$$

特に，対応定理を剰余環に適用すると，次のようになる．

定理 1.1.17（対応定理）　I を可換環 R のイデアルとする．I を含む R のイデアル J に対して剰余環 R/I のイデアル J/I を対応させる写像は，I を含む R のすべてのイデアルの集合から剰余環 R/I のすべてのイデアルの集合への全単射の写像となる．

$$\begin{array}{ccc} R & \longrightarrow & R/I \\ I \subset J & \dashrightarrow & J/I \end{array}$$

定理 1.1.17 は次のことを意味している．

I を可換環 R のイデアルとする．このとき，剰余環 R/I のすべてのイデアルは，$J \supset I$ をみたす R のあるイデアル J により J/I という形に表される．

定理 1.1.18（第 1 同型定理，**First Isomorhism Theorem**）
$f : R \longrightarrow R'$ を環準同型写像とする．このとき，単射である環準同型写像 $\bar{f} : R/\mathrm{Ker}\, f \longrightarrow R'$ が存在して $f = \bar{f} \circ \pi$ をみたす．ただし，$\pi : R \longrightarrow R/\mathrm{Ker}\, f$ は標準全射である．特に，f が全射のとき $R/\mathrm{Ker}\, f \cong R'$ となる．

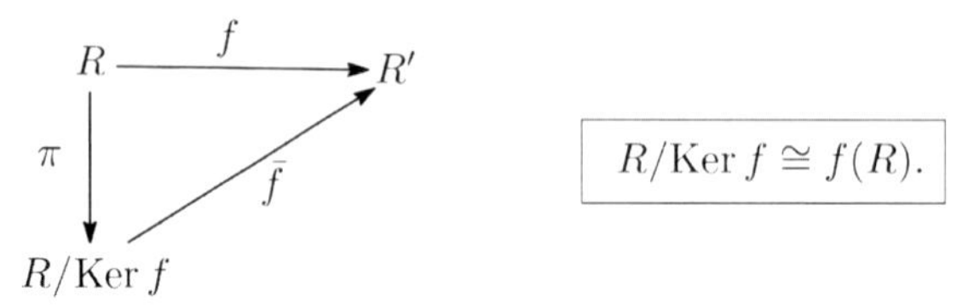

$$R/\mathrm{Ker}\, f \cong f(R).$$

定理 1.1.19（第 3 同型定理，**Third Isomorphism Theorem**）
環 R のイデアル I と J が $I \subset J$ をみたすとき，次の同型が成り立つ．

$$(R/I)/(J/I) \cong R/J.$$

1.2 イデアルに関する演算

定義 1.2.1 I_1 と I_2 を環 R のイデアルとするとき，R の**イデアルの和** $I_1 + I_2$ と**イデアルの積** $I_1 I_2$ を次のように定義する．

$$\begin{aligned} I_1 + I_2 &:= \{ a_1 + a_2 \mid a_1 \in I_1, a_2 \in I_2 \}, \\ I_1 \cdot I_2 &:= \{ \textstyle\sum a_i b_i (\text{有限和}) \mid a_i \in I_1, b_i \in I_2 \}. \end{aligned}$$

すなわち，$I_1 I_2$ は I_1 の元 a_i と I_2 の元 b_i の積 $a_i b_i$ の有限個の和のすべての集合である．すると，これらの集合は R のイデアルになることは容易に分かる．さらに，イデアル I_1 と I_2 の共通集合 $I_1 \cap I_2$ もまた R のイデアルになる．

命題 1.2.2 I_1 と I_2 を環 R のイデアルとするとき，次の (1),(2),(3) におけるそれぞれの集合は R のイデアルである．

(1) $I_1 + I_2$, (2) $I_1 \cap I_2$, (3) $I_1 I_2$.

定義 1.2.3 環 R のイデアル I と J に対して，R の部分集合，

$$(I:J) := \{a \in R \mid aJ \subset I\}$$

は R のイデアルになる．$(I:J)$ をイデアル I と J の**イデアル商** (ideal quotient) という．定義より，$(I:J)J \subset I$ が成り立つ．さらに，$I \supset J$ ならば，$(I:J) = (1)$ が成り立つ．また $J = (a) = aR$ のとき，$(I:(a))$ を簡単のため $(I:a)$ と書くことも多い．特に，$I = 0$ のときに，記号 $\mathrm{Ann}_R(J) = (0:J)$ と表し J の**零化イデアル** (annihilator) という．さらに，$J = (a)$ のときには $\mathrm{Ann}_R(a) = (0:a)$ という表現も用いられる．

命題 1.2.4 環 R のイデアルを I, I_i, J, J_i, K などで表すとき，次が成り立つ．

(1) $(I_1 \cap I_2) : J = (I_1 : J) \cap (I_2 : J)$，　一般に，
$(\bigcap_{\lambda \in \Lambda} I_\lambda : J) = \bigcap_{\lambda \in \Lambda} (I_i : J)$.

(2) $(I : J) : K = I : JK$.

(3) $I : (J_1 + J_2) = (I : J_1) \cap (I : J_2)$，　一般に，
$(I : \sum_{\lambda \in \Lambda} J_\lambda) = \bigcap_{\lambda \in \Lambda} (I : J_\lambda)$.

(4) $I : J = I : (I + J)$.

$f : R \longrightarrow R'$ を環準同型写像とする．I を環 R のイデアルとするとき，f が全射ならば $f(I)$ は R' のイデアルである（定理 1.1.12）．しかし，一般に f の像 $f(I)$ は必ずしも環 R' のイデアルになるとは限らない．

そこで，次のようなイデアルを考えると都合がよい．

定義 1.2.5 $f : R \longrightarrow R'$ を環準同型写像とする．I を環 R のイデアルとするとき，イデアル I の像 $f(I)$ により環 R' において生成されたイデアルを I の R' における**拡大イデアル** (extended ideal) という．定義 1.1.7 より，このイデアルは $f(I)R'$ [26] と表されるが，R と R' が固定されていて明確な場合は計算上，簡単のため I^e という記号を用いて表すと便利である．すなわち，

$$I^e = f(I)R' = \left\{ \sum f(x_i) y_i' \text{（有限和）} \mid x_i \in I,\ y_i' \in R' \right\}.$$

26) $IR' = f(I)R'$ とも書く．

定義 1.2.6 $f : R \longrightarrow R'$ を環準同型写像とする．I' を環 R' のイ

デアルとするとき，イデアル I' の逆像 $f^{-1}(I')$ は環 R のイデアルである（命題 1.1.11）．これを，I' の**縮約イデアル** (contracted ideal) という．定義 1.2.5 と同様に，環 R と R' が明確な場合には $(I')^c$ で表すこともある．すなわち，

$$(I')^c = f^{-1}(I').$$

注意　R を R' の部分環とするとき，$\iota : R \longrightarrow R'$ を埋め込み写像とすれば，$\iota^{-1}(I') = I' \cap R$ は R と I' の真の意味の共通部分である．

命題 1.2.7　$f : R \longrightarrow R'$ を環準同型写像とする．I を R のイデアル，I' を R' のイデアルとするとき，次が成り立つ．

$$I \subset I^{ec},\quad I' \supset (I')^{ce}.$$

（証明）写像の一般的性質により，部分集合 $A \subset R, B \subset R'$ に対して次が成り立つ．

$$f^{-1}f(A) \supset A, \qquad ff^{-1}(B) \subset B.$$

(1) $I \subset I^{ec}$ の証明．

$$\begin{aligned} f(I) \subset f(I)R' = I^e \quad &\Longrightarrow \quad f(I) \subset I^e \\ &\Longrightarrow \quad f^{-1}f(I) \subset f^{-1}(I^e) \\ &\Longrightarrow \quad I \subset f^{-1}f(I) \subset I^{ec} \\ &\Longrightarrow \quad I \subset I^{ec}. \end{aligned}$$

(2) $I' \supset (I')^{ce}$ の証明．

$$\begin{aligned} I' \supset ff^{-1}(I') \quad &\Longrightarrow \quad I'R' \supset f\big(f^{-1}(I')\big)R' \\ &\Longrightarrow \quad I' \supset f\big((I')^c\big)R' \\ &\Longrightarrow \quad I' \supset (I')^{ce}. \end{aligned}$$

□

命題 1.2.8　$f : R \longrightarrow R'$ を環準同型写像とするとき，イデアルの拡大と縮約をとる操作に関して次のような規則が成り立つ．I, J を R のイデアル，I', J' を R' のイデアルとする．

(1)　$(I + J)^e = I^e + J^e$，　　(1′)　$(I' + J')^c \supset (I')^c + (J')^c$，

(2) $(I \cap J)^e \subset I^e \cap J^e$，　　(2′) $(I' \cap J')^c = (I')^c \cap (J')^c$，

(3) $(IJ)^e = I^e J^e$，　　(3′) $(I'J')^c \supset (I')^c (J')^c$，

(4) $(I : J)^e \subset (I^e : J^e)$．　　(4′) $(I' : J')^c \subset ((I')^c : (J')^c)$．

命題 1.2.9　$f : R \longrightarrow R'$ を環の準同型写像とし，$\{I'_\lambda\}_{\lambda\in\Lambda}$ を環 R' のイデアルの族とする．このとき，次が成り立つ．

$$f^{-1}(\bigcap_{\lambda\in\Lambda} I'_\lambda) = \bigcap_{\lambda\in\Lambda} f^{-1}(I'_\lambda).$$

命題 1.2.10　$f : R \longrightarrow R'$ を全射である環準同型写像とする．$\{I_\lambda\}_{\lambda\in\Lambda}$ を環 R のイデアルの族とする．すべての $\lambda \in \Lambda$ に対して $I_\lambda \supset \operatorname{Ker} f$ が成り立つとき，次が成り立つ．

$$f(\bigcap_{\lambda\in\Lambda} I_\lambda) = \bigcap_{\lambda\in\Lambda} f(I_\lambda).$$

1.3 素イデアルと極大イデアル

定義 1.3.1　環 R のイデアル P が次の (i) と (ii) の条件をみたすとき，P を環 R の**素イデアル** (prime ideal) という．

(i)　$P \neq (1) = R$,

(ii)　$a \notin P,\ b \notin P \implies ab \notin P$.

環 R のすべての素イデアルの集合を環 R の**スペクトル**といい，記号 $\operatorname{Spec}(R)$ で表すことがある．

定義 1.3.2　P を環 R のイデアルとする．P を含んでいる R の真のイデアルが存在しないとき，すなわち R のイデアル I に対して

$$P \subset I \implies P = I \text{ または } I = (1) = R$$

を満たすとき，P を環 R の**極大イデアル** (maximal ideal) という．環 R のすべての極大イデアルの集合を記号 $\operatorname{Max}(R)$ で表すことがある．

定理 1.3.3　P を環 R のイデアルとするとき，次が成り立つ．

P は R の素イデアルである $\iff$ 剰余環 R/P は整域である．

定理 1.3.4　P を環 R のイデアルとするとき，次が成り立つ．

P は R の極大イデアルである $\iff$ 剰余環 R/P は体である．

命題 1.3.5　P を環 R のイデアルとするとき，次が成り立つ．

P は R の極大イデアルである $\Longrightarrow$ P は R の素イデアルである．

命題 1.3.6 環 R について次が成り立つ．

(1) 環 R は整域である $\iff$ (0) は R の素イデアルである．

(2) 環 R は体である $\iff$ (0) は R の極大イデアルである．

定理 1.3.7（極大イデアルの存在） I を環 R の真のイデアルとする．このとき，I を含む R の極大イデアルが存在する．

系 1.3.8 R のすべての非単元はある極大イデアルに含まれる．

命題 1.3.9 $f: R \longrightarrow R'$ を環準同型写像とする．P' が環 R' の素イデアルならば，その逆像 $f^{-1}(P')$ もまた環 R の素イデアルである．

命題 1.3.10 $f: R \longrightarrow R'$ を全射である環準同型写像とする．P を $\operatorname{Ker} f \subset P$ をみたすイデアルとする．このとき，P が環 R の素イデアルならば，$f(P)$ もまた環 R' の素イデアルであり，逆もまた成り立つ．

P：環 R の素イデアル $\iff$ $f(P)$：環 R' の素イデアル．

定理 1.3.11 $I_1, I_2, \ldots, I_n$ を環 R のイデアル，P を R の素イデアルとする．このとき，イデアルの積 $I_1 I_2 \cdots I_n$ が P に含まれるならば，あるイデアル I_i は P に含まれる．すなわち，

$$I_1 I_2 \cdots I_n \subset P \Longrightarrow \exists i\,(1 \leq i \leq n),\ I_i \subset P.$$

特に，

$$I_1 I_2 \cdots I_n = P \Longrightarrow \exists i\,(1 \leq i \leq n),\ I_i = P.$$

定理 1.3.12 $I_1, I_2, \ldots, I_n$ を環 R のイデアル，P を R の素イデアルとする．このとき，$I_1 \cap I_2 \cap \cdots \cap I_n$ が P に含まれるならば，あるイデアル I_i は P に含まれる．すなわち，

$$I_1 \cap I_2 \cap \cdots \cap I_n \subset P \Longrightarrow \exists i\,(1 \leq i \leq n),\ I_i \subset P.$$

特に，

$$I_1 \cap I_2 \cap \cdots \cap I_n = P \Longrightarrow \exists i\,(1 \leq i \leq n),\ I_i = P.$$

定理 1.3.13 $P_1, P_2, \ldots, P_n$ を環 R の素イデアル，I を R のイデアルとする．このとき，イデアル I が $P_1 \cup P_2 \cup \cdots \cup P_n$ に含まれるならば，I はある素イデアル P_i に含まれる．すなわち，

$$I \subset P_1 \cup P_2 \cup \cdots \cup P_n \implies \exists i\,(1 \leq i \leq n),\ I \subset P_i.$$

特に，

$$I = P_1 \cup P_2 \cup \cdots \cup P_n \implies \exists i\,(1 \leq i \leq n),\quad I = P_i.$$

整数環 $\mathbb{Z}$ については，以下のことが基本的事項である．

定理 1.3.14（除法の定理，division algorithm） a と b は整数で，$b \neq 0$ とすると，

$$a = qb + r, \quad 0 \leq r < |b|$$

をみたす整数 q と r が存在する．しかも，q と r は a と b により一意的に定まる．

定理 1.3.15 整数環 $\mathbb{Z}$ のイデアルはすべて単項イデアルである．すなわち，整数環 $\mathbb{Z}$ は**単項イデアル整域 (PID)** (principal ideal domain) である．

定理 1.3.16 整数環 $\mathbb{Z}$ において，次の 5 つの命題は同値である．

(1) p は素数である．
(2) $(p) = p\mathbb{Z}$ は $\mathbb{Z}$ の素イデアルである．
(3) $(p) = p\mathbb{Z}$ は $\mathbb{Z}$ の極大イデアルである．
(4) $\mathbb{Z}_p = \mathbb{Z}/(p)$ は整域である．
(5) $\mathbb{Z}_p = \mathbb{Z}/(p)$ は体である．

体 k 上の多項式環 $k[X]$ については，以下のことが基本的事項である．

定理 1.3.17（除法の定理） R を整域とする．2 つの多項式 $f(X), g(X) \in R[X]$ について，$g(X)$ の最高次係数が単元ならば，ある多項式 $q(X), r(X) \in R[X]$ が存在して次の式をみたす．

$$f(X) = q(X)g(X) + r(X).$$

ただし $r(X)=0$ であるか，または $\deg r(X) < \deg g(X)$ である．しかも，このような $q(X)$ と $r(X)$ は $f(X)$ と $g(X)$ により一意的に定まる．

定理 1.3.18 体 k 上の 1 変数の多項式環 $k[X]$ のイデアルはすべて単項イデアルである．すなわち，$k[X]$ は単項イデアル整域 (PID) である[27]．

27) $k[X,Y]$ は PID ではない．

定義 1.3.19 $f(X)$ を 次数が $n>0$ の体 k 上の多項式とする．$f(X)$ は，次数がともに 1 以上の二つの多項式の積に分解されるとき，**可約** (reducible) であるといい，そうでないとき **既約** (irreducible) であるという．既約な多項式を**既約多項式** (irreducible polynomial) という．

定理 1.3.20 体 k 上の 1 変数多項式環 $k[X]$ は**一意分解整域 (UFD)** (unique factorization domain) である．すなわち，$k[X]$ は整域であり，体 k 上の 1 変数の多項式は既約多項式の積として，因子の順序と k の元の積を除いて一意的に分解される．

定理 1.3.21 $k[X]$ を体 k 上の多項式環とし，$f(X) \in k[X]$ とするとき，次の 5 つの命題は同値である．

(1) $f(X)$ は既約多項式である．
(2) $(f(X)) = f(X)k[X]$ は $k[X]$ の素イデアルである．
(3) $(f(X)) = f(X)k[X]$ は $k[X]$ の極大イデアルである．
(4) 剰余環 $k[X]/(f(X))$ は整域である．
(5) 剰余環 $k[X]/(f(X))$ は体である．

命題 1.3.22 R を整域として，$a, b \in R$ とする．このとき，

$$R[X,Y]/(X-a, Y-b) \cong R$$ [28]

28) $R[X,Y]$ は R を係数とする 2 度数 X, Y の多項式環である．

が成り立つ．したがって，$(X-a, Y-b)$ は $R[X,Y]$ の素イデアルである．R が体ならば，このイデアルは極大イデアルである．

命題 1.3.23 体 k 上の n 変数多項式環 $k[X_1, X_2, \ldots, X_n]$ において，次のイデアルの昇鎖における 各イデアルは素イデアルである．また，最後のイデアル $(X_1, X_2, \ldots, X_n)$ は極大イデアルである．

$$(0) \subset (X_1) \subset (X_1, X_2) \subset \cdots \subset (X_1, X_2, \ldots, X_n).$$

1.4 イデアルの根基とベキ零イデアル

本節ではイデアルの根基とベキ零イデアルの性質を列挙しておく．これらの概念とその記号表記は環の性質を調べるときの推論において役に立つ．

定義 1.4.1 I を環 R のイデアルとするとき，I の**根基** (radical)$\sqrt{I}$ を次のように定義する．

$$\sqrt{I} := \{a \in R \mid \text{ある自然数 } n \text{ に対して } a^n \in I\}.$$

集合 $\sqrt{I}$ は I を含む R のイデアルである．特に P が素イデアルならば $\sqrt{P^n} = P$ が成り立つ．

次にイデアルの根基をとる操作について次のような性質がある．

命題 1.4.2 環 R のイデアルを I, J とするとき次が成り立つ．

(1) $I \subset \sqrt{I}$.

(2) $I \subset J \implies \sqrt{I} \subset \sqrt{J}$.

(3) $\sqrt{\sqrt{I}} = \sqrt{I}$.

(4) $\sqrt{IJ} = \sqrt{I \cap J} = \sqrt{I} \cap \sqrt{J}$.

(5) $\sqrt{I} = (1) \iff I = (1)$.

(6) $\sqrt{I + J} = \sqrt{\sqrt{I} + \sqrt{J}}$.

命題 1.4.3 $f : R \longrightarrow R'$ を環準同型写像とし，I' を環 R' のイデアルとする．このとき，$f^{-1}(\sqrt{I'}) = \sqrt{f^{-1}(I')}$ が成り立つ．すなわち，$(\sqrt{I'})^c = \sqrt{(I')^c}$ である．

命題 1.4.4 $f : R \longrightarrow R'$ を全射である環準同型写像とし，I を環 R のイデアルとする．このとき，$\sqrt{I} \supset \operatorname{Ker} f$ ならば，$f(\sqrt{I}\,) = \sqrt{f(I)}$ が成り立つ．

定義 1.4.5 環 R の元 a は，ある整数 $n > 0$ に対して $a^n = 0$ となるとき，**ベキ零元** (nilpotent element) であるという．R のすべ

てのベキ零元の集合を nil(R) で表す.

$$i.e.^{29)} \qquad \mathrm{nil}(R) := \{a \in R \mid a^n = 0, \exists n \in \mathbb{N}\}.$$

[29] $i.e.$ はラテン語の $id\ est$ の省略形で,「すなわち」という意味である. 便利なので, 本書でもたびたび用いられる.

nil(R) は R のイデアルになる. このイデアルを環 R の**ベキ零根基** (nilpotent radical) という. このとき, 明らかに $0 \in \mathrm{nil}(R)$ かつ $1 \notin \mathrm{nil}(R)$ である.

ベキ零根基 nil(R) はイデアル (0) の根基であり, 定義 1.4.1 の記号 $\sqrt{\ }$ を用いると, 次のように表現される.

$$\mathrm{nil}(R) = \sqrt{(0)}.$$

定理 1.4.6 環 R のベキ零根基 nil(R) は R のすべての素イデアルの共通集合である.

$$i.e. \qquad \mathrm{nil}(R) = \bigcap_{P \in \mathrm{Spec}(R)} P.$$

定義 1.4.7 環 R のすべての極大イデアルの共通集合はイデアルであり, これを**ジャコブソン根基** (Jacobson radical) [30] といい, rad(R) で表す. 環 R のすべての極大イデアルの集合を Max(R) で表すと, ジャコブソン根基は次のように表される.

[30] Nathan Jacobson (1910–1999) ポーランドのワルシャワで生まれ, 5 歳のときアメリカに移民した. アラバマ大学を卒業し (1930 年), プリンストン大学で学位を取得した (1934 年). ジャコブソン根基のほかに, ジャコブソン・ブルバキの定理が有名である. 弟子に クレイグ・ヒュネケ (Craig Huneke) がいる.

$$\mathrm{rad}(R) = \bigcap_{P \in \mathrm{Max}(R)} P.$$

このイデアルは次のような性質をもつ.

定理 1.4.8 環 R のジャコブソン根基 rad(R) は次のように特徴づけられる.

$$\mathrm{rad}(R) = \{a \in R \mid \forall x \in R,\ 1 - ax \in U(R)\}.$$

ただし, $U(R)$ は環 R の単元の全体である. 特に,

$$a \in \mathrm{rad}(R) \implies 1 + a \in U(R).$$

1.5 局所環

局所環という概念は代数幾何学に由来している. すなわち, 代数

多様体の点 P により定まる環で，その点の幾何学的状況を反映している．

定義 1.5.1　環 R が唯一つの極大イデアル P をもつとき，R を**局所環** (local ring) といい，このとき，R と P を組にして (R, P) は局所環であるという．さらに，P は R の極大イデアルであるから，剰余環 R/P は体となる（定理 1.3.4）．これを局所環 R の**剰余体** (residue field) という．このとき，$k := R/P$ として，(R, P, k) は局所環であると表現することがある．

たとえば，体 R のイデアルは (0) と $(1) = R$ だけであり，(0) は極大イデアルである（命題 1.3.6）．ゆえに，体は (0) を唯一つの極大イデアルとする局所環である．

命題 1.5.2　環 R のイデアルを $P \neq (1)$ とする．

(1) R が P を極大イデアルとする局所環ならば，P に属さない元はすべて単元になり，逆もまた成り立つ．環 R の単元全体の集合を $U(R)$ で表すことにすれば，次のように表される．

$$\begin{aligned}(R, P) : \text{局所環} &\iff R \setminus P \subset U(R). \\ &\iff [x \notin P \Longrightarrow x \text{ は } R \text{ の単元.}]\end{aligned}$$

(2) P を R の極大イデアルとするとき，$1 + P := \{1 + a \mid a \in P\}$ と表せば次が成り立つ．

$$(R, P) : \text{局所環} \iff 1 + P \subset U(R).$$

1.6 イデアルの多項式環への拡大

次に多項式環へのイデアルの拡大，縮約を考える．環 R 上の n 変数多項式環を簡単のため $R[X] := R[X_1, \ldots, X_n]$ と書くことにする．R のイデアルを I とするとき，I の多項式環 $R[X]$ への拡大イデアル $I^e = IR[X]$ は $R[X]$ において I によって生成されたイデアルのことである（定義 1.2.5）．

$$IR[X] = \left\{ \sum a_i f_i(X) \ (\text{有限和}) \mid a_i \in I,\ f_i(X) \in R[X] \right\}.$$

$I=(a_1,\ldots,a_r)$ ならば，$IR[X]=a_1R[X]+\cdots+a_rR[X]$ である．

命題 1.6.1 R を環とし，$R[X]=R[X_1,\ldots,X_n]$ を n 変数多項式環とする．R が整域ならば，$R[X]$ も整域である．

命題 1.6.2 R を環とし，$R[X]=R[X_1,\ldots,X_n]$ を n 変数多項式環とする．I を R のイデアルとするとき，次が成り立つ．

(1) 多項式 $f(X)\in R[X]$ が拡大イデアル $IR[X]$ に属するための必要十分条件は，$f(X)$ の係数がすべて I に属することである．このことは，$f(X)=\sum a_{i_1\ldots i_n}X_1^{i_1}\cdots X_n^{i_n}$ と表せば，次のように書くことができる．ただし，$a_{i_1\ldots i_n}\in R$ である．

$$f(X_1,\ldots,X_n)\in IR[X_1,\ldots,X_n] \iff \forall a_{i_1\ldots i_n}\in I.$$

(2) $R\cap IR[X_1,\ldots,X_n]=I$ が成り立つ．すなわち，$I^{ec}=I$ である[31]．

[31] $\iota:R\longrightarrow R[X]$ を埋め込みとすれば，$I^e=\iota(I)R[X]=IR[X]$ であり，$I^{ec}=\iota^{-1}(I^e)=R\cap I^e=R\cap IR[X]$．

命題 1.6.3 R を環とし，$R[X]=R[X_1,\ldots,X_n]$ を n 変数多項式環とする．I と $I_1,\ldots,I_r$ を R のイデアルとする．$I=I_1\cap\cdots\cap I_r$ ならば，次が成り立つ．

$$IR[X]=I_1R[X]\cap\cdots\cap I_rR[X].$$

命題 1.6.4 $\sigma:R\longrightarrow R'$ を環準同型写像とする．R 係数の 1 変数の多項式 $f(X)=\sum_{i=0}^n a_iX^i$ に対して，

$$\sigma^*(f(X))=\sum_{i=0}^n\sigma(a_i)X^i\in R'[X]$$

により定義される写像 $\sigma^*:R[X]\longrightarrow R'[X]$ を考える．このとき，次が成り立つ．

(1) σ^* は環準同型写像である．

(2) σ が単射準同型写像ならば，σ^* もそうである．

(3) σ が全射準同型写像ならば，σ^* もそうである．

(4) 環準同型写像 $\tau:R'\longrightarrow R''$ に対して，$(\tau\circ\sigma)^*=\tau^*\circ\sigma^*$ が成り立つ．

(5) σ が同型写像ならば，σ^* もそうである．

命題 1.6.5 $R[X]$ を環 R 上の 1 変数の多項式環とし，I を環 R のイデアルとする．I の多項式環 $R[X]$ への拡大イデアル $IR[X]$ について，次の同型が成り立つ．

$$R[X]/IR[X] \cong (R/I)[X].$$

（証明）標準全射 $\pi : R \longrightarrow R/I$ の $\pi^* : R[X] \longrightarrow (R/I)[X]$ を考える．π は全射であるから，命題 1.6.4,(3) より，π^* も全射である．このとき，$\operatorname{Ker}\pi^* = IR[X]$ となることが分かる．したがって，第 1 同型定理 1.1.18 より，$R[X]/IR[X] \cong (R/I)[X]$ が得られる．□

例 1.6.6 整数環 $\mathbb{Z}$ のイデアル (n) を $\mathbb{Z}[X]$ へ拡大したイデアルは $(n)\mathbb{Z}[X]$ と表される．このとき，命題 1.6.5 より次の同型が成り立つ．

$$\mathbb{Z}[X]/(n)\mathbb{Z}[X] \cong \mathbb{Z}_n[X] \text{ [32]}.$$

32) $\mathbb{Z}_n = \mathbb{Z}/n\mathbb{Z}$ である．

命題 1.6.7 R を環とし，$R[X_1, \ldots, X_n]$ を n 変数多項式環とする．P が R の素イデアルならば，その拡大イデアル $PR[X_1, \ldots, X_n]$ もまた $R[X_1, \ldots, X_n]$ の素イデアルであり，逆もまた成り立つ．

（証明）n についての帰納法を使えば，$n = 1$ の場合を示せば十分である．したがって，以下の本命題の証明において $R[X]$ は 1 変数多項式環を表すものとする．

P が R の素イデアルならば，$PR[X]$ は $R[X]$ の素イデアルであることを示す．

命題 1.6.5 より，

$$R[X]/PR[X] \cong (R/P)[X]$$

が成り立つ．仮定より，P は R の素イデアルであるから，R/P は整域である．すると，命題 1.6.1 より，$(R/P)[X]$ も整域である．ゆえに，上の同型より $R[X]/PR[X]$ も整域となる．したがって，定理 1.3.3 より $PR[X]$ は素イデアルである．

逆に，$PR[X]$ を $R[X]$ の素イデアルとすると，上の同型より $(R/P)[X]$ は整域である．ゆえに，その部分環 R/P もまた整域であるから，P は環 R の素イデアルである．□

2 R加群

環 R 上の加群は，体上の加群，すなわち，線形空間（ベクトル空間）の概念の拡張である．係数体を係数環にすることにより，線形空間をはじめ，さらに広い代数的対象を考察することができるようになる．

本章では，線形空間において成り立つ性質が環 R 上の加群に対してどのように表現されるかを考察し，その基本的な性質を復習する．

2.1 R 加群

定義 2.1.1 加法 $+$ を演算とするアーベル群は通常「加法群」または「加群」と呼ばれる．R を可換環とし，M を加群とする．環 R と加群 M の直積 $R \times M$ の元 (a, x) に対して加群 M の元 $y := \phi(a, x)$ を対応させる写像，すなわち，

$$\begin{array}{rccc} \phi: & R \times M & \longrightarrow & M \\ & (a, x) & \longmapsto & y = \phi(a, x) \end{array}$$

があるとき，対応する元 $y = \phi(a, x)$ を ax と書き，環 R は加群 M に**作用**するという．これを簡単にスカラー積，あるいはスカラー乗法ということもある．この作用に関して M が次の 4 つの条件をみたすとき，M は環 R 上の加群，簡単にして M は **R 加群** (R-module) であるといい，R を係数環という．すなわち，$a, b \in R$, $x, y \in M$ とするとき，

(i) $a(x + y) = ax + ay$,

(ii) $(a + b)x = ax + bx$,

(iii) $a(bx) = (ab)x$,

(iv) $1x = x$.

特に，環 R 自身は R の積を作用として，R 加群と考えられる．

命題 2.1.2 M を R 加群，0_M を M の零元とする．また，0_R を環 R の零元とするとき，任意の元 $a \in R$, $x \in M$ に対して次が成り立つ

(1) $0_R x = 0_M$, (3) $(-a)x = -ax = a(-x)$,

(2) $a\, 0_M = 0_M$, (4) $(a - b)x = ax - bx$. □

問 2.1 命題 2.1.2 を証明せよ．

k を体とし，V を k 上のベクトル空間とするとき，V は k 加群である．言い換えると，R 加群はベクトル空間の概念を一般化したものである．したがって，しばしば R 加群を考える際にベクトル空間までもどって考察することは非常に有効であることに注意しよう．

M を加群とし，正の整数 n と $x \in M$ に対して，

$$
\begin{aligned}
nx &= \overbrace{x + \cdots + x}^{n}, \\
0x &= 0_M, \\
(-n)x &= -nx
\end{aligned}
$$

として整数倍が定義され，これは整数環 $\mathbb{Z}$ の M への作用であり，これより任意の加群は $\mathbb{Z}$ 加群であることが分かる．

問 2.2 任意の加群は $\mathbb{Z}$ 加群であることを確かめよ．

例 2.1.3 R を環とする．自然数 n に対して，直積集合 $R^n = \overbrace{R \times \cdots \times R}^{n}$ を考える．直積 R^n の元に対して加法とスカラー積を

$$
(a_1, a_2, \ldots, a_n) + (b_1, b_2, \ldots, b_n) = (a_1 + b_1, a_2 + b_2, \ldots, a_n + b_n)
$$
$$
b(a_1, a_2, \ldots, a_n) = (ba_1, ba_2, \ldots, ba_n)
$$

によって定義する．このとき，R^n は R 加群となることが容易に確かめられる．このような R 加群は階数 n の自由加群と呼ばれる（例 2.5.7 参照）．特に，$n = 1$ のとき，$R^1 = R$ で，R 自身が自由 R 加群である．

問 2.3 上の例で R^n が R 加群となることを確かよ．

定義 2.1.4 R 加群 M の部分集合 $N \neq \emptyset$ が M の加法と R の作用で閉じているとき，すなわち，

(i) $x, y \in N \implies x + y \in N$.

(ii) $a \in R,\ x \in N \implies ax \in N$

をみたすとき N は M の**部分 R 加群** (submodule) または **R 部分加群** (R-submodule) であるという．

問 2.4 上記定義において条件 (i) を，

(i′) $x, y \in N \implies x - y \in N$.

としても条件 (i′),(ii) は (i),(ii) と同値であることを確かめよ．

R 加群 M 自身は部分 R 加群であり，R 加群 M の零元だけからなる M の部分集合 $\{0\}$ も M の部分 R 加群である．$\{0\}$ は 0 という記号で表すことが多い．これらの部分 R 加群を**自明な部分 R 加群** (trivial submodule) という．

体k上のベクトル空間Vの部分空間Wはk加群Vの部分k加群である.

注意　環RをR加群と考えたとき, Rの部分R加群Iは定義2.1.4により
(i) $x, y \in I \implies x + y \in I$.
(ii) $a \in R,\ x \in I \implies ax \in I$.
という条件をみたすので, 定義1.1.5により, IはRのイデアルである.

MをR加群とし, $N_1, \ldots, N_s$をMの部分R加群とする. このとき, Mの部分集合,

$$N_1 + \cdots + N_s := \{x_1 + \cdots + x_s \mid x_1 \in N_1, \ldots, x_s \in N_s\} \subset M$$

を考える.

命題 2.1.5　上で定義した記号を用いると,
(1) $N_1 + \cdots + N_s$はMの部分R加群である.
(2) $N_1 + \cdots + N_s$は部分R加群$N_1, \ldots, N_s$を含むMの最小の部分R加群である.

〔証明〕(1) (a) $x, y \in N_1 + \cdots + N_s$とすると, $x = x_1 + \cdots + x_s (x_i \in N_i)$, $y = y_1 + \cdots + y_s (y_i \in N_i)$と表される. すると, 各$i (1 \leq i \leq s)$について「$x_i, y_i \in N_i \Longrightarrow x_i + y_i \in N_i$」であるから,

$$x + y = (x_1 + y_1) + \cdots + (x_s + y_s) \in N_1 + \cdots + N_s$$

となる.
(b) $a \in R, x \in N_1 + \cdots + N_s$とする. (a)の表現を使えば, 各$i (1 \leq i \leq s)$について$ax_i \in N_i$であるから,

$$ax = a(x_1 + \cdots + x_s) = ax_1 + \cdots + ax_s \in N_1 + \cdots + N_s.$$

(2) Lを$N_1, \ldots, N_s$を含むMの任意の部分R加群とするとき, $N_1 + \cdots + N_s \subset L$となることを示せばよい. すなわち,

$$N_1, \ldots, N_s \subset L \implies N_1 + \cdots + N_s \subset L.$$

$x \in N_1 + \cdots + N_s$とする. $x = x_1 + \cdots + x_s (x_i \in N_i)$と表される. ところが, 各$i (1 \leq i \leq s)$について$x_i \in N_i \subset L$であるから, $x = x_1 + \cdots + x_s \in L$を得る. □

問 2.5　N と M_1 を R 加群 M の部分 R 加群とする．このとき次が成り立つことを示せ．

$$N \subset M_1 \implies N + M_1 = M_1.$$

上記の命題 2.1.5 は無限個の部分 R 加群の和に一般化される．R 加群 M の部分 R 加群の族 $\{N_\lambda\}_{\lambda\in\Lambda}$ を考える．そこで，

$$\sum_{\lambda\in\Lambda} N_\lambda := \left\{ \sum_{\lambda\in\Lambda} x_\lambda \mid x_\lambda \in N_\lambda, \text{有限個の } x_\lambda \text{ 以外は } 0 \right\}$$

を考えると，$\sum_{\lambda\in\Lambda} N_\lambda$ は M の部分 R 加群であることが分かる．

定義 2.1.6　部分 R 加群が自明なものしかない R 加群 $M \neq 0$ を**単純加群** (simple module) という．すなわち，

$$N \text{ が } M \text{ の部分 } R \text{ 加群} \implies N = 0 \text{ または } N = M.$$

問 2.6　M が R 加群で，$M \neq 0$ のとき次が成り立つことを証明せよ．

$$M \text{ は単純である} \iff x \in M,\ x \neq 0 \text{ ならば } Rx = M \text{ である．}$$

定義 2.1.7　M を R 加群とする．I を R のイデアルとするとき，記号 IM で表される次のような M の部分集合を考える．

$$IM := \{\textstyle\sum a_i x_i \ (\text{有限和}) \mid a_i \in I,\ x_i \in M\}.$$

これが，M の部分 R 加群になることは容易に分かる．

問 2.7　上の定義で IM が M の部分 R 加群であることを確かめよ．

定義 2.1.8　M を R 加群とし，M の部分集合を S とする．M の任意の元が，

$$a_1x_1 + \cdots + a_nx_n,\ a_i \in R,\ x_i \in S$$

という形に表されるとき，S は M を**生成する** (generate) といい，S を M の**生成系** (system of generators) という．特に，M が有限個の元 $\{x_1, \ldots, x_n\}$ で生成されるとき，M は**有限生成 R 加群** (finitely generated R-module) であるという．これは次のような表現で表される．

$$M = Rx_1 + \cdots + Rx_n.$$

定義 2.1.9　R を環，M を R 加群とする．環 R の部分集合

$$\mathrm{Ann}_R(M) := \{a \in R \mid aM = 0\}$$

は R のイデアルである．これを R 加群 M の**零化イデアル** (annihilator) という．R 加群であることが明白な場合には R を省略して，$\mathrm{Ann}(M)$ と書くこともある．特に，$x \in M$ として $M = Rx$ のとき $\mathrm{Ann}_R(Rx)$ を簡単のため，$\mathrm{Ann}_R(x)$ と書く．

$$i.e. \quad \mathrm{Ann}_R(x) = \{a \in R \mid ax = 0\}.$$

$\mathrm{Ann}_R(x) \neq 0$ のとき，x を**ねじれ元** (torsion element) という．

問 2.8　上の定義で，$\mathrm{Ann}_R(M)$ は R のイデアルであることを確かめよ．

定義 2.1.10　R を環，M を R 加群とする．M の部分 R 加群 N, L に対して，イデアル商の一般化として，

$$(L : N) = \{a \in R \mid aN \subset L\}$$

と定義する．$(L : N)$ は R のイデアルである．

問 2.9　上の定義で，次のことを確かめよ．
(1) $(L : N)$ は R のイデアルである．
(2) $(N : M) = \mathrm{Ann}_R(M/N)$.

2.2 剰余加群

M を R 加群，N を M の部分 R 加群とするとき，M の元 x に対して記号 $x + N$ により M の部分集合 $\{x + y \mid y \in N\}$ を，また記号 $N + x$ により集合 $\{y + x \mid y \in N\}$ を表すことにする，

$$x + N := \{x + y \mid y \in N\}, \quad N + x := \{y + x \mid y \in N\}.$$

明らかに，M の演算である加法は可換であるから，$x + N = N + x$ である．これを N を**法とし** x **の属する剰余類** (residue, coset) といい，x をその**代表元** (representative) という．0 を M の零元とするとき，$0 + N = N + 0 = N$ である．また，$0 \in N$ であるから

$x = x+0 \in x+N$, すなわち, $x \in x+N$ であることに注意しよう.

命題 2.2.1 M を R 加群, N を M の部分 R 加群とする. このとき, M の元 x, y に対して次の (1) から (5) の条件は同値である.

(1) $x + N = y + N$, (2) $x - y \in N$, (3) $x \in y + N$,
(4) $y \in x + N$, (5) $(x + N) \cap (y + N) \neq \emptyset$.

(証明) (1) $\Rightarrow$ (2).

$$
\begin{aligned}
x \in x + N = y + N \quad &\Longrightarrow \quad \exists n \in N,\ x = y + n \\
&\Longrightarrow \quad x - y = n \in N \\
&\Longrightarrow \quad x - y \in N.
\end{aligned}
$$

(2) $\Rightarrow$ (3).

$$
\begin{aligned}
x - y \in N \quad &\Longrightarrow \quad \exists n \in N,\ x - y = n \\
&\Longrightarrow \quad x = y + n \in y + N \\
&\Longrightarrow \quad x \in y + N.
\end{aligned}
$$

(3) $\Rightarrow$ (4). N は部分 R 加群であるから, $n \in N$ ならば, $-n \in N$ であることに注意すると,

$$
\begin{aligned}
x \in y + N \quad &\Longrightarrow \quad \exists n \in N,\ x = y + n \\
&\Longrightarrow \quad y = x - n = x + (-n) \in x + N.
\end{aligned}
$$

(4) $\Rightarrow$ (5).

仮定より $y \in x + N$, 定義より $y \in y + N$ であるから, $y \in (x + N) \cap (y + N)$ である. ゆえに, $(x + N) \cap (y + N) \neq \emptyset$.

(5) $\Rightarrow$ (1).

$$
\begin{aligned}
&(x + N) \cap (y + N) \neq \emptyset \\
&\quad \Longrightarrow \quad \exists z \in (x + N) \cap (y + N) \\
&\quad \Longrightarrow \quad z = x + n_1,\ z = y + n_2,\ \exists n_1, n_2 \in N \\
&\quad \Longrightarrow \quad x + n_1 = y + n_2 \\
&\quad \Longrightarrow \quad x = y + n_2 - n_1,\ y = x + n_1 - n_2 \\
&\qquad\qquad\quad \text{ここで}\ n_3 = n_2 - n_1 \in N\ \text{とおけば,} \\
&\quad \Longrightarrow \quad x = y + n_3,\ y = x - n_3,\ \exists n_3 \in N.
\end{aligned}
$$

この表現を使うと,

$$
\begin{aligned}
&x+n \in x+N \\
&\qquad \Longrightarrow \quad x+n=(y+n_3)+n=y+(n_3+n) \in y+N \\
&\qquad \Longrightarrow \quad x+n \in y+N.
\end{aligned}
$$

これは $x+N \subset y+N$ であることを示している．同様にして，

$$
\begin{aligned}
&y+n \in y+N \\
&\qquad \Longrightarrow \quad y+n=(x-n_3)+n=x+(n-n_3) \in y+N \\
&\qquad \Longrightarrow \quad y+n \in x+N.
\end{aligned}
$$

これは $y+N \subset x+N$ を示している．したがって，$x+N=y+N$ が示された． □

系 2.2.2 特に，次が成り立つ．

$$
x \in N \iff x+N=N.
$$

（証明）命題 2.2.1 の「(1) $x+N=y+N \iff$ (3) $x \in y+N$」を適用し，$y=0$ すれば，$x+N=0+N \iff x \in 0+N$ である．すなわち，$x+N=N \iff x \in N$ が成り立つ． □

ここで，整数環 $\mathbb{Z}$ の合同式との類推で次のような定義を導入する．

定義 2.2.3 M を R 加群とし，N を M の部分 R 加群，また $x,y \in M$ とする．$x-y \in N$ (*i.e.* $x+N=y+N$) が成り立つとき，x と y は N を法として**合同** (congruent) であるといい，$x \equiv y \pmod N$ と書く．

前に述べた命題 2.2.1 によれば，整数の合同式の場合と同様に次の命題が成り立つ．この関係は加群 M における関係を，剰余加群 M/N での関係にして考えるときに鍵となる基本公式である．

命題 2.2.4 M を R 加群とし，N を M の部分 R 加群とする．$x,y \in M$ に対して，次が成り立つ．

$$
\begin{aligned}
&x \equiv y \pmod N \\
&\quad \overset{\text{def.}}{\iff} x-y \in N \iff x+N=y+N \iff x \in y+N.
\end{aligned}
$$

命題 2.2.5 M を R 加群とし，N を M の部分 R 加群とする．$x, y \in M$ に対して，$x \equiv y \pmod{N}$ は同値関係である．すなわち，次が成り立つ．

(1) 反射律: $x \equiv x \pmod{N}$.

(2) 対称律: $x \equiv y \pmod{N} \implies y \equiv x \pmod{N}$.

(3) 推移律: $x \equiv y \pmod{N}, y \equiv z \pmod{N}$
$\implies x \equiv z \pmod{N}$.

（証明）合同の定義 2.2.3 より，上の (1),(2),(3) はそれぞれ，

(1) $x + N = x + N$,

(2) $x + N = y + N \Longrightarrow y + N = x + N$,

(3) $x + N = y + N$, $y + N = z + N \Longrightarrow x + N = z + N$

を意味しているが，これらは明らかである． □

命題 2.2.6 M を R 加群とし，N を M の部分 R 加群とする．$x, y, z \in M$ に対して，次が成り立つ．

(1) $x \equiv y \pmod{N} \implies x + z \equiv y + z \pmod{N}$.

(2) $x \equiv y \pmod{N}$, $z \equiv w \pmod{N}$
$\implies x + z \equiv y + w \pmod{N}$.

(3) $a \in R, x \equiv y \pmod{N} \implies ax \equiv ay \pmod{N}$.

（証明）(1)

$$\begin{aligned} x \equiv y \pmod{N} &\implies x - y \in N \\ &\implies (x+z) - (y+z) \in N \\ &\implies x + z \equiv y + z \pmod{N}. \end{aligned}$$

(2)

$$\begin{aligned} &x \equiv y \pmod{N},\ z \equiv w \pmod{N} \\ &\qquad \Longrightarrow x - y \in N, z - w \in N \\ &\qquad \Longrightarrow (x+z) - (y+w) = (x-y) + (z-w) \in N \\ &\qquad \Longrightarrow x + z \equiv y + w \pmod{N}. \end{aligned}$$

(3)

$$\begin{aligned} x \equiv y \pmod{N} &\implies x - y \in N \\ &\implies a(x-y) \in N \\ &\implies ax - ay \in M \\ &\implies ax \equiv ay \pmod{N}. \end{aligned}$$

□

次に，$x \equiv y \pmod{N}$ は同値関係であることが分かったので[33]，N を法とし x を代表元とする同値類を $\bar{x}$ によって表すと，同値類 $\bar{x}$ は x の剰余類にほかならない．すなわち，定義 2.2.3，命題 2.2.4，より，

[33] 命題 2.2.5.

$$\begin{aligned}\bar{x} &= \{y \in M \mid y \equiv x \pmod{N}\} \\ &= \{y \in M \mid y \in x + N\} \\ &= x + N.\end{aligned}$$

ゆえに，$\boxed{\bar{x} = x + N}$ である．特に，

$$\bar{0} = 0 + N = N, \quad i.e. \quad \boxed{\bar{0} = N}$$

である．法 N が明確である場合に記号 $\bar{x}$ を用いると，非常に有効に計算することができる．

命題 2.2.7 M を R 加群とし，N を M の部分 R 加群とする．$x, y \in M$ に対して，上で定義した記号 $\bar{x} = x + N$ を用いると次が成り立つ．

(1) $x \in N \iff \bar{x} = \bar{0}$.

(2) $\bar{x} = \bar{y} \iff x \equiv y \pmod{N}$.

（証明）(1) 系 2.2.2 より，$x \in N \iff x + N = N \iff \bar{x} = \bar{0}$.
(2) 命題 2.2.1 と定義 2.2.3 より，$\bar{x} = \bar{y} \iff x + N = y + N \iff x - y \in N \iff x \equiv y \pmod{N}$. □

N を法とする M の剰余類 $x + N$ の集合を M/N によって表す．

$$i.e. \quad M/N = \{x + N \mid x \in M\}.$$

$x \equiv y \pmod{N}$ は同値関係であるから，この同値関係により M は類別される．すなわち，

$$M = \bigcup_{x \in M} (x + N),$$

$$(x + N) \neq (y + N) \text{ ならば，} (x + N) \cap (y + N) = \emptyset.$$

定理 2.2.8 M を R 加群とし，N を M の部分 R 加群とする．N を法とする M の剰余類 $x+N, x \in M$ の集合 M/N は，

$$(x+N)+(y+N) := (x+y)+N,$$

$$i.e. \quad \bar{x}+\bar{y} := \overline{x+y}$$

により加法の演算が定義され，さらに環 R の作用を，

$$a(x+N) := ax+N, \qquad i.e. \quad \boxed{a\bar{x} := \overline{ax}.}$$

として R 加群となる．零元は $\bar{0}=N$ で，$\bar{x}=x+N$ のマイナス元は $-(x+N)=-x+N$，すなわち $-\bar{x}=\overline{-x}=-x+N$ である．この R 加群 M/N を，部分 R 加群 N を法とする**剰余加群** (residue module, factor module) という．

（証明）(1) 上の演算が矛盾なく定義されること，すなわち，

$$\begin{array}{ccc} M/N \times M/N & \longrightarrow & M/N \\ (x+N, y+N) & \longmapsto & (x+y)+N \end{array}$$

なる対応が写像になること，さらに言い換えると，この対応が代表元の選び方に依存しないことを示さねばならない．図式で表現すると次のようである．

$$\begin{array}{ccc} M/N \times M/N & \longrightarrow & M/N \\ (x+N, y+N) & \longmapsto & (x+y)+N \\ \| & & \| \ ? \\ (x'+N, y'+N) & \longmapsto & (x'+y')+N \end{array}$$

これを式で表すと，

$$\left\{\begin{array}{l} x+N = x'+N, \\ y+N = y'+N \end{array}\right. \Longrightarrow \ (x+y)+N = (x'+y')+N$$

を示せばよいことになる．さらに，これを合同式を用いて表現したとき，

$$\left\{\begin{array}{ll} x \equiv x' & \pmod{N}, \\ y \equiv y' & \pmod{N} \end{array}\right. \Longrightarrow \ x+y \equiv x'+y' \pmod{N}$$

を示せばよい．ところが，これは前に示した命題 2.2.6,(2) より成り立つことが分かる．

以上より，

$$(x+N)+(y+N):=(x+y)+N,$$

$$i.e.\ \ \bar{x}+\bar{y}:=\overline{x+y}$$

なる定義は代表元 x,y の選び方に依存せず，剰余類 $\bar{x}=x+N$ と剰余類 $\bar{y}=y+N$ により一意的に定まる．明らかに，この演算は可換である．

$$\bar{x}+\bar{y}=\overline{x+y}=\overline{y+x}=\bar{y}+\bar{x}.$$

(2) 剰余類の集合 M/N が演算 $\bar{x}+\bar{y}:=\overline{x+y}$ により，加群になること．

(G1) 結合律： $(\bar{x}+\bar{y})+\bar{z}=\bar{x}+(\bar{y}+\bar{z})$.

$$左辺=(\bar{x}+\bar{y})+\bar{z}=\overline{x+y}+\bar{z}=\overline{(x+y)+z},$$

$$右辺=\bar{x}+(\bar{y}+\bar{z})=\bar{x}+\overline{y+z}=\overline{x+(y+z)}.$$

ここで M は加群であるから，結合律が成り立つので $(x+y)+z=x+(y+z)$ である．ゆえに，$(\bar{x}+\bar{y})+\bar{z}=\bar{x}+(\bar{y}+\bar{z})$ が成り立つ．

(G2) 零元の存在： $\bar{0}=0+N=N$ は M/N の一つの剰余類で，任意の剰余類 $\bar{x}\in M/N$ に対して

$$\bar{x}+\bar{0}=\overline{x+0}=\bar{x}$$

が成り立つので，$\bar{0}$ は M/N の零元である．

(G3) マイナス元の存在： M/N の任意の元は M の元 $x\in M$ を代表元として，$\bar{x}=x+N$ と表される．$x\in M$ で，M は加群であるから，x の加法逆元（マイナス元）$-x\in M$ が存在する．そこで，$-x$ を代表元とする剰余類 $-x+N\in M/N$ を考えると，

$$\bar{x}+\overline{-x}=\overline{x+(-x)}=\bar{0}.$$

よって，$\overline{-x}\in M/N$ は $\bar{x}\in M/N$ の逆元である．記号で表せば，

$$-\bar{x}=\overline{-x},\quad i.e.\ -(x+N)=-x+N.$$

以上により群の公理 (G1),(G2),(G3) が満足されるので，M/N は加群となり，$\bar{0} = N$ がその零元であり，$\bar{x} \in M/N$ のマイナス元は $\overline{-x}$ であることが証明された．

(3) 加群 M/N が R 加群であることを示す．$a \in R$ と $\bar{x} = x + N \in M/N$ に対して，$a\bar{x} = \overline{ax}$ が矛盾なく定義されること，すなわち，

$$\begin{array}{ccc} R \times M/N & \longrightarrow & M/N \\ (a, \bar{x}) & \longmapsto & \overline{ax} \end{array}$$

が写像になることを確かめればよい．このためには，

$$(a, \bar{x}) = (a, \bar{y}) \implies \overline{ax} = \overline{ay}$$

を示せばよい．これは次のように示される．

$$\begin{aligned} \bar{x} = \bar{y} &\iff x - y \in N \\ &\implies a(x - y) \in N \text{ [34]} \\ &\implies ax - ay \in N \\ &\implies \overline{ax} = \overline{ay}. \end{aligned}$$

[34] N は M の部分 R 加群．

以上より，$a\bar{x} := \overline{ax}$ として R 加群の作用を定義できる．さらに，この作用によって R 加群の定義 (i)〜(iv) が成り立つことも容易に確かめることができる．したがって，M/N は環 R による作用をもち，R 加群となる． □

注意として，

$$\bar{x} - \bar{y} = \bar{x} + (-\bar{y}) = \bar{x} + \overline{(-y)} = \overline{x + (-y)} = \overline{x - y}.$$

問 2.10 R 加群 M の部分 R 加群を N とする．このとき，$M/N = 0 \iff M = N$ を証明せよ．

例 2.2.9 $\mathbb{Z}$ 加群 $\mathbb{Z}$ の部分 $\mathbb{Z}$ 加群 $n\mathbb{Z}$（すなわち，$\mathbb{Z}$ のイデアル）による剰余加群 $\mathbb{Z}/n\mathbb{Z}$ は $\mathbb{Z}$ 加群である．その演算は $a, b \in \mathbb{Z}$ として，

$$\bar{a} + \bar{b} = \overline{a + b}, \quad i.e.\ (a + n\mathbb{Z}) + (b + n\mathbb{Z}) = (a + b) + n\mathbb{Z}$$

であり，$c \in \mathbb{Z}$ に対して，整数環 $\mathbb{Z}$ は，

$$c\bar{a} = \overline{ca}, \quad i.e.\ c(a + n\mathbb{Z}) = ca + n\mathbb{Z}$$

として作用する．これより，$\mathbb{Z}/n\mathbb{Z}$ は $\mathbb{Z}$ 加群である．これを $\mathbb{Z}_n = \mathbb{Z}/n\mathbb{Z}$ と書く．

命題 2.2.10　R 加群 M の部分 R 加群を N とする．剰余加群 M/N を R 加群とみたとき，定義 2.1.7 で定義した記号を用いれば，環 R のイデアル I に対して次が成り立つ．

$$I(M/N) = (IM + N)/N.$$

（証明）$a_i \in I, x_i \in M$ に対して，$\sum a_i \bar{x}_i = \sum \overline{a_i x_i} = \overline{\sum a_i x_i} = \sum a_i x_i + N$ に注意すると，次のように計算される．

$$\begin{aligned} I(M/N) &= \{\textstyle\sum a_i \bar{x}_i\,(\text{有限和}) \mid a_i \in I, x_i \in M\} \\ &= \{(\textstyle\sum a_i x_i) + N\ (\text{有限和}) \mid \textstyle\sum a_i x_i \in IM\} \\ &= \{y + N \mid y \in IM\} \\ &= (IM + N)/N. \end{aligned}$$

2.3　R 加群の準同型写像

定義 2.3.1　R 加群 M から R 加群 N への写像 $f : M \longrightarrow N$ は次の条件 (i),(ii) をみたすとき，R **準同型写像** (R-homomorphism) であるという．特に断らない限り，R 加群の準同型写像というときにはつねに R 準同型写像を意味するものとする．

(i) $f(x + y) = f(x) + f(y)$, $x, y \in M$.

(ii) $f(ax) = af(x)$, $a \in R, x \in M$.

たとえば，体 k 上のベクトル空間 V から W への線形写像 $f : V \longrightarrow W$ は k 準同型写像である．

問 2.11　L, M, N を R 加群，$f : L \longrightarrow M$, $g : M \longrightarrow N$ を R 準同型写像とするとき，それらの合成写像 $g \circ f : L \longrightarrow N$ も R 準同型写像であることを示せ．

問 2.12　$f : M \longrightarrow N$ を R 加群の準同型写像とするとき，$x \in M$ に対して $f(0_M) = 0_N$, $f(-x) = -f(x)$ が成り立つことを示せ．

命題 2.3.2　M, N を R 加群とし，$f : M \longrightarrow N$ を R 準同型写像

とするとき，次が成り立つ．

(1) M_1 が M の部分 R 加群ならば，$f(M_1)$ は N の部分 R 加群である[35)]．

(2) N_1 が N の部分 R 加群ならば，$f^{-1}(N_1)$ は M の部分 R 加群である．

35) f が環の準同型写像の場合，イデアルに対して，f が全射でないと (1) は成立しない．

（証明）(1) (i)「$x', y' \in f(M_1) \Longrightarrow x' + y' \in f(M_1)$」であること：

$x', y' \in f(M_1)$ とすると，ある $x, y \in M_1$ が存在して，$x' = f(x), y' = f(y)$ と表される．すると，M_1 は部分 R 加群であるから，$x + y \in M_1$ である．ゆえに，$x' + y' = f(x) + f(y) = f(x + y) \in f(M_1)$ を得る．以上で，$x', y' \in f(M_1) \Longrightarrow x' + y' \in f(M_1)$ を示した．

(ii)「$a \in R, x' \in f(M_1) \Longrightarrow ax' \in f(M_1)$」であること．

上と同じ記号を用いれば，$x' = f(x), x \in M_1$ と表される．M_1 は部分 R 加群であるから，$x \in M_1$ より $ax \in M_1$ である．ゆえに，$ax' = af(x) = f(ax) \in f(M_1)$ を得る．

(i),(ii) より，$f(M_1)$ は N の部分 R 加群である[36)]．

36) $0_N = f(0_M) \in f(M_1)$ より，$f(M_1) \neq \phi$．

(2) (i)「$x, y \in f^{-1}(N_1) \Longrightarrow x + y \in f^{-1}(N_1)$」であること：

$$
\begin{aligned}
x, y \in f^{-1}(N_1) &\Longrightarrow f(x), f(y) \in N_1 \\
&\Longrightarrow f(x) + f(y) \in N_1 \ ^{37)} \\
&\Longrightarrow f(x + y) \in N_1 \ ^{38)} \\
&\Longrightarrow x + y \in f^{-1}(N_1).
\end{aligned}
$$

37) N_1 は N の部分 R 加群．

38) f は準同型写像．

(ii)「$a \in R,\ x \in f^{-1}(N_1) \Longrightarrow ax \in f^{-1}(N_1)$」であること：

$$
\begin{aligned}
a \in R, x \in f^{-1}(N_1) &\Longrightarrow a \in R, f(x) \in N_1 \\
&\Longrightarrow af(x) \in N_1 \ ^{39)} \\
&\Longrightarrow f(ax) \in N_1 \ ^{40)} \\
&\Longrightarrow ax \in f^{-1}(N_1).
\end{aligned}
$$

39) N_1 は部分 R 加群．

40) f は R 準同型写像．

(i),(ii) より，$f^{-1}(N_1)$ は M の部分 R 加群である[41)]． □

41) $f(0_M) = 0_N$ より $0_M \in f^{-1}(N_1)$．ゆえに，$f^{-1}(N_1) \neq \phi$．

定義 2.3.3 M, N を R 加群とし，$f : M \longrightarrow N$ を R 準同型写像とする．このとき，f の像 (image) $f(M)$ を $\mathrm{Im}\, f$ で表し，N の零元の逆像 $f^{-1}(0)$ を f の核 (kernel) といい，$\mathrm{Ker}\, f$ と表す．すなわち，

$$\mathrm{Im}\, f := f(M) = \{f(x) \mid x \in M\},$$

$$\mathrm{Ker}\, f := f^{-1}(0) = \{x \in M \mid f(x) = 0\}.$$

命題 2.3.4 M, N を R 加群とし，$f : M \longrightarrow N$ を R 準同型写像とする．このとき，$\mathrm{Im}\, f$ は N の部分 R 加群であり，$\mathrm{Ker}\, f$ は M の部分 R 加群である．

（証明）前の命題 2.3.2 より得られる． □

定理 2.3.5 M, N を R 加群とし，$f : M \longrightarrow N$ を R 準同型写像とする．このとき，f が単射であるための必要十分条件は $\mathrm{Ker}\, f = 0$ となることである[42]．

$$i.e.\ \ f \text{ が単射である} \iff \mathrm{Ker}\, f = 0.$$

[42] これは群の一般的性質である．

（証明）(1)「f: 単射 $\Longrightarrow \mathrm{Ker}\, f = 0$」:

$$\begin{aligned} x \in \mathrm{Ker}\, f \text{ とすると } \quad f(x) &= 0. \\ \text{一方,} \quad f(0) &= 0. \\ \therefore \qquad f(x) &= f(0). \\ f \text{ は単射という仮定より} \quad x &= 0. \end{aligned}$$

以上によって, $\mathrm{Ker}\, f \subset 0$ が示された．ゆえに $\mathrm{Ker}\, f = 0$ である．

(2)「f: 単射 $\Longleftarrow \mathrm{Ker}\, f = 0$」:

$x, y \in M$ について, $f(x) = f(y)$ と仮定する．すると，

$$\begin{aligned} f(x) = f(y) &\Longrightarrow f(x) - f(y) = 0 \\ &\Longrightarrow f(x-y) = 0 \text{ [43]} \\ &\Longrightarrow x - y \in \mathrm{Ker}\, f = \{0\} \text{ [44]} \\ &\Longrightarrow x - y = 0 \\ &\Longrightarrow x = y. \end{aligned}$$

[43] f は準同型写像．

[44] 仮定．

以上で，「$f(x) = f(y) \Longrightarrow x = y$」を証明した．これより，$f$ は単射である． □

定義 2.3.6 M, N を R 加群とし，$f : M \longrightarrow N$ を R 準同型写像とする．f が全射であるとき R **全射準同型写像** (epimorphism)，f

が単射であるとき R **単射準同型写像** (monomorphism) であるといい，さらに，f が全単射であるとき，f は R **同型写像** (isomorphism) であるという．明らかな場合には先頭の文字 R は省略される．

R 加群 M と N について，M から N への R 同型写像が存在するとき M と N は R 加群として**同型** (isomorphic) である，あるいは，M と N は R 同型であるといい，$M \cong N$ という記号で表す．

N を R 加群 M の部分 R 加群とするとき，$x \in N$ に対して $x \in M$ を対応させる**埋め込み写像** (embedding) $\iota : N \longrightarrow M$ は R 単射準同型写像である[45]．また，M の**恒等写像** (identity map) $\iota_M : M \longrightarrow M$ は R 同型写像である．M の恒等写像は $\mathrm{id}_M := \iota_M$ と書くこともある．

[45] ι は包含写像 (inclusion map) とも言う．

問 2.13　$f : M \longrightarrow N, g : N \longrightarrow L$ を R 準同型写像とするとき，次が成り立つことを証明せよ．

(1) f と g が全射準同型写像ならば，$g \circ f$ もそうである．
(2) f と g が単射準同型写像ならば，$g \circ f$ もそうである．
(3) f と g が同型写像ならば，$g \circ f$ もそうである．
(4) 同型写像 f の逆写像 f^{-1} も同型写像である．

問 2.14　$f : M \longrightarrow N, g : N \longrightarrow L$ を R 準同型写像とするとき，次が成り立つことを証明せよ．

(1) $g \circ f$ が単射ならば，f は単射である．
(2) $g \circ f$ が全射ならば，g は全射である．
(3) $L = M$ のとき，$g \circ f = \mathrm{id}_M$ ならば，f は単射であり，g は全射となる．

命題 2.3.7　加群の R 同型という関係は同値関係である．すなわち，次が成り立つ．

(i) 反射律：$M \cong M$.
(ii) 対称律：$M \cong N \Longrightarrow N \cong M$.
(iii) 推移律：$L \cong M, M \cong N \Longrightarrow L \cong N$.

（証明）上の問 2.13 から分かる．□

定理 2.3.8[46]　M, N を R 加群とし，$f : M \longrightarrow N$ を R 準同型写像とする．

(1) M_1 を M の部分 R 加群とするとき次が成り立つ．

$$f^{-1}f(M_1) = M_1 + \mathrm{Ker}\, f.$$

[46] この定理は環のイデアルに対しても成り立つ．定理 1.1.15 を参照せよ．

特に f が $\mathrm{Ker}\, f \subset M_1$ のとき，$f^{-1}f(M_1) = M_1$ が成り立つ．
ゆえに，f が単射のときも $f^{-1}f(M_1) = M_1$ が成り立つ．
(2) N_1 を N の部分 R 加群とするとき次が成り立つ．

$$ff^{-1}(N_1) = N_1 \cap \mathrm{Im}\, f.$$

特に f が全射のとき，$ff^{-1}(N_1) = N_1$ が成り立つ．

（証明）(1) $f^{-1}f(M_1) = M_1 + \mathrm{Ker}\, f$ であることを示す．

$$\begin{aligned} x \in f^{-1}f(M_1) &\iff f(x) \in f(M_1) \\ &\iff f(x) = f(x_1), \exists x_1 \in M_1 \\ &\iff f(x - x_1) = 0, \exists x_1 \in M_1 \\ &\iff x - x_1 \in \mathrm{Ker}\, f, \exists x_1 \in M_1 \\ &\iff x \in x_1 + \mathrm{Ker}\, f, \exists x_1 \in M_1 \\ &\iff x \in M_1 + \mathrm{Ker}\, f. \end{aligned}$$

以上で，$f^{-1}f(M_1) = M_1 + \mathrm{Ker}\, f$ であることことが示された．
$\mathrm{Ker}\, f \subset M_1$ のとき，$M_1 + \mathrm{Ker}\, f = M_1$（問 2.5）であるから，$f^{-1}f(M_1) = M_1 + \mathrm{Ker}\, f = M_1$ を得る．
(2) $ff^{-1}(N_1) = N_1 \cap \mathrm{Im}\, f$ であることを示す．

$$\begin{aligned} x' \in N_1 \cap \mathrm{Im}\, f &\iff x' \in N_1,\ x' \in \mathrm{Im}\, f \\ &\iff x' \in N_1,\ x' = f(x), \exists x \in M \\ &\iff f(x) \in N_1,\ x' = f(x), \exists x \in M \\ &\iff x' = f(x), \exists x \in f^{-1}(N_1) \\ &\iff x' \in ff^{-1}(N_1). \end{aligned}$$

以上，(i),(ii) より $ff^{-1}(N_1) = N_1 \cap \mathrm{Im}\, f$ であることことが示された．
f が全射のとき，$\mathrm{Im}\, f = N$ であるから次のようになる．

$$ff^{-1}(N_1) = N_1 \cap \mathrm{Im}\, f = N_1 \cap N = N. \qquad \square$$

定理 2.3.9（対応定理, **Corresponding Theorem**） M, N を R 加群とし，$f : M \longrightarrow N$ を全射である R 準同型写像とする．$\mathrm{Ker}\, f$ を含む M の部分 R 加群 M_1 に対して N の部分 R 加群 $f(M_1)$ を対応させ，N の部分 R 加群 N_1 に対して M の部分 R 加群 $f^{-1}(N_1)$

を対応させる．この対応により，$\operatorname{Ker} f$ を含む M のすべての部分 R 加群の集合と N のすべての部分 R 加群の集合は 1 対 1 に対応する．言い換えると，これらの対応により定まる写像は互いに逆写像であり，それらは全単射となる．さらに，この対応は包含関係による順序を保存する．

$$
\begin{array}{ccc}
M & \xrightarrow{f} & N \\
\operatorname{Ker} f \subset M_1 & \dashrightarrow & f(M_1) \\
f^{-1}(N_1) & \dashleftarrow & N_1
\end{array}
$$

（証明）$\mathscr{A}$ により，M の部分 R 加群のうち $\operatorname{Ker} f$ を含む部分 R 加群の全体を表し，$\mathscr{B}$ により，N の部分 R 加群の全体を表すものとする．すなわち，

$$
\begin{aligned}
\mathscr{A} &= \{M' \mid M' \text{ は } M \text{ の部分 } R \text{ 加群，} M' \supset \operatorname{Ker} f\}, \\
\mathscr{B} &= \{N' \mid N' \text{ は } N \text{ の部分 } R \text{ 加群 }\}.
\end{aligned}
$$

$M' \in \mathscr{A}$ と $N' \in \mathscr{B}$ に対して，

$$
\varphi(M') := f(M'), \quad \psi(N') := f^{-1}(N')
$$

とおく．命題 2.3.2 より，$f(M') \in \mathscr{B}$ である．また，$f^{-1}(N') \in \mathscr{A}$ であることも分かる．なぜなら，同命題 2.3.2 より，$f^{-1}(N')$ は M の部分 R 加群であり，$\operatorname{Ker} f \subset f^{-1}(N')$ が成り立つことは以下のように計算されるからである．

$$
0 \in N' \implies f^{-1}(0) \subset f^{-1}(N') \implies \operatorname{Ker} f \subset f^{-1}(N').
$$

以上で，集合 $\mathscr{A}$ から $\mathscr{B}$ への写像 φ と，$\mathscr{B}$ から $\mathscr{A}$ への写像 ψ が定義された．

$$
\begin{aligned}
\varphi &: \mathscr{A} \longrightarrow \mathscr{B}, \quad M' \longmapsto \varphi(M') = f(M'), \\
\psi &: \mathscr{B} \longrightarrow \mathscr{A}, \quad N' \longmapsto \psi(N') = f^{-1}(N').
\end{aligned}
$$

そこで，φ と ψ が互いに逆写像であることを示せばよい．

$$
i.e. \quad \psi \circ \varphi = \mathrm{id}_{\mathscr{A}}, \quad \varphi \circ \psi = \mathrm{id}_{\mathscr{B}}.
$$

(1) $\psi \circ \varphi = \mathrm{id}_{\mathscr{A}}$ を示す．すなわち，$M' \in \mathscr{A}$ に対して $\psi \circ \varphi(M') = M'$ を示せばよい．これは次のように示される．

$$\begin{aligned}\psi\circ\varphi(M') &= \psi(\varphi(M')) \\ &= \psi(f(M')) \\ &= f^{-1}f(M') \\ &= M'\ ^{47)}.\end{aligned}$$

47) 命題 2.3.8, (1).

(2) $\varphi\circ\psi = \mathrm{id}_{\mathscr{B}}$ を示す．すなわち，$N' \in \mathscr{B}$ に対して $\varphi\circ\psi(N') = N'$ を示せばよい．これは次のように示される．

$$\begin{aligned}\varphi\circ\psi(N') &= \varphi(\psi(N')) \\ &= \varphi(f^{-1}(N')) \\ &= f(f^{-1}(N')) \\ &= N'\ ^{48)}.\end{aligned}$$

48) 命題 2.3.8, (2).

(3) 次に包含関係を保存することを示す．$M_1, M_2 \in \mathscr{A}$ とすると，

$$M_1 \subset M_2 \implies f(M_1) \subset f(M_2) \implies \varphi(M_1) \subset \varphi(M_2).$$

$N_1, N_2 \in \mathscr{B}$ とすると，

$$N_1 \subset N_2 \implies f^{-1}(N_1) \subset f^{-1}(N_2) \implies \psi(N_1) \subset \psi(N_2). \qquad \square$$

次に，剰余加群の部分加群がどのような形をしているかは，準同型写像という概念を使えばより簡明にとらえることができる．これを以下において考察する．

命題 2.3.10　R 加群 M の部分 R 加群を N とする．$x \in M$ に剰余加群 M/N の元 $x+N$ を対応させる写像 $\pi : M \longrightarrow M/N$ は R 準同型写像である．この写像を**標準全射** (canonical surjection) または**自然な準同型写像** (natural homomorphism) という．

（証明）$x, y \in M$, $a \in R$ とする．π が R 準同型写像であることは次のように確かめられる．剰余加群の加法とスカラー積の定義に注意すれば，

$$\begin{aligned}\pi(x+y) &= (x+y)+N & \pi(ax) &= ax+N \\ &= (x+N)+(y+N) & &= a(x+N) \\ &= \pi(x)+\pi(y), & &= a\pi(x). \qquad \square\end{aligned}$$

命題 2.3.11　R 加群 M の部分 R 加群を N とする．$\pi : M \longrightarrow$

M/N を自然な準同型写像とする．このとき，次が成り立つ．

(1) $x \in N \Longleftrightarrow \pi(x) = \bar{0} = N$. すなわち，$\operatorname{Ker} f = N$ である．

(2) M_1 を M の任意の部分 R 加群とするとき，π による M の像 $\pi(M_1)$ は次のように表される．

$$\pi(M_1) = (M_1 + N)/N.$$

(3) (2) においてさらに $N \subset M_1$ をみたせば，次のようになる．

$$\pi(M_1) = M_1/N.$$

（証明）(1) 系 2.2.2 より，$x \in N \Longleftrightarrow (x+N) = N \Longleftrightarrow \pi(x) = \bar{0}$.
(2) $\pi(M_1) = \{\pi(x) \mid x \in M_1\} = \{x + N \mid x \in M_1\} = (M_1 + N)/N$.
(3) $N \subset M_1$ のとき，$N + M_1 = M_1$ となるので（問 2.5），$\pi(M_1) = (M_1 + N)/N = M_1/N$ が成り立つ． □

注意 上の証明 (2) において，剰余加群 $(M_1 + N)/N$ の任意の元は $x_1 \in M_1, x_2 \in N$ として $(x_1 + x_2) + N$ と表されるが，剰余加群の加法の定義 2.2.8 より，

$$(x_1 + x_2) + N = (x_1 + N) + (x_2 + N) = (x_1 + N) + N = x_1 + N.$$

（法 N が明らかな場合は $\overline{x_1 + x_2} = \bar{x}_1 + \bar{x}_2 = \bar{x}_1 + \bar{0} = \bar{x}_1$ のように計算することが多い）と表されるので $\{x + N \mid x \in M_1\} = (M_1 + N)/N$ が成り立つ．M_1 が N を含まないとき，剰余加群 M_1/N を考えることはできないので，$\{x + N \mid x \in M_1\} = M_1/N$ とはならないことに注意しよう．

定理 2.3.12（対応定理）[49] R 加群 M の部分 R 加群を N とする．前と同様に，

$$\mathscr{A} = \{L \mid L \text{ は } N \text{ を含む } M \text{ の部分 } R \text{ 加群 }\},$$
$$\mathscr{B} = \{\mathscr{L} \mid \mathscr{L} \text{ は } M/N \text{ の部分 } R \text{ 加群 }\}$$

とする．このとき，$M_1 \in \mathscr{A}$ に対して $M_1/N \in \mathscr{B}$ を対応させる写像 $\varphi : \mathscr{A} \longrightarrow \mathscr{B}$ は全単射である[50]．したがって，剰余加群 M/N の部分 R 加群は N を含む M の部分 R 加群 L により剰余加群 L/N として表される．

（証明）自然な準同型写像 $\pi : M \longrightarrow M/N$ は全射である．π に対し

49) これは対応定理 2.3.9 の特別な場合である．

50)
$$\begin{array}{ccc} M & \xrightarrow{\pi} & M/N \\ L & \dashrightarrow & L/N \\ \cup & & \\ N & & \\ \pi^{-1}(\mathscr{L}) & \dashleftarrow & \mathscr{L} \end{array}$$

て，定理 2.3.9 を適用する．$\mathrm{Ker}\,\pi = N$ であることに注意しよう．$L \in \mathscr{A}$ に対して $\varphi(L) = \pi(L)$, $\mathscr{L} \in \mathscr{B}$ に対して $\psi(\mathscr{L}) = \pi^{-1}(\mathscr{L})$ により定義される写像を $\varphi : \mathscr{A} \longrightarrow \mathscr{B}$, $\psi : \mathscr{B} \longrightarrow \mathscr{A}$ とすれば，φ と ψ は互いに逆写像であり，この対応は定理 2.3.9 より集合 $\mathscr{A}$ と $\mathscr{B}$ の 1 対 1 対応を与える．すると，剰余加群 M/N の部分 R 加群 $\mathscr{L}$ に対して，

$$\mathscr{L} = \varphi \circ \psi(\mathscr{L}) = \varphi(\pi^{-1}(\mathscr{L}))$$

であるから，$L := \pi^{-1}(\mathscr{L})$ とおけば，L は N を含む M の部分 R 加群であるから，

$$\mathscr{L} = \varphi(L) = L/N$$ [51]

と表される． □

[51] 命題 2.3.11, (3).

定理 2.3.13（準同型定理） M, N を R 加群とする．M の部分 R 加群を M_1，N の部分 R 加群を N_1 とし，$f : M \longrightarrow N$ を R 準同型写像とする．このとき，$f(M_1) \subset N_1$ ならば，

$$\bar{f} \circ \pi_1 = \pi_2 \circ f$$

をみたす R 準同型写像 $\bar{f} : M/M_1 \longrightarrow N/N_1$ が存在する．ただし，$\pi_1 : M \longrightarrow M/M_1$ と $\pi_2 : N \longrightarrow N/N_1$ は自然な準同型写像である．

$$\begin{array}{ccc} M & \xrightarrow{f} & N \\ {\scriptstyle \pi_1}\big\downarrow & & \big\downarrow{\scriptstyle \pi_2} \\ M/M_1 & \xrightarrow{\bar{f}} & N/N_1 \end{array}$$

（証明）(1) 剰余加群 M/M_1 の元 $x + M_1$ に対し剰余加群 N/N_1 の元 $f(x) + M_1$ を対応させると，代表元 x の選び方に依存せずにこの対応は写像になる．

$$i.e.\quad x + M_1 = y + M_1 \implies f(x) + N_1 = f(y) + N_1.$$

これは次のように示される．

$$\begin{aligned} x + M_1 = y + M_1 &\implies x - y \in M_1 \\ &\implies f(x-y) \in f(M_1) \subset N_1 \\ &\implies f(x) - f(y) \in N_1 \\ &\implies f(x) + N_1 = f(y) + N_1. \end{aligned}$$

よって，$\bar{f}(x+M_1)=f(x)+N_1$ として，写像 $\bar{f}:M/M_1\to N/N_1$ を定義することができる．

(2) $\bar{f}$ が R 準同型写像であることを示す．すなわち，次のことを示せばよい．

$$\begin{aligned}&\bar{f}((x+M_1)+(y+M_1))=\bar{f}(x+M_1)+\bar{f}(y+N_1),\\&\bar{f}(a(x+M_1))=a\bar{f}(x+M_1).\end{aligned}$$

M_1 を法とする剰余類を $\bar{x}=x+M_1$ と表せば，写像 $\bar{f}$ は $\bar{f}(\bar{x})=f(x)+N_1$ と表される．このとき，上式の証明は次のようになる．

$$\begin{aligned}\bar{f}(\bar{x}+\bar{y})&=\bar{f}(\overline{x+y})\\&=f(x+y)+N_1\\&=f(x)+f(y)+N_1\\&=(f(x)+N_1)+(f(y)+N_1)\\&=\bar{f}(x+M_1)+\bar{f}(y+M_1)\\&=\bar{f}(\bar{x})+\bar{f}(\bar{y}),\end{aligned}\qquad\begin{aligned}\bar{f}(a\bar{x})&=\bar{f}(\overline{ax})\\&=f(ax)+N_1\\&=af(x)+N_1\\&=a(f(x)+N_1)\\&=a\bar{f}(x+M_1)\\&=a\bar{f}(\bar{x}).\end{aligned}$$

最後に，$\bar{f}\circ\pi_M=\pi_N\circ f$ を示す．$x\in M$ として，

$$\begin{aligned}\bar{f}\circ\pi_1(x)&=\bar{f}(x+M_1)\\&=f(x)+N_1\\&=\pi_2(f(x))\\&=\pi_2\circ f(x).\end{aligned}$$

□

次に準同型定理 2.3.13 によって第一同型定理を証明する．

定理 2.3.14（第 1 同型定理，First Isomorphism Theorem） M,N を R 加群とし，$f:M\longrightarrow N$ を R 準同型写像とする．すると $\operatorname{Ker}f$ は M の部分 R 加群である．自然な準同型写像を $\pi:M\longrightarrow M/\operatorname{Ker}f$ とするとき，単射である R 準同型写像 $\bar{f}:M/\operatorname{Ker}f\longrightarrow N$ が存在して $f=\bar{f}\circ\pi$ をみたす．

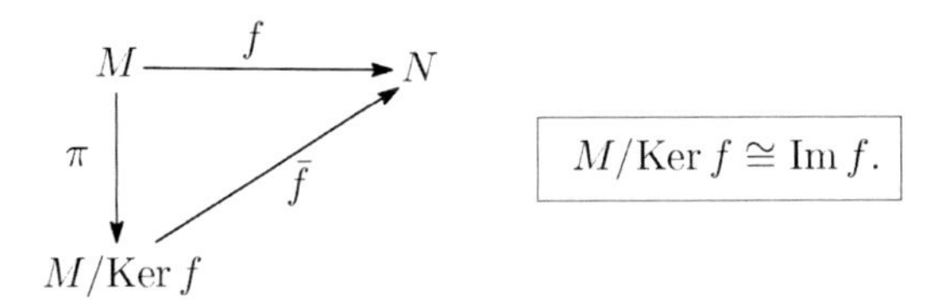

（証明）準同型定理 2.3.13 で $N_1=0=\{0\},M_1=\operatorname{Ker}f$ とすれば，

R 準同型写像

$$\bar{f} : M/\operatorname{Ker} f \longrightarrow N, \quad \bar{f}(\bar{x}) = f(x)$$

が定義される．ただし，$\bar{x} = x + \operatorname{Ker} f$ である．このとき，$\bar{f}$ は単射である．なぜなら，

$$\begin{aligned}
\bar{x} \in \operatorname{Ker} \bar{f} &\iff \bar{f}(\bar{x}) = 0 \\
&\iff f(x) = 0 \\
&\iff x \in \operatorname{Ker} f \\
&\iff x + \operatorname{Ker} f = \operatorname{Ker} f \\
&\iff \bar{x} = \bar{0}.
\end{aligned}$$

□

定理 2.3.15（第 2 同型定理，Second Isomorphism Theorem） M_1, M_2 を R 加群 M の部分 R 加群とするとき，次の同型写像がある．

$$(M_1 + M_2)/M_1 \cong M_2/(M_1 \cap M_2).$$

（証明）埋め込み写像 $M_2 \longrightarrow M_1 + M_2$ と標準全射 $M_1 + M_2 \longrightarrow (M_1 + M_2)/M_1$ の合成写像 $\theta : M_2 \longrightarrow (M_1 + M_2)/M_1$ を考える[52]．すなわち，

$$\begin{array}{ccccc}
M_2 & \longrightarrow & M_1 + M_2 & \longrightarrow & (M_1 + M_2)/M_1 \\
x & \longmapsto & 0 + x = x & \longmapsto & x + M_1
\end{array}$$

定義より $x \in M_2$ について $\theta(x) = x + M_1$ である．θ は明らかに全射である[53]．$\operatorname{Ker} \theta$ を調べると，

$$\begin{aligned}
x \in M_2, x \in \operatorname{Ker} \theta &\iff x \in M_2, \theta(x) = M_1 \\
&\iff x \in M_2, x + M_1 = M_1 \\
&\iff x \in M_2, x \in M_1 \\
&\iff x \in M_1 \cap M_2.
\end{aligned}$$

したがって，$\operatorname{Ker} \theta = M_1 \cap M_2$ であることが分かる．すると，第 1 同型定理 2.3.14 より，求める以下の同型を得る．

$$M_2/(M_1 \cap M_2) \cong M_2/\operatorname{Ker} \theta \cong (M_1 + M_2)/M_1.$$

□

52)

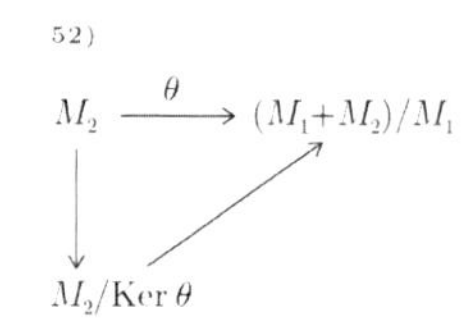

53) $(M_1 + M_2)/M_1$ の任意の元は $x_2 \in M_2$ により $x_2 + M_1$ と表される．

定理 2.3.16 (第 3 同型定理, **Third Isomorphism Theorem**)
$N \subset M \subset L$ を R 加群とするとき, 次の同型写像がある.

$$(L/N)/(M/N) \cong L/M.$$

(証明) 恒等写像 $\iota_L = \mathrm{id}_L : L \longrightarrow L$ を考えると, $\iota_L(N) = N \subset M$ であるから, 準同型定理 2.3.13 により, $\theta(x+N) = x+M$ として定義される R 準同型写像 $\theta : L/N \longrightarrow L/M$ が存在する. この写像は明らかに全射である[54]. そこで, その核 $\mathrm{Ker}\,\theta$ を調べると,

$$\begin{aligned} x+N \in \mathrm{Ker}\,\theta &\iff \theta(x+N) = \bar{0} = M \text{ [55]} \\ &\iff x+M = M \\ &\iff x \in M \text{ [56]}. \end{aligned}$$

したがって, $\mathrm{Ker}\,\theta = \{x+N \mid x \in M\} = (M+N)/N = M/N$ を得る. θ は全射であるから, 第 1 同型定理 2.3.14 より,

$$(L/N)/(M/N) = (L/N)/\mathrm{Ker}\,\theta \cong L/M. \qquad \square$$

54)
$$\begin{array}{ccc} L/N & \xrightarrow{\theta} & L/M \\ \downarrow & \nearrow & \\ L/N\big/\mathrm{Ker}\,\theta & & \end{array}$$

55) L/M において.

56) 系 2.2.2.

2.4 加群の直和

定義 2.4.1 R 加群 M の部分 R 加群を $M_1, M_2, \ldots, M_n$ とする. M の任意の元 x が

$$x = x_1 + x_2 + \cdots + x_n, \quad x_i \in M_i \ (1 \leq i \leq n)$$

の形に一意的に表されるとき, M は部分 R 加群 $M_1, M_2, \ldots, M_n$ の**内部直和** (internal direct sum) であるといい, 各 M_i を M の**直和因子** (direct summand) という. このとき,

$$M = M_1 \dot{\oplus} M_2 \dot{\oplus} \cdots \dot{\oplus} M_n$$

と表し, M の**直和分解** (direct decomposition) という.

問 2.15 R 加群 M が部分 R 加群 $M_1, \ldots, M_2$ の内部直和であるための必要十分条件は, $M = M_1 + \cdots + M_n$ であり, かつ 各 i $(1 \leq i \leq n)$ に対して $M_i \cap \sum_{j \neq i} M_j = 0$ が成り立つことである. これを証明せよ.
特に, $n = 2$ のときは次のようである.

$$M = M_1 \dot{\oplus} M_2 \iff M = M_1 + M_2,\ M_1 \cap M_2 = 0.$$

例 2.4.2 V を $\mathbb{R}$ 上の実ベクトル空間とし，$x_1, x_2, \ldots, x_n \in V$ を V の基底とする．V は $\mathbb{R}$ 加群である．$x_1, x_2, \ldots, x_n$ は V の生成系であり，$\mathbb{R}$ 上 1 次独立である．したがって，V の任意のベクトル x は，

$$x = a_1 x_1 + a_2 x_2 + \cdots + a_n x_n \quad (a_i \in \mathbb{R},\ 1 \leq i \leq n)$$

と一意的に表される．ゆえに，V は部分空間 $\mathbb{R}x_1, \mathbb{R}x_2, \ldots, \mathbb{R}x_n$ の内部直和である．すなわち，

$$V = \mathbb{R}x_1 \dot{\oplus} \mathbb{R}x_2 \dot{\oplus} \cdots \dot{\oplus} \mathbb{R}x_n.$$

各 $\mathbb{R}x_i$ は $\mathbb{R}$ 加群 V の部分 $\mathbb{R}$ 加群である．

例 2.4.3 V を n 次元の実ベクトル空間とし，U を V の部分空間とする．$x_1, x_2, \ldots, x_m$ を U の基底とする．よく知られたように（基底の補充定理），$x_1, x_2, \ldots, x_m$ に 適当な V のベクトル $x_{m+1}, \ldots, x_n$ を付け加えて $x_1, \ldots, x_m, \ldots, x_n$ が V の基底であるようにできる．このとき，上の例でみたように，

$$\begin{aligned} V &= \mathbb{R}x_1 \dot{\oplus} \cdots \dot{\oplus} \mathbb{R}x_m \dot{\oplus} \mathbb{R}x_{m+1} \cdots \dot{\oplus} \mathbb{R}x_n \\ &= U \dot{\oplus} \mathbb{R}x_{m+1} \dot{\oplus} \cdots \dot{\oplus} \mathbb{R}x_n \end{aligned}$$

が成り立つので，U は V の直和因子であることが分かる．すなわち，ベクトル空間 V の任意の部分空間 U は V の直和因子である．

内部直和に対して，外部直和を次のように定義する．

$M_1, M_2, \ldots, M_n$ を R 加群として，$M_1, M_2, \ldots, M_n$ の直積集合，

$$M_1 \times M_2 \times \cdots \times M_n = \{(x_1, x_2, \ldots, x_n) \mid x_i \in M_i,\ 1 \leq i \leq n\}$$

に加法と R の作用を，

$$\begin{aligned} (x_1, x_2, \ldots, x_n) + (y_1, y_2, \ldots, y_n) &= (x_1 + y_1, x_2 + y_2, \ldots, x_n + y_n), \\ a(x_1, x_2, \ldots, x_n) &= (ax_1, ax_2, \ldots, ax_n), \quad a \in R \end{aligned}$$

によって定義すると，$M_1 \times M_2 \times \cdots \times M_n$ は R 加群となる．これを

$M_1, M_2, \ldots, M_n$ の**外部直和** (exterior direct sum) といい，記号，

$$\bigoplus_{i=1}^{n} M_i = M_1 \oplus M_2 \oplus \cdots \oplus M_n$$

を用いて表す．

$M_1, M_2, \ldots, M_n$ を R 加群として，その外部直和を M とする．このとき，i 入射という写像，

$$q_i : M_i \longrightarrow M, \quad x_i \longmapsto (0, \ldots, \overset{i}{\breve{x}}, \ldots, 0)$$

は単射である R 準同型写像であるから，$q_i(M_i)$ は M の部分 R 加群であり（命題 2.3.2），M_i に R 同型である．

次に，M の任意の元 $x = (x_1, x_2, \ldots, x_n)$ は，

$$\begin{aligned} x &= (x_1, 0, \ldots, 0) + (0, x_2, \ldots, 0) + \cdots + (0, \ldots, 0, x_n) \\ &= q_1(x_1) + q_2(x_2) + \cdots + q_n(x_n) \end{aligned}$$

と表される．ゆえに，$M = q_1(M_1) + q_2(M_2) + \cdots + q_n(M_n)$ である．さらに，上の表現は一意的であるから，R 加群 $M_1, \ldots, M_n$ の外部直和 M は $M_1, \ldots, M_n$ にそれぞれ同型な M の部分 R 加群 $q_1(M_1), \ldots, q_n(M_n)$ の内部直和に一致する．

$$M = q_1(M_1) \dot{\oplus} q_2(M_2) \dot{\oplus} \cdots \dot{\oplus} q_n(M_n).$$

例 2.4.4 §2.1 の例 2.1.3 の R 加群 R^n は n 個の R 加群の内部直和である．i 入射を，

$$q_i : R \longrightarrow R^n, \quad a_i \longmapsto (0, \ldots, \overset{i}{\breve{a}}, \ldots, 0)$$

として，$R_i = q_i(R) \subset R^n$ とすれば，

$$R^n = R_1 \dot{\oplus} R_2 \dot{\oplus} \cdots \dot{\oplus} R_n$$

すなわち，外部直和 R^n は $R_1, R_2, \ldots, R_n$ の内部直和である．

逆に，M を R 加群として，$M_1, \ldots, M_n$ を M の部分 R 加群とする．M を $M_1, \ldots, M_n$ の内部直和とする．すなわち，

$$M = M_1 \dot{\oplus} M_2 \dot{\oplus} \cdots \dot{\oplus} M_n.$$

$M_1, \ldots, M_n$ は R 加群であるから，その外部直和 $M_1 \oplus \cdots \oplus M_n$ をつくることができる．このとき，

$$\phi : M_1 \oplus \cdots \oplus M_n \longrightarrow M, \quad \phi(x_1, \ldots, x_n) = x_1 + \cdots + x_n$$

は R 加群の同型であることが分かる．この同型により同一視すれば，内部直和は外部直和と一致する[57]．

57) 『群・環・体入門』，p.140，定理 7.2 を参照せよ．

問 2.16 上記の外部直和から内部直和への写像 ϕ が R 同型であることを確かめよ．

以上の考察により，内部直和と外部直和は上のような同型によって同一視することができる．それが内部直積であるか，外部直積であるかは前後の状況により判断できるので，以降同じ直和の記号 $\oplus$ を用いて表すことにする．

2.5 自由加群

定義 2.5.1 R 加群 M の元 $x_1, x_2, \ldots, x_n \in M$ が次の条件をみたすとき R 上 **1 次独立** (linearly independent) であるという．すなわち，任意の $a_i \in R$ に対して，

$$a_1x_1 + a_2x_2 + \cdots + a_nx_n = 0 \implies a_1 = a_2 = \cdots = a_n = 0.$$

S を M の部分集合とする．S の任意の有限部分集合 $\{x_1, x_2, \ldots, x_n\}$ が R 上 1 次独立であるとき，S は R 上 1 次独立であるという．

問 2.17 R 加群 M の元を $x_1, \ldots, x_n$ とするとき，次は同値であることを確かめよ．

(1) $x_1, \ldots, x_n$ は R 上 1 次独立である．すなわち，

$$a_1x_1 + \cdots + a_nx_n = 0 \implies a_1 = \cdots = a_n = 0.$$

(2) $x_1, \ldots, x_n$ による表現は一意的である．すなわち，

$$\left.\begin{array}{l} x = a_1x_1 + \cdots + a_nx_n, \\ x = b_1x_1 + \cdots + b_nx_n, \end{array}\right\} \implies a_1 = b_1, \ldots, a_n = b_n$$

定義 2.5.2 R 加群 M は R 上1次独立な生成系をもつとき，**自由 R 加群** (free R-module)，または，単に**自由加群**であるといい，その1次独立な生成系を自由加群 M の**基底** (basis) という．

定理 2.5.3 M を自由 R 加群とし，$x_1, x_2, \ldots, x_n$ を M の基底とする．このとき，$y_1, y_2, \ldots, y_m$ を M の基底とすれば，$n = m$ となる．

（証明）最初に，それぞれが基底であるから，

$$M = Rx_1 + \cdots + Rx_n = Ry_1 + \cdots + Ry_m$$

と表される．すると，$i\,(1 \leq i \leq n), j\,(1 \leq j \leq m)$ に対して，次のように表すことができる．

$$x_i = \sum_{j=1}^{m} a_{ij} y_j \ (a_{ij} \in R), \qquad y_j = \sum_{k=1}^{n} b_{jk} x_k \ (b_{jk} \in R).$$

ここで，$n > m$ と仮定する．このとき，

$$\begin{aligned} x_i &= \sum_{j=1}^{m} a_{ij} y_j = \sum_{j=1}^{m} a_{ij} \Bigl(\sum_{k=1}^{n} b_{jk} x_k \Bigr) \\ &= \sum_{k=1}^{n} \Bigl(\sum_{j=1}^{m} a_{ij} b_{jk} \Bigr) x_k \end{aligned}$$

$x_1, x_2, \ldots, x_n$ は M の基底であるから，表現の一意性により，

$$\sum_{j=1}^{m} a_{ij} b_{jk} = \delta_{ik}$$

なる関係がある．これは次の行列の積が単位行列 E_n であることを意味している．

$$\begin{pmatrix} a_{11} & \cdots & a_{1m} & 0 & \cdots & 0 \\ a_{21} & \cdots & a_{2m} & 0 & \cdots & 0 \\ \vdots & & \vdots & \vdots & & \vdots \\ a_{n1} & \cdots & a_{nm} & \underbrace{0 \quad \cdots \quad 0}_{n-m} \end{pmatrix} \begin{pmatrix} b_{11} & b_{12} & \cdots & b_{1n} \\ b_{21} & b_{22} & \cdots & b_{2n} \\ \vdots & \vdots & \cdots & \vdots \\ b_{m1} & b_{m2} & \cdots & b_{mn} \\ 0 & 0 & \cdots & 0 \\ \vdots & \vdots & \cdots & \vdots \\ 0 & 0 & \cdots & 0 \end{pmatrix} \begin{matrix} \\ \\ \\ \\ \left.\begin{matrix} \\ \\ \\ \end{matrix}\right\} n-m \end{matrix} = E_n.$$

この等式の両辺の行列式をとると，$0 = 1$ という関係が得られる．これは矛盾である．以上より，$n = m$ でなければならない． □

定義 2.5.4 M を自由 R 加群とし，M の一つの基底が有限個の元からなるとき，定理 2.5.3 より，基底を構成する元の個数は一定である．この一定の個数を自由加群の**階数** (rank) という．

例 2.5.5 実数体を $\mathbb{R}$ とするとき，$\mathbb{R}$ 上の実ベクトル空間は自由 $\mathbb{R}$ 加群である．

さらに，一般に体 k 上のベクトル空間は基底をもつので，自由 k 加群である．

例 2.5.6 R を環とするとき，R は $\{1\}$ を基底とする階数 1 の自由 R 加群である．また，u を R の単元とすれば，R は $\{u\}$ を基底とする階数 1 の自由加群である．

例 2.5.7 §2.1 の例 2.1.3 や §2.4 の例 2.4.4 で，R 加群 R^n を考察した．それらの例では，$e_i = (0, \ldots, \overset{i}{\check{1}}, \ldots, 0) \in R^n$ として，$\{e_1, e_2, \ldots, e_n\}$ は R 加群 R^n の生成系である．さらに，この生成系は任意の $a_1, \ldots, a_n \in R$ に対して，

$$a_1e_1 + a_2e_2 + \cdots + a_ne_n = 0 \Longrightarrow a_1 = a_2 = \cdots = a_n = 0$$

をみたすので，$e_1, e_2, \ldots, e_n$ は R 上 1 次独立であり，したがって，R^n は $\{e_1, e_2, \ldots, e_n\}$ を基底とする階数 n の自由 R 加群である．

例 2.5.8 $R = \mathbb{Z}/n\mathbb{Z}$ とする．このとき，R は R 加群としては自由加群であるが，$\mathbb{Z}$ 加群としては自由加群ではない．なぜなら，R の任意の元は n 倍すると，すべて 0 になるので，R の任意の部分集合は $\mathbb{Z}$ 上 1 次独立になりえないからである．

自由加群はベクトル空間と類似の性質をもつが，係数とする環は体ではないので，さまざまな異なる様相をもつ．

命題 2.5.9 M を R 加群とする．M の元 $x_1, \ldots, x_n$ に対して，次は同値である．

(1) M は $\{x_1, \ldots, x_n\}$ を基底とする自由加群である．

(2) M の任意の元 x は $x = a_1x_1 + \cdots + a_nx_n, a_i \in R$ と表さ

れ，この表現は一意的である．

(3) $\mathrm{Ann}_R(x_i) = (0), 1 \leq i \leq n$ であり，かつ次が成り立つ．

$$M = Rx_1 \oplus Rx_2 \oplus \cdots \oplus Rx_n.$$

ただし，$\mathrm{Ann}_R(x_i) := \{a \in R \mid ax_i = 0\}$ である（定義 2.1.9 参照）．

（証明）(1) $\Longrightarrow$ (2)．M は $\{x_1, \ldots, x_n\}$ を基底とする自由加群であるから，M の任意の元 x は $x = a_1x_1 + \cdots + a_nx_n, a_i \in R$ と表される．さらに，$x = b_1x_1 + \cdots + b_nx_n, b_i \in R$ と仮定する．すると，辺々引き算すると $0 = (a_1 - b_1)x_1 + \cdots + (a_n - b_n)x_n$ を得る．ところが，$\{x_1, \ldots, x_n\}$ は R 上 1 次独立であるから，$a_i - b_i = 0$ $(1 \leq i \leq n)$ となる．すなわち，$a_1 = b_1, \ldots, a_n = b_n$ となる．これより，表現の一意性が示された．

(2) $\Longrightarrow$ (3)．(2) の仮定より，$M = Rx_1 \oplus \cdots \oplus Rx_n$ である．

$a \in \mathrm{Ann}_R(x_i)$ とする．すると，$ax_i = 0$ である．このとき，

$$0x_1 + 0x_2 + \cdots + ax_i + \cdots + 0x_n = 0x_1 + 0x_2 + \cdots + 0x_i + \cdots + 0x_n = 0$$

を考えれば，表現の一意性により，$a = 0$ を得る．

(3) $\Longrightarrow$ (1)．$\{x_1, \ldots, x_n\}$ が M の基底であることを示せばよい．仮定より，M はこれらの元で生成されているから，1 次独立であることを示せばよい．$a_i \in R$ として，$a_1x_1 + \cdots + a_nx_n = 0$ と仮定する．一方，$0x_1 + \cdots + 0x_n = 0$ であるから，(3) の仮定，直和の定義による表現の一意性により，$a_1x_1 = a_2x_2 = \cdots = a_nx_n = 0$ を得る．さらに，もう一つの仮定，x_i の零化イデアルはすべて (0) であるから，$a_1 = a_2 = \cdots = a_n = 0$ を得る．これは $\{x_1, \ldots, x_n\}$ が R 上 1 次独立であることを示している． □

命題 2.5.10　有限生成 R 加群の準同型像は有限生成である．

（証明）$f : M \longrightarrow N$ を R 加群の準同型写像とする．M が有限生成 R 加群ならば，ある生成系 $x_1, \ldots, x_n$ が存在して，$M = \sum_{i=1}^{n} Rx_i$ と表される．すると，

$$f(M) = f(\sum_{i=1}^{n} Rx_i) = \sum_{i=1}^{n} Rf(x_i)$$

となる．よって，M の準同型像 $f(M)$ は有限生成である． □

命題 2.5.11　R 加群 M に対して次は同値である．

(1) M は有限生成 R 加群である．

(2) ある自然数 n が存在して，M は自由 R 加群 R^n の剰余加群に同型である．

（証明）(1) $\Longrightarrow$ (2)．M が有限生成 R 加群ならば，ある生成系 $\{x_1, \ldots, x_n\}$ が存在して $M = Rx_1 + \cdots + Rx_n$ と表される．すると，

$$\begin{array}{cccc} \alpha: & R^n & \longrightarrow & M \\ & (a_1, \ldots, a_n) & \longmapsto & a_1x_1 + \cdots + a_nx_n \end{array}$$

なる写像 α を考えることができる．すなわち，

$$\alpha(a_1, \ldots, a_n) = a_1x_1 + \cdots + a_nx_n.$$

このとき，明らかに α は R 加群 R^n から M への全射準同型写像である．（R^n が R 加群であることは例 2.1.3 を参照せよ．）すなわち，

(a) $\alpha\big((a_1, \ldots, a_n) + (b_1, \ldots, b_n)\big)$
$$= \alpha(a_1, \ldots, a_n) + \alpha(b_1, \ldots, b_n),$$

(b) $\alpha\big(a(a_1, \ldots, a_n)\big) = a\alpha(a_1, \ldots, a_n)$, $a \in R$,

(c) α は全射である．

これらのことは容易に確かめられる．すると，加群の第 1 同型定理 2.3.14 により，$M \cong R^n/\mathrm{Ker}\,\alpha$ であることが分かる．

(2) $\Longrightarrow$ (1)．仮定より，R^n の部分 R 加群 N により，$M \cong R^n/N$ と表される．したがって，標準全射 $\pi: R^n \longrightarrow R^n/N$ と同型写像 $f: R^n/N \longrightarrow M$ の合成写像 $\beta: R^n \longrightarrow M$ がある．これは R 加群の全射準同型写像である．

ここで，R^n は有限生成 R 加群であるから，命題 2.5.10 より M は有限生成 R 加群である．

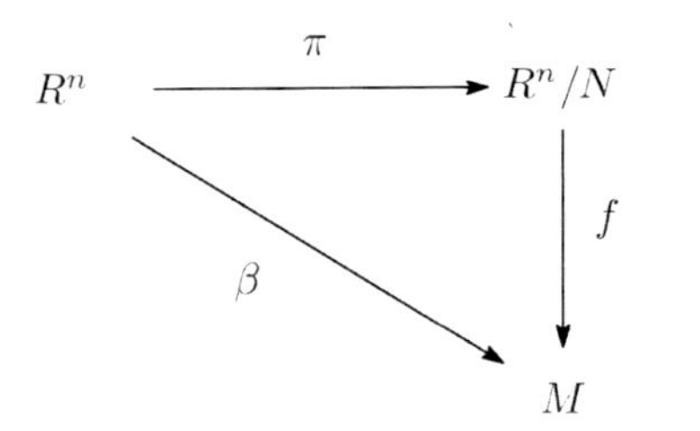

□

問 2.18　命題 2.5.11 において，(1) $\Longrightarrow$ (2) の α および (2) $\Longrightarrow$ (1) の β が R 加群 R^n から M への全射準同型写像であることを確かめよ．

命題 2.5.12　M を R 加群とし，$x_1, \ldots, x_n \in M$ とする．このとき，

$$\alpha : R^n \longrightarrow M, \quad \alpha(a_1, \ldots, a_n) = \sum_{i=1}^{n} a_i x_i$$

により定まる R 準同型写像 α を考える．このとき，次は同値である．

(1) M は $\{x_1, \ldots, x_n\}$ を基底とする自由 R 加群である．

(2) α は R 同型写像である．

(3) 任意の R 加群 N と，任意の元 $y_1, \ldots, y_n \in N$ に対して

$$f : M \longrightarrow N, \quad f(x_i) = y_i \ (1 \leq i \leq n)$$

をみたす R 準同型写像 f が一意的に存在する．

（証明）(1) $\Longrightarrow$ (2).　$\{x_1, \ldots, x_n\}$ を M の自由基底とする．$x_1, \ldots, x_n$ は M の生成系であるから，α は全射であり，$x_1, \ldots, x_n$ は R 上 1 次独立であるから，α は単射である．

(2) $\Longrightarrow$ (3). $x \in M$ とする．最初に，R^n から N への写像を

$$\beta : R^n \longrightarrow N, \quad \beta(a_1, \ldots, a_n) = \sum_{i=1}^{n} a_i y_i$$

として定義する．β は明らかに R 準同型写像である．このとき，$f := \beta \circ \alpha^{-1}$ とおけば，f は M から N への R 準同型写像である．そして，

$$f(x_i) = \beta \circ \alpha^{-1}(x_i) = \beta(0, \ldots, \overset{\stackrel{i}{\vee}}{1}, \ldots, 0) = y_i$$

となる．

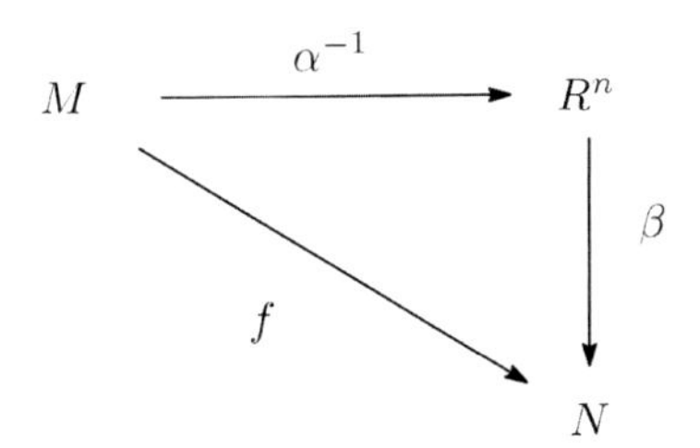

このような準同型写像が唯一つであること：$f, f' : M \longrightarrow N$ を $f(x_i) = f'(x_i) = y_i$ をみたす R 準同型写像であると仮定する．α が同型写像であるから，M の任意の元 x は $x = \sum_{i=1}^{n} a_i x_i$ $(a_i \in R)$ と表される．すると，

$$\begin{aligned} f(x) &= \sum_{i=1}^{n} a_i f(x_i) \\ &= \sum_{i=1}^{n} a_i f'(x_i) = f'(\sum_{i=1}^{n} a_i x_i) = f'(x). \end{aligned}$$

x は任意であったから，$f = f'$ となる．

(3) $\Longrightarrow$ (1)．$\{x_1, \ldots, x_n\}$ が M の自由基底であることを示す．すなわち，(i) $\{x_1, \ldots, x_n\}$ が M の生成系であること，(ii) $x_1, \ldots, x_n$ が 1 次独立であること，を示さねばならない．

最初に，仮定 (3) で $N = R^n$ とし，$y_i = e_i = (0, \ldots, \overset{i}{\check{1}}, \ldots, 0)$ とすると，仮定より，

$$f : M \longrightarrow R^n, \quad f(x_i) = e_i$$

をみたす R 準同型写像 f が存在する．

(i) を示す．(3) で $N = M$ とし y_i を x_i にとれば，仮定より x_i を x_i に移す M から M への R 準同型写像が唯一つ存在する．各 i に対して，

$$\alpha(f(x_i)) = \alpha(e_i) = x_i, \quad \mathrm{id}_M(x_i) = x_i$$

である．ここで，$\alpha \circ f$ と id_M は M から M への R 準同型写像であるから，一意性により，

$$\alpha \circ f = \mathrm{id}_M$$

を得る．$\mathrm{id}_M = \alpha \circ f$ は全射であるから，α も全射となる (問 2.14)．すなわち，写像 α の定義を考えれば，これは，任意の $x \in M$ に対してある $a_i \in R$ が存在して $x = \sum_{i=1}^{n} a_i x_i$ と表されることを示している．すなわち，$x_1, \ldots, x_n$ は M の生成系である．

次に，(ii) $x_1, \ldots, x_n$ が 1 次独立であることを示す．$\sum_{i=1}^{n} a_i x_i = 0$ $(a_i \in R)$ と仮定する．すると，最初に定義された R 準同型写像 f

を用いると，

$$0 = f(\sum_{i=1}^{n} a_i x_i) = \sum_{i=1}^{n} a_i f(x_i) = \sum_{i=1}^{n} a_i e_i = (a_1, \ldots, a_n).$$

ゆえに，$a_1 = \cdots = a_n = 0$ を得る．したがって，$x_1, \ldots, x_n$ は R 上1次独立である．以上より，$\{x_1, \ldots, x_n\}$ は M の基底である．□

問 2.19 上記命題の (2) $\Longrightarrow$ (3) の証明において，β と f は R 準同型写像であることを確かめよ．

命題 2.5.13 R を環とする．R の任意のイデアル $I \neq (0)$ に対して次が成り立つ．

$$I : \text{自由}\ R\ \text{加群} \iff \text{非零因子}\ a \in R\ \text{が存在して}\ I = Ra.$$

（証明）($\Longleftarrow$) a が非零因子ならば，R 上1次独立である．ゆえに，このとき $I = Ra$ は $\{a\}$ を基底とする自由 R 加群である．

($\Longrightarrow$) I が自由 R 加群ならば，その基底は1個の元からなることを示せばよい．そこで，I が2個以上からなる基底をもつとして，その中の二つの元を a, b $(a \neq b)$ とする．a, b は R 上1次独立である．このとき，明らかに $ba + (-a)b = 0$ が成り立つ．すると，一意性により（問 2.17）$b = -a = 0$ を得る．これは，矛盾である．以上より，I の基底は唯一つの元からなるので，

$$I = Ra, \quad \exists a \in R,\ a \neq 0$$

と表される．このとき，a は R 上1次独立であるから零因子ではない．□

命題 2.5.14 R を可換環とする．このとき，次が成り立つ．

$$R : \text{単項イデアル整域 (PID)} \iff R\ \text{のイデアルはすべて自由}\ R\ \text{加群}.$$

（証明）($\Longrightarrow$) これは命題 2.5.13 より分かる．

($\Longleftarrow$) I を R のイデアルとする．命題 2.5.13 より，ある非零因子 $a \in R$ により $I = Ra = (a)$ と表される．よって，R は単項イデアル環である．

後は R が整域であることを示せばよい．$a \in R$ として，$a \neq 0$ と

仮定する．$(a)=aR\neq(0)$ は零でない R のイデアルである．すると再び，命題 2.5.13 より，ある非零因子 $b\in R$ によって，$aR=bR$ と表される．すると，$b=ac, \exists c\in R$ と表される．b は非零因子であるから，a も非零因子である． □

例 2.5.15 命題 2.5.14 より，$\mathbb{Z}$ のイデアルはすべて $\mathbb{Z}$ 加群とみて自由加群である．しかし，$\mathbb{Z}$ は体ではなく，自由加群でない $\mathbb{Z}$ 加群が存在する．例として，$\mathbb{Z}_n=\mathbb{Z}/n\mathbb{Z}$ は $\mathbb{Z}$ 加群としては自由加群ではない（例 2.5.8）．また，$\mathbb{Q}$ もまた $\mathbb{Z}$ 加群として自由加群ではない．

問 2.20 $\mathbb{Q}$ は $\mathbb{Z}$ 加群として自由加群ではないことを証明せよ．

第 2 章練習問題

1. M を R 加群とし，N, N_i, L, L_i を M の部分 R 加群とするとき，次が成り立つことを証明せよ．

   (1) $(N_1\cap N_2):L=(N_1:L)\cap(N_2\cap L)$.
   (2) $N:(L_1+L_2)=(N:L_1)\cap(N:L_2)$.
   (3) $(N:L)=N:(N+L)$.

2. M を有限生成 R 加群，N を M の部分 R 加群で $M\neq N$ ならば，N を含む M の極大な部分 R 加群が存在することを証明せよ．
   特に，有限生成 R 加群は極大な部分 R 加群をもつ．したがって，環 R を R 加群とみれば R 自身極大イデアルをもつ．

3. R 加群 M, N に対して，M から N への R 準同型写像の全体を $\mathrm{Hom}_R(M,N)$ と書く．$f,g\in\mathrm{Hom}_R(M,N), x\in M, a\in R$ に対して，

$$(f+g)(x):=f(x)+g(x)$$
$$(af)(x):=a\cdot f(x)$$

   として $\mathrm{Hom}_R(M,N)$ 上に演算，加法 $f+g$ とスカラー積 af を定義する．このとき，$\mathrm{Hom}_R(M,N)$ は R 加群になることを確かめよ．

4. R 準同型写像 $f:M\longrightarrow N$ は，R 加群 X, Y に対して

$$f_Y(h):=h\circ f, \qquad f^X(h)=:f\circ h$$

   と定義することによって次の写像を誘導する[58]．

$$f_Y:\mathrm{Hom}_R(N,Y)\longrightarrow\mathrm{Hom}_R(M,Y),$$

58)
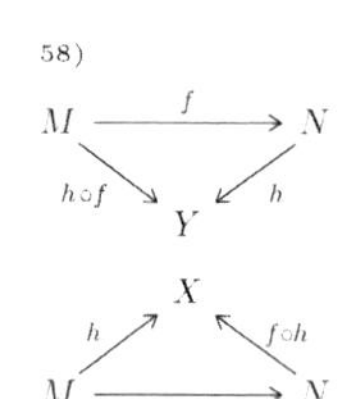

$$f^X : \mathrm{Hom}_R(X, M) \longrightarrow \mathrm{Hom}_R(X, N).$$

これらの写像は R 加群の準同型写像であることを確かめよ．

5. M を R 加群とする．任意の R 加群の準同型写像 $f \in \mathrm{Hom}_R(R, M)$ に対して $f(1) \in M$ を対応させる写像は R 加群 $\mathrm{Hom}_R(R, M)$ から R 加群 M への R 同型写像 $\mathrm{Hom}_R(R, M) \cong M$ であることを証明せよ．

6. R を環とし，M, N を R 加群，F を自由 R 加群とする．このとき，R 全射準同型写像 $f : M \longrightarrow N$ と R 準同型写像 $g : F \longrightarrow N$ に対して，$f \circ h = g$ をみたす R 準同型写像 $h : F \longrightarrow M$ が存在することを証明せよ[59]．

7. k を体とする．L, M, N を k 加群とする．k 単射準同型写像 $f : L \longrightarrow M$ と k 準同型写像 $g : L \longrightarrow N$ に対して $h \circ f = g$ をみたす k 準同型写像 $h : M \longrightarrow N$ が存在することを証明せよ[60]．

[59] この自由加群 F のもつ性質を一般化したものが**射影加群**である．

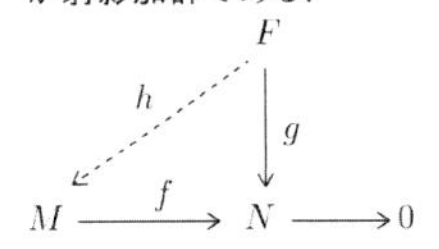

[60] この k 加群 N のもつ性質を一般化したものが**入射加群**である．

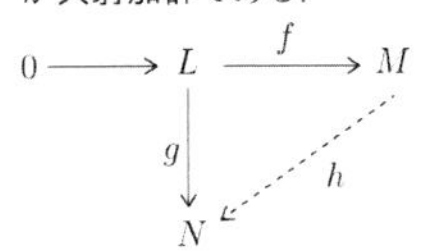

(1) M, N, P を R 加群とする．直積集合 $M \times N$ から P への写像 $f : M \times N \longrightarrow P$ が次の性質をもつとき，R **双線形写像** (R-bilinear mapping) という．

$$\begin{aligned} f(x_1 + x_2, y) &= f(x_1, y) + f(x_2, y) \\ f(ax, y) &= af(x, y) \\ f(x, y_1 + y_2) &= f(x, y_1) + f(x, y_2) \\ f(x, ay) &= af(x, y). \end{aligned}$$

(2) M, N を R 加群とする．$F(M, N)$ を直積 $M \times N$ の元によって生成された自由 R 加群とする．$F(M, N)$ の元は R に係数をもつ $M \times N$ の元の形式的な 1 次結合である．すなわち，

$$F(M, N) = \{ \sum a_i (x_i, y_i) \ (\text{有限和}) \mid a_i \in R,\ (x_i, y_i) \in M \times N \}.$$

$F_0(M, N)$ を次のような形の $F(M, N)$ のすべての元によって生成される $F(M, N)$ の部分 R 加群とする．$x, x' \in M, y, y' \in N, a \in R$ として

$$\begin{gathered} (x + x', y) - (x, y) - (x', y), \\ (x, y + y') - (x, y) - (x, y'), \\ (ax, y) - a \cdot (x, y), \\ (x, ay) - a \cdot (x, y). \end{gathered}$$

$T = F(M, N)/F_0(M, N)$ とおく．T は自由 R 加群 $F(M, N)$ をその部分 R 加群 $F_0(M, N)$ で割った剰余加群である．自由 R 加群 $F(M, N)$ の基底をなす任意の元 (x, y) に対して，標準全射によるその元の T への像を $x \otimes y$ で表す．このとき，T はこのような $x \otimes y$ という形の元によって生成される．また，定義より次が成り立つ．

$$(x+x')\otimes y = x\otimes y + x'\otimes y,$$
$$x\otimes(y+y') = x\otimes y + x\otimes y',$$
$$(ax)\otimes y = x\otimes(ay) = a(x\otimes y).$$

これは，$\varphi(x,y)=x\otimes y$ によって定義される写像 $\varphi : M\times N \longrightarrow T$ が R 双線形であることを意味している．

以下は，上で構成された R 加群 T と R 双線形写像 φ の組 (T,φ) についての問題である．

8. (1) 任意の R 加群 P と任意の R 双線形写像 $f : M\times N \longrightarrow P$ に対して，$f = f'\circ\varphi$ を満たす唯一の R 線形写像 $f' : T \longrightarrow P$ が存在することを証明せよ[61]．
   (2) さらに，(T,φ) と (T',φ') を (1) で述べられた性質を満たす二つの組とすると，$h\circ\varphi=\varphi'$ を満たす唯一つの同型写像 $h : T\longrightarrow T'$ が存在する．ことを証明せよ[62]．

61)

$$\begin{array}{ccc} M\times N & \xrightarrow{f} & P \\ \varphi\downarrow & \nearrow f' & \\ T & & \end{array}$$

62)

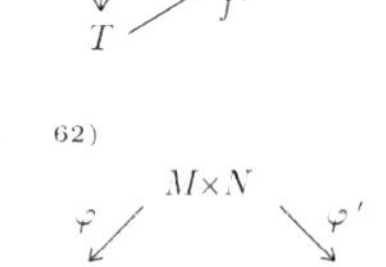

上で構成された加群 T は同型を除いて唯一つ存在する．これを M と N の**テンソル積**といい，$M\otimes_R N$ で表す．練習問題 8 で述べられた性質 (1) を**テンソル積の普遍的な性質** (universal mapping property) という．

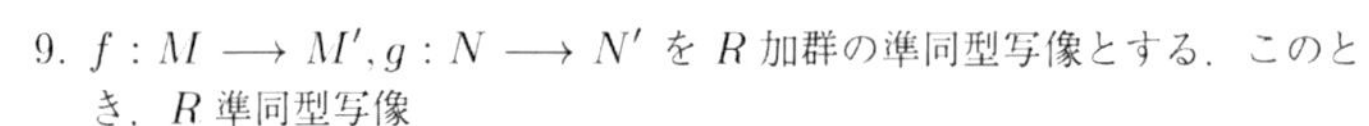

9. $f : M \longrightarrow M', g : N \longrightarrow N'$ を R 加群の準同型写像とする．このとき，R 準同型写像

$$f\otimes g : M\otimes_R N \longrightarrow M'\otimes_R N'$$

で，$x\in M, y\in N$ に対して $(f\otimes g)(x\otimes y) = f(x)\otimes g(y)$ をみたすものが一意的に存在することを示せ．

10. M,N,P を R 加群とする．このとき，以下の同型写像が存在することを証明せよ．
   (1) $R\otimes_R M\cong M$.
   (2) $M\otimes_R N\cong N\otimes_R M$.
   (3) $(M\oplus N)\otimes_R P\cong (M\otimes_R P)\oplus(N\otimes_R P)$.

3 R加群（続）

可換環の理論において多くの場面で用いられる中山の補題を証明する．証明には線形代数のクラーメル[63]の公式が用いられる．また，可換代数の道具の一つで非常に有用である完全系列を学ぶ．そして，加群の種類としてネーター加群とアルティン加群を定義し，その性質を調べる．最後に，加群の大きさを測るため，組成列を用いて加群の長さを定義する．

[63] Gabriel Cramer (1704–1752) 1704 年ジュネーブで生まれ，20 才でこの街の大学の教授になる．イギリスや大陸の当時著名な数学者達と活発な交流をしたことが知られている．1870 年に出版された彼の主要著書は「代数曲線解析序論」(“Introduction to à l'analyse des lignes courbes algébriques”) で，この本の第 3 章に線形代数で有名な「クラーメルの公式」の引用がある．しかし，最近ではこの公式を最初に証明したのは彼ではなく，その優れた記号のゆえにその公式が彼に帰せられたと言われている．

3.1 中山の補題

定理 3.1.1（中山の補題） [64)65)] M を有限生成 R 加群とし，I を R のイデアルとする．このとき，次が成り立つ．

(1) $IM = M$ が成り立つならば，ある元 $a \in I$ が存在して $(1+a)M = 0$ が成り立つ．すなわち，

$$IM = M \implies \exists a \in I,\ (1+a)M = 0.$$

(2) I をジャコブソン根基 $\mathrm{rad}(R)$ に含まれている R のイデアルとする．このとき，$IM = M$ が成り立つならば，$M = 0$ である．すなわち，

$$IM = M,\ I \subset \mathrm{rad}(R) \implies M = 0.$$

（証明）$x_1, \ldots, x_n$ を M の生成系とする．$x_i \in M = IM$ であるから，$a_{ij} \in I$ として，

$$\begin{cases} x_1 &= a_{11}x_1 + a_{12}x_2 + \cdots + a_{1n}x_n \\ x_2 &= a_{21}x_1 + a_{22}x_2 + \cdots + a_{2n}x_n \\ & \cdots \\ x_n &= a_{n1}x_1 + a_{n2}x_2 + \cdots + a_{nn}x_n \end{cases}$$

と表される．移項して，

$$\begin{cases} (1-a_{11})x_1 - a_{12}x_2 - \cdots - a_{1n}x_n &= 0 \\ -a_{21}x_1 + (1-a_{22})x_2 - \cdots - a_{2n}x_n &= 0 \\ \cdots & \\ -a_{n1}x_1 - a_{n2}x_2 - \cdots + (1-a_{nn})x_n &= 0 \end{cases}$$

すなわち，Σ 記号を用いて表すと，$i = 1, \ldots, n$ に対して，

$$\sum_{j=1}^{n} (\delta_{ij} - a_{ij})x_j = 0 \qquad (*)$$

である．この式を連立 1 次方程式とみたときの係数行列を B とし，$\boldsymbol{x}$ を次のようにおく．

64) Tadashi Nakayama (1912–1964) 1912 年に東京で生まれる．武蔵高校を出て，東京帝国大学に入学．高木貞次に師事したが，同じく高木の弟子でドイツのゲッチンゲンで E. ネーターに学んだ正田健次郎に強い影響を受け，共同研究をする．1935 年に東京帝国大学を卒業し，大阪帝国大学の助手，1937 年に大阪大学の准教授．その後米国のプリンストン研究所に留学し，E. アルティンや C. シュバレーと交流し，特に R. ブラウアーにはトロントに招かれて，彼の弟子と共同研究をする．2 年間の北米滞在の後，1941 年に帰国し，「フロベニウス多元環」という論文を提出し博士の学位を取得，1942 年に名古屋帝国大学の准教授，2 年後に同帝国大学の教授となる．1953 年に岩波現代数学 5 で東屋五郎と共著で『代数学 II』という本を出版している．また，この年に日本学士院賞を受賞．中山 正は 1964 年に結核で亡くなったが，彼は著書を 6 冊と 122 の論文を残している．若いときから結核を患い，後年その病状が悪化していった中でこれだけのレベルの業績を上げたのは大変な努力家であったろうと言われている．

65) 一般には「中山の補題」として呼ばれているが，「クルル–東屋の補題」ということもある．

$$B = \begin{pmatrix} 1-a_{11} & -a_{12} & \cdots & -a_{1n} \\ -a_{21} & 1-a_{22} & \cdots & -a_{2n} \\ \vdots & \vdots & \ddots & \vdots \\ -a_{n1} & -a_{n2} & \cdots & 1-a_{nn} \end{pmatrix}, \quad \boldsymbol{x} = \begin{pmatrix} x_1 \\ x_2 \\ \vdots \\ x_n \end{pmatrix}$$

すると，線形方程式 $(*)$ は $B\boldsymbol{x} = \boldsymbol{0}$ と表される．R の元を成分とする n 次行列 B の余因子行列を $\widetilde{B}$ とすると，線形代数におけるクラーメルの公式より，

$$\widetilde{B}B = |B|\,E_n$$

が成り立つ．ただし，$|B|$ は行列 B の行列式を表し，$|B| \in R$ である．また，E_n は n 次単位行列である．このとき，

$$B\boldsymbol{x} = \boldsymbol{0} \implies \widetilde{B}(B\boldsymbol{x}) = \boldsymbol{0} \implies |B|\,E_n\boldsymbol{x} = \boldsymbol{0} \implies |B|\,\boldsymbol{x} = \boldsymbol{0}.$$

ここで，$|B|\,\boldsymbol{x} = \boldsymbol{0}$ は任意の $x_i\,(1 \leq i \leq n)$ に対して $|B|x_i = 0$ であることを意味している．$x_1, \ldots, x_n$ は M の生成系であるから，$|B|M = 0$ となる．

一方，行列 B の行列式 $|B|$ を展開すると，

$$|B| = \begin{vmatrix} 1-a_{11} & -a_{12} & \cdots & -a_{1n} \\ -a_{21} & 1-a_{22} & \cdots & -a_{2n} \\ \vdots & \vdots & \ddots & \vdots \\ -a_{n1} & -a_{n2} & \cdots & 1-a_{nn} \end{vmatrix} = 1 + a$$

と表される．a は行列式 $|B|$ を展開したとき 1 でないすべての項の和であり，各項には $a_{ij} \in I$ という元があるので $a \in I$ である．したがって，$|B|M = 0$ より，$(1+a)M = 0$ であることが分かる．

(2) 次に，$I \subset \mathrm{rad}(R)$ を仮定すると，$a \in I \subset \mathrm{rad}(R)$ であるから，定理 1.4.8 より，$1 + a$ は R の単元である．すると，$(1+a)M = 0$ より $M = 0$ であることが分かる． □

注意　$IM \supset M$ という条件は，逆の包含関係は明らかなので $IM = M$ と同値である．また，「$\exists a \in I, (1+a)M = 0 \iff \exists a \in I, (1-a)M = 0$」であることに注意しよう．

中山の補題（定理 3.1.1）は次の形でもよく用いられる．これも中山の補題と呼ばれる．

命題 3.1.2 (中山の補題) M を有限生成 R 加群とし，N を M の部分 R 加群，I をジャコブソン根基 $\mathrm{rad}(R)$ に含まれている R のイデアルとする．このとき，$M = IM + N$ が成り立つならば，$M = N$ である．すなわち，

$$M = IM + N,\ I \subset \mathrm{rad}(R) \implies M = N.$$

(証明) はじめに，命題 2.2.10 より，$I(M/N) = (IM+N)/N$ が成り立つことに注意しよう．仮定 $M = IM+N$ より，$I(M/N) = M/N$ となる．ここで，M/N は有限生成 R 加群で[66]，$I \subset \mathrm{rad}(R)$ をみたすので，中山の補題 (定理 3.1.1) より $M/N = 0$，すなわち，$M = N$ を得る． □

[66] 命題 2.5.10.

命題 3.1.3 M を R 加群とするとき，R のイデアル I に対して，$\mathrm{Ann}_R(M) \supset I$ ならば，

$$(a+I)x := ax$$ [67]

によって，M は R/I 加群と考えることができる．

[67] $\bar{a} = a+I$ と表せば，$\bar{a}x := ax$.

(証明) $a+I = b+I$，$a, b \in R$ とする．このとき，$a-b \in I$ である．すると，仮定より $I \subset \mathrm{Ann}_R(M)$ であるから，$a-b \in \mathrm{Ann}_R(M)$．ゆえに，任意の $x \in M$ に対して，$(a-b)x = 0$ となる．したがって，$ax = bx$ を得る．

すると，剰余環 R/I の元 $\bar{a} = a + I$ を M の元 x に，

$$\bar{a}x = (a+I)x = ax$$ [68]

[68] $$\begin{array}{ccc} R/I \times M & \longrightarrow & M \\ (\bar{a}, x) & \longmapsto & ax \end{array}$$

として作用させれば，これは剰余類 $\bar{a}$ の代表元 a の選び方に依存しないことが前半より分かる．すなわち，この定義は well defined である．

この作用により，M は R/I 加群になることは容易に確かめられる． □

問 3.1 $\bar{a}x = (a+I)x := ax$ によって，M は R/I 加群になることを確かめよ．

命題 3.1.4 R 加群 M, N, L に対して次が成り立つ．

(1) $\mathrm{Ann}_R(M+N) = \mathrm{Ann}_R(M) \cap \mathrm{Ann}_R(N)$.

(2) $(M:N) = \mathrm{Ann}_R((M+N)/M)$.

（証明）(1) $M \subset (M+N)$ より $\mathrm{Ann}_R(M) \supset \mathrm{Ann}_R(M+N)$ が得られる．同様に，$N \subset (M+N)$ より $\mathrm{Ann}_R(N) \supset \mathrm{Ann}_R(M+N)$ である．ゆえに，$\mathrm{Ann}_R(M) \cap \mathrm{Ann}_R(N) \supset \mathrm{Ann}_R(M+N)$ が成り立つ．逆に，$a \in \mathrm{Ann}_R(M) \cap \mathrm{Ann}_R(N)$ とすると，

$$
\begin{aligned}
a \in \mathrm{Ann}_R(M) \cap \mathrm{Ann}_R(N) &\Longrightarrow a \in \mathrm{Ann}_R(M), \quad a \in \mathrm{Ann}_R(N) \\
&\Longrightarrow aM = 0, \quad aN = 0 \\
&\Longrightarrow a(M+N) = aM + aN = 0 \\
&\Longrightarrow a \in \mathrm{Ann}_R(M+N).
\end{aligned}
$$

(2) この証明は次のように同値変形できる．

$$
\begin{aligned}
a \in (M:N) &\Longleftrightarrow aN \subset M \\
&\Longleftrightarrow a(M+N) \subset M \\
&\Longleftrightarrow a((M+N)/M) = 0 \\
&\Longleftrightarrow a \in \mathrm{Ann}_R(M+N)/M. \qquad \square
\end{aligned}
$$

[69]

69) 命題 2.2.10.
$a(M+N) \subset M$
$\Updownarrow$
$a(M+N) + M = M$

定義 3.1.5　R を環として，M を R 加群とする．R 加群 M の生成系 W が極小のとき（すなわち，W のどんな真部分集合も N を生成しないとき），W は R 加群 M の**極小底** (minimal basis) であるという．このことは有限生成の場合次のように表現できる．M の元 $x_1, \ldots, x_n$ について，

(1) $M = Rx_1 + \cdots + Rx_n$,

(2) $\{x_1, \ldots, x_n\}$ のいかなる真の部分集合も M を生成しない，

という条件をみたすとき，$\{x_1, \ldots, x_n\}$ を M の極小底という．

極小底を $\{x_1, \ldots, x_n\}$ とするとき，定義より，どの i についても $x_i \neq 0$ である．そこで便宜的な約束として，零イデアル (0) は極小底をもたないということにする．このとき，(0) の極小底の個数は 0 であるという．

二つの極小底は必ずしも同じ個数の元からなるとは限らない．たとえば，$M = R$ とし，$a, b \in R$ を R の非単元とし $a + b = 1$ をみたすものとすれば，$\{1\}$ も $\{a, b\}$ も R の極小底である．しかし，R

が局所環の場合は極小底の個数は一致することが分かる[70].

[70] 命題 3.1.6.

中山の補題の応用例として，環 R が局所環のとき，R 加群 M に対して次のような場合が数多く現れる．P を極大イデアルとする局所環を R とし，$k = R/P$ をその剰余体とする．以下において，この状況を簡単に (R, P, k) は局所環であると表現することがある．このとき，PM を定義 2.1.7 により定義される M の部分 R 加群とすれば，剰余加群 M/PM は R 加群であるが，

$$\mathrm{Ann}_R(M/PM) \supset P$$

をみたすので，$\overline{a} = a + P, \overline{x} = x + PM, \overline{ax} = ax + PM$ と表せば，命題 3.1.3 と定理 2.2.8 より，

$$\overline{a} \cdot \overline{x} := \overline{ax}, \quad (a+P)(x+PM) := ax + PM$$

によって，M/PM は $k = R/P$ 加群とみることができる．$k = R/P$ は体であるから，M/PM は k ベクトル空間である．また，M が有限生成 R 加群のとき，M/PM は有限次元の k ベクトル空間となる．このベクトル空間の次元を $\dim_k M/PM$ と表す．

このとき，次が成り立つ．

命題 3.1.6 (R, P, k) をネーター局所環とし，その剰余体を $k = R/P$ とする．M を有限生成 R 加群とし，$\overline{M} = M/PM$ とおく．k 上のベクトル空間 $\overline{M} = M/PM$ に関して，次が成り立つ．

(1) $M = Rx_1 + \cdots + Rx_n \iff M/PM = k\overline{x}_1 + \cdots + k\overline{x}_n$.

(2) $\{x_1, \ldots, x_n\}$ は M の極小底である $\iff$ $\{\overline{x}_1, \ldots, \overline{x}_n\}$ は k ベクトル空間 M/PM の基底である．

(3) $n = \dim_k M/PM$ とおけば，M のすべての極小底は n 個の元からなる．

（証明）(1) $M = Rx_1 + \cdots + Rx_n$ ならば，k ベクトル空間の定義より $M/PM = k\overline{x}_1 + \cdots + k\overline{x}_n$ であることは容易に分かる．逆に，$M/PM = k\overline{x}_1 + \cdots + k\overline{x}_n$ と仮定する．$x \in M$ とすると，M/PM の元 $\overline{x} = x + PM$ は，ある元 $\rho_i \in k$ が存在して $\overline{x} = \rho_1\overline{x}_1 + \cdots + \rho_s\overline{x}_n$ と表される．ここで，$\rho_i \in k$ は R の元 a_i により $\rho_i = a_i + P \in R/P = k$ と表されるから，

$$
\begin{aligned}
\overline{x} &= \rho_1\overline{x}_1 + \cdots + \rho_s\overline{x}_n \\
&= \overline{a}_1\overline{x}_1 + \cdots + \overline{x}_n\overline{x}_n \\
&= \overline{a_1x_1} + \cdots + \overline{x_nx_n} \\
&= \overline{a_1x_1 + \cdots + a_sx_s} \\
&= a_1x_1 + \cdots + a_nx_n + PM
\end{aligned}
$$

ゆえに，$\overline{x} = a_1x_1 + \cdots + a_nx_n + PM$．言い換えると，$x \equiv a_1x_1 + \cdots + a_nx_n \pmod{PM}$．すなわち，$x - (a_1x_1 + \cdots + a_nx_n) \in PM$ である．したがって，$x \in M$ ならば，$x \in Rx_1 + \cdots + Rx_n + PM$ であることが示されたので，$M \subset Rx_1 + \cdots + Rx_n + PM$ が成り立つ．すると，中山の補題，定理 3.1.2 より，$M = Rx_1 + \cdots + Rx_n$ が得られる[71]．

[71] R は局所環であるから $\mathrm{rad}(R) = P$ である．

(2) ($\Longrightarrow$) $\{x_1, \ldots, x_n\}$ を M の極小底とすると，(1) より $M/PM = k\overline{x}_1 + \cdots + k\overline{x}_n$ である．$\{\overline{x}_1, \ldots, \overline{x}_n\}$ が M/PM の基底でない，すなわち，k 上 1 次独立でないとする．すると，これらの部分集合で M/PM を生成することになる．たとえば，$M/PM = k\overline{x}_2 + \cdots + k\overline{x}_n$ とすると，(1) より $M = Rx_2 + \cdots + Rx_n$ となり，$\{x_1, \ldots, x_n\}$ が M の極小底であることに矛盾する．したがって，$\{\overline{x}_1, \ldots, \overline{x}_n\}$ は M/PM の基底である．

($\Longleftarrow$) $\{\overline{x}_1, \ldots, \overline{x}_n\}$ が M/PM の基底であると仮定する．$M/PM = k\overline{x}_1 + \cdots + k\overline{x}_n$ でかつ，$\overline{x}_1, \ldots, \overline{x}_n$ は k 上 1 次独立である．(1) より，$M = Rx_1 + \cdots + Rx_n$ である．これが極小でないとすると，たとえば $M = Rx_2 + \cdots + Rx_n$ とすると，再び (1) より $M/PM = k\overline{x}_2 + \cdots + k\overline{x}_n$ となり，$\{\overline{x}_1, \ldots, \overline{x}_n\}$ が M/PM の基底であることに矛盾する．

(3) (2) を用いると

$$
\begin{aligned}
\{x_1, \ldots, x_n\} : M \text{ の極小底} &\Longrightarrow \{\overline{x}_1, \ldots, \overline{x}_n\} : M/PM \text{ の基底} \\
&\Longrightarrow \dim_k M/PM = n.
\end{aligned}
$$

□

3.2 完全系列

ホモロジー代数において，完全系列は最も基本的な概念である．

ここではその最も単純な形の短完全系列などの基本的な術語を解説する．

定義 3.2.1 R を環とし，R 加群と R 準同型写像の図式

$$\cdots \longrightarrow M_{i-1} \xrightarrow{f_i} M_i \xrightarrow{f_{i+1}} M_{i+1} \longrightarrow \cdots$$

が各 i に対して $\mathrm{Im}(f_i) = \mathrm{Ker}(f_{i+1})$ を満たすとき，M_i で**完全** (exact) であるという．任意の M_i で完全であるとき，この列は**完全系列** (exact sequence) であるという．

R 加群 $0 = \{0\}$ から R 加群 N への準同型写像は，元 0 を R 加群 N の零元 0 に移す零写像唯一つである．ゆえに，図式，

$$0 \longrightarrow N$$

と書いたときに，この写像 $\longrightarrow$ はこの零写像を表している．零写像を 0 と表すが，このとき，$\mathrm{Im}\,0 = \{0\} = 0$ である．次に，R 加群 M から R 加群 $0 = \{0\}$ への準同型写像は，R 加群 M のすべての元に零元 0 を対応させる零写像 0 唯一つである．ゆえに，図式，

$$M \longrightarrow 0$$

と書いたときに，この写像 $\longrightarrow$ はこの零写像 0 を表している．このとき，$\mathrm{Ker}\ 0 = M$ である．

命題 3.2.2 M, N, L を R 加群とするとき，次が成り立つ．

(1) $0 \longrightarrow N \xrightarrow{f} M$ が完全系列である $\Longleftrightarrow$ f は単射である．

(2) $M \xrightarrow{g} L \longrightarrow 0$ が完全系列である $\Longleftrightarrow$ g は全射である．

(3) $0 \longrightarrow N \xrightarrow{f} M \longrightarrow 0$ が完全系列である $\Longleftrightarrow$ f は全単射である．

（証明）(1) 命題 2.3.5 に注意すれば，

$$\begin{aligned} 0 \longrightarrow N \xrightarrow{f} M : \text{完全系列} &\iff \mathrm{Im}\,0 = \mathrm{Ker}\,f \\ &\iff \{0\} = \mathrm{Ker}\,f \iff f : \text{単射}. \end{aligned}$$

(2) $\mathrm{Ker}\,g = M$ に注意すれば，

$$M \xrightarrow{g} L \longrightarrow 0 : \text{完全系列} \iff \mathrm{Im}\,g = \mathrm{Ker}\,0$$

$$\iff \operatorname{Im} g = L \iff g : \text{全射}.$$

(3) (1) と (2) を合わせればよい． □

問 3.2 (1) R 加群の完全系列，

$$N \xrightarrow{f} M \xrightarrow{g} L \longrightarrow 0$$

において，f が全射ならば $L = 0$ となることを証明せよ．
(2) R 加群の完全系列，

$$0 \longrightarrow N \xrightarrow{f} M \xrightarrow{g} L$$

において，g が単射ならば $N = 0$ となることを証明せよ．

次に，R 加群の系列，

$$0 \longrightarrow N \xrightarrow{f} M \xrightarrow{g} L \longrightarrow 0$$

を考える．この形の系列が完全系列のとき，これを**短完全系列** (short exact sequence) という．これが完全系列であることは，次の 3 つの系列，

$$0 \longrightarrow N \xrightarrow{f} M, \quad N \xrightarrow{f} M \xrightarrow{g} L, \quad M \xrightarrow{g} L \longrightarrow 0$$

がすべて完全であることを意味している．これらは命題 3.2.2 より，それぞれ f が単射，$\operatorname{Im} f = \operatorname{Ker} g$, g が全射であることを意味している．

$N \xrightarrow{f} M$ を R 加群の準同型写像とすると，次の 2 つの短完全系列が得られる．

$$0 \longrightarrow \operatorname{Im} f \longrightarrow M \longrightarrow M/\operatorname{Im} f \longrightarrow 0,$$
$$0 \longrightarrow \operatorname{Ker} f \longrightarrow N \longrightarrow \operatorname{Im} f \longrightarrow 0.$$

特に，N が M の部分 R 加群のとき，f を埋め込み写像[72] $g = \iota$ と考えれば，

$$0 \longrightarrow N \xrightarrow{\iota} M \longrightarrow M/N \longrightarrow 0$$

なる短完全系列が得られる．また，$g : M \longrightarrow L$ が全射準同型写像

[72] 定義 2.3.6.

であるとき，

$$0 \longrightarrow \operatorname{Ker} g \xrightarrow{\iota} M \xrightarrow{g} L \longrightarrow 0$$

なる短完全系列が得られる．

命題 3.2.3 M, N を R 加群とし，$f : M \longrightarrow N$ を R 準同型写像とする．このとき，次が成り立つ．

(1) ある準同型写像 $s : N \longrightarrow M$ が存在して，$s \circ f = \mathrm{id}_M$ が成り立つならば，f は単射であって，f の像 $f(M)$ は N の直和因子となる．すなわち，

$$N = \operatorname{Ker} s \oplus f(M) \cong \operatorname{Ker} s \oplus M.$$

このとき，f は**分裂単射** (split monomorphism) であるという．

(2) ある準同型写像 $t : N \longrightarrow M$ が存在して，$f \circ t = \mathrm{id}_N$ が成り立つならば，f は全射であって，f の核 $\operatorname{Ker} f$ は M の直和因子となる．すなわち，

$$M = \operatorname{Ker} f \oplus t(N) \cong \operatorname{Ker} f \oplus N.$$

このとき，f は**分裂全射** (split epimorphism) であるという．

（証明）(1) 仮定 $s \circ f = \mathrm{id}_M$ より，写像の一般的性質を用いて，$s \circ f$ が単射であるから，f も単射である（問 2.14）．

任意の $y \in N$ に対して，$z := y - f(s(y)) \in N$ とおけば，

$$\begin{aligned} z = y - f(s(y)) \in N \quad &\Longrightarrow \quad s(z) = s(y) - s\bigl(f(s(y))\bigr) \\ &\Longrightarrow \quad s(z) = s(y) - (sf)(s(y)) \\ &\Longrightarrow \quad s(z) = s(y) - s(y) = 0 \\ &\Longrightarrow \quad z \in \operatorname{Ker} s \\ &\Longrightarrow \quad y = z + f(s(y)) \in \operatorname{Ker} s + f(M). \end{aligned}$$

ゆえに，$N \subset \operatorname{Ker} s + f(M)$ であることが分かった．逆の包含関係はあきらかであるから，$N = \operatorname{Ker} s + f(M)$ を得る．

次に，この和は直和であること，すなわち，$\operatorname{Ker} s \cap f(M) = \{0\}$ であることを示せばよい（問 2.15 参照）．これは次のようである．

$y \in \operatorname{Ker} s \cap f(M)$ とすると，

$$\begin{aligned} y \in \operatorname{Ker} s \cap f(M) &\Longrightarrow s(y)=0,\ y=f(x),\ \exists x \in M \\ &\Longrightarrow x = sf(x) = s(f(x)) = s(y) = 0 \\ &\Longrightarrow y = f(x) = f(0) = 0. \end{aligned}$$

(2) 仮定 $f \circ t = \mathrm{id}_M$ より，写像の一般的性質を用いて，$f \circ t$ が全射であるから，f も全射である（問 2.15）．

(1) の $M \xrightarrow{f} N \xrightarrow{s} M$ のかわりに，$N \xrightarrow{t} M \xrightarrow{f} N$ として考えれば，求める式が得られる．

$$M = \operatorname{Ker} f \oplus t(N) \cong \operatorname{Ker} f \oplus N. \qquad \square$$

命題 3.2.4　R 加群の完全系列を，

$$0 \longrightarrow M' \xrightarrow{f} M \xrightarrow{g} M'' \longrightarrow 0$$

とする．このとき，次が成り立つ．

$$f\ \text{は分裂単射である} \iff g\ \text{は分裂全射である}.$$

このとき，この短完全系列は**分裂** (split) するという．図式で表すと，次のようである．

$$\begin{array}{ccccccccc} 0 & \longrightarrow & M' & \xrightarrow{f} & M & \xrightarrow{g} & M'' & \longrightarrow & 0 \\ & & \| & & \| & & \| & & \\ 0 & \longrightarrow & M' & \longrightarrow & M' \oplus M'' & \longrightarrow & M'' & \longrightarrow & 0 \\ & & x & \longmapsto & (x', 0) & & & & \\ & & & & (x', x'') & \longmapsto & x'' & & \end{array}$$

（証明）($\Longrightarrow$) f が分裂単射であると仮定する．すると定義より，ある準同型写像 $s : M \longrightarrow M'$ が存在して，$s \circ f = \mathrm{id}_{M'}$ が成り立つ．$N'' = \operatorname{Ker} s$ とおけば，命題 3.2.3 より $M = f(M') \oplus N'' = \operatorname{Ker} g \oplus N''$ となっている．

このとき，g を N'' に制限した写像を g_1 とすると，g_1 は同型写像 $N'' \cong M''$ を与えることを示す．$g(M) = g(\operatorname{Ker} g \oplus N'') = g(N'') = g_1(N'')$ であり，一方，g は全射であるから，$g(M) = M''$ である．ゆえに，$g_1(N'') = M''$ である．すなわち，g_1 は全射である．

また，g_1 は単射である．なぜなら，$x \in N''$ に対して，$g_1(x) = 0$ と仮定する．

$$
\begin{aligned}
g_1(x) = 0 \quad &\Longrightarrow \quad g(x) = 0 \\
&\Longrightarrow \quad x \in \operatorname{Ker} g = \operatorname{Im} f \\
&\Longrightarrow \quad x = f(x'),\ \exists x' \in M' \\
&\Longrightarrow \quad s(x) = sf(x') = x' \\
&\Longrightarrow \quad x' = s(x) = 0 \ ^{73)} \\
&\Longrightarrow \quad x = f(x') = f(0) = 0.
\end{aligned}
$$

73) $x \in N'' = \operatorname{Ker} s$

よって，同型 $g_1 : N'' \cong M''$ を与える．その逆写像 $t = g_1^{-1}$ を考えると，$g \circ t = \mathrm{id}_{M''}$ となり，g は分裂全射となる．

($\Longleftarrow$) g が分裂全射であると仮定する．すると定義より，ある準同型写像 $t : M'' \longrightarrow M$ が存在して，$g \circ t = \mathrm{id}_{M''}$ が成り立つ．このとき，$M = \operatorname{Ker} g \oplus t(M'') \cong \operatorname{Im} f \oplus M'' \cong M' \oplus M''$ となっている．この直和分解における射影を $p : M \longrightarrow M'$ とすると，$p \circ f = \mathrm{id}_{M'}$ である．ゆえに，定義より f は分裂単射である． □

3.3 ネーター加群とアルティン加群

R 加群のなかで基本的なネーター加群とアルティン加群について，後の章でよく用いられる基本的な性質を調べる．

定義 3.3.1 R を環とし，M を R 加群とする．M の部分 R 加群に対して次の条件が成り立つとき，M において**昇鎖律** (ascending chain condition) あるいは**昇鎖条件**が成り立つという．すなわち，次のような M の部分 R 加群の昇鎖

$$N_1 \subset N_2 \subset \cdots \subset N_n \subset \cdots$$

が与えられたとき，ある整数 m が存在して，すべての $n \geq m$ に対して $M_n = M_m$ が成り立つ．このとき，上記の昇鎖は**停留** (stationary) するという．

定義 3.3.2 R を環とし，M を R 加群とする．M_0 を $M_0 \subsetneq M$ をみたす M の部分 R 加群とする．M_0 を含む部分 R 加群が M と M_0 のほかに存在しないとき，M_0 を M の**極大部分 R 加群**という．

M の任意の部分 R 加群の族 $\mathscr{A}$ が必ず極大部分 R 加群をもつと

き M において**極大条件** (maximal condition) が成り立つという.

定理 3.3.3 R を環とし, M を R 加群とする. このとき, 次の 3 つの条件は同値である.

(1) M の任意の部分 R 加群は有限生成である.

(2) M における部分 R 加群の族に対して昇鎖律が成り立つ.

(3) M における部分 R 加群の族に対して極大条件が成り立つ.

(証明) (1) $\Longrightarrow$ (2). M の部分 R 加群の昇鎖を $N_1 \subset N_2 \subset \cdots$ とする. $N := \bigcup_{i=1}^{\infty} N_i$ とおけば, N は M の部分 R 加群である. すると, 仮定より N は有限生成である. ゆえに, ある元 $x_1, \ldots, x_s \in N$ によって

$$N = Rx_1 + \cdots + Rx_s$$

と表される. 各 i に対して, ある自然数 m_i が存在して $x_i \in N_{m_i}$ となっている. ここで, $m = \max(m_1, m_2, \ldots, m_s)$ とおけば, $x_1, x_2, \ldots, x_s \in N_m$ である. このとき, $n \geq m$ に対して

$$N = Rx_1 + \cdots + Rx_s \subset N_m \subset N_n \subset N$$

であるから, $N_n = N_m$ が成り立つ.

(2) $\Longrightarrow$ (3). $\mathscr{A}$ を R 加群 M の部分 R 加群の族とし, $\mathscr{A} \neq \emptyset$ とする. $\mathscr{A}$ が極大元をもたないと仮定する. $\mathscr{A} \neq \emptyset$ であるから, $\mathscr{A}$ に属する M のある部分 R 加群が存在する. これを N_1 とする. 仮定により N_1 は極大元ではない. ゆえに, $\mathscr{A}$ に属する部分 R 加群 N_2 で $N_1 \subsetneq N_2$ をみたすものが存在する. N_2 も極大元ではないから, 同様にして, $\mathscr{A}$ に属する部分 R 加群 N_3 で $N_2 \subsetneq N_3$ をみたすものが存在する. このようにして R 加群の部分 R 加群の無限昇鎖

$$N_1 \subsetneq N_2 \subsetneq \cdots \subsetneq N_n \subsetneq \cdots$$

が存在する. これは昇鎖律に矛盾する.

(3) $\Longrightarrow$ (1). N を M の部分 R 加群とする. このとき, N に含まれるすべての M の有限生成部分 R 加群の集合 $\mathscr{A}$ を考える. すなわち,

$$\mathscr{A} := \{L \mid L \subset N,\ L \text{ は } M \text{ の有限生成部分 } R \text{ 加群}\}.$$

$(0) \in \mathscr{A}$ であるから，$\mathscr{A} \neq \emptyset$ である．仮定により，$\mathscr{A}$ には極大元 N^* が存在する．すなわち，$N^* \in \mathscr{A}$ でかつ $N^* \subset N$ である．N^* は有限生成であるから $N^* = Rx_1 + \cdots + Rx_s, x_i \in N$ と表されることに注意しよう．このとき，実は $N^* = N$ となることを以下で示す．

そこで，$N^* \neq N$ と仮定して矛盾を導く．$N^* \subsetneq N$ であるから，$y \in N, y \notin N^*$ なる元 y が存在する．このとき，$L := N^* + (y) = Rx_1 + \cdots + Rx_s + Ry \subset N$ なる部分 R 加群を考えると，$N^* \subsetneq L$ である．L は有限生成で $L \subset N$ であるから，$L \in \mathscr{A}$ である．ところが，これは N^* が $\mathscr{A}$ における極大元であることに矛盾する．□

問 3.3　上の定理 3.3.3, (1) $\Longrightarrow$ (2) の証明において，$N = \bigcup_{i=1}^{\infty} N_i$ は M の部分 R 加群であることを確かめよ．

問 3.4　同じく上の定理 3.3.3, (3) $\Longrightarrow$ (1) の証明において，$N^* \subsetneq L$ であることを確かめよ．

定義 3.3.4　R 加群 M が定理 3.3.3 の同値条件の一つをみたすとき，M は**ネーター R 加群** (Noetherian R-module) [74]，または単に**ネーター加群**であるという．

命題 3.3.5　R 加群 M に対して次の二つの条件は同値である．

(1) M の部分 R 加群に対して降鎖律が成り立つ．すなわち，M の部分 R 加群の降鎖，

$$M_1 \supset M_2 \supset \cdots \supset M_n \supset \cdots \qquad (*)$$

はある自然数 n が存在して $M_n = M_{n+1} = \cdots$ となる．このことを，**降鎖律** (descending chain condition) が成り立つといい，降鎖は**停留**するという．

(2) M の任意の部分 R 加群の族は**極小元** (minimal element) をもつ．

（証明）(1) $\Longrightarrow$ (2)．命題 3.3.3 の (2) $\Longrightarrow$ (3) と同様である．
(2) $\Longrightarrow$ (1)．M の部分 R 加群の降鎖 $(*)$ に対して，仮定 (2) より $\{M_i\}_{i \in \mathbb{N}}$ の極小元 M_n が存在する．このとき，$n \geq m$ に対して $M_n = M_n$ となる．□

[74] Amalie Emmy Noether (1882–1935) 数学者の M. Noether の娘としてドイツ帝国のエルランゲンで生まれた．1907 年に P. ゴルダンのもとで博士号をとり，ヒルベルトに招かれてゲッチンゲン大学に移った．しかし，当時のドイツで女性は正式に職に就くことは難しく無給のポストにしか就くことができなかった．ネーターは劣悪な環境のもとで抽象代数学の建設に携わり，多くの数学者を育てた．彼女の講義のもとに集まった学生は，ネーターボ・イズと呼ばれ，ヒルベルトの問題を解いた E. アルティン，ネーターのアイデアを『現代代数学』（東京図書）という本で世に広めたファン・デル・ヴェルデン，そして日本人の正田健次郎などがいた．その後，ナチスが政権をとるとゲッチンゲンを追われ，1933 年アメリカへ渡り，ペンシルヴァニア州のブリン・モア・カレッジで教鞭をとりながら，プリンストン高等研究所で研究を続けた．1935 年脳腫瘍の手術の失敗により急死した．

彼女の業績については，1919 年ごろ不変式論からイデアル論に移り，環論を主要な数学の主題に発展させる抽象的な理論を建設した．論文 “Idealtheorie in Ringbereichen” (1921) は現代代数学の発展において基本的な重要性がある．この論文で，彼女は昇鎖条件をみたす任意の

問 3.5 命題 3.3.5 において，実際に (1) $\Longrightarrow$ (2) を証明せよ．

定義 3.3.6 R 加群 M が命題 3.3.5 の同値条件の一つをみたすとき，M は**アルティン R 加群** (Artinian R-module)[75] であるという．

例 3.3.7 有限アーベル群は $\mathbb{Z}$ 加群として昇鎖律と降鎖律をみたす．よってネーター加群であり，かつアルティン加群である．

例 3.3.8 整数環 $\mathbb{Z}$ は $\mathbb{Z}$ 加群として，昇鎖律は満足するが降鎖律は満足しない．$\mathbb{Z}$ において，部分 $\mathbb{Z}$ 加群とはイデアルのことである（定義 2.1.4 の後の注意参照）．

(1) 昇鎖律を満足すること：
整数環 $\mathbb{Z}$ は単項イデアル整域 (PID) であるから，すべてのイデアルは有限生成である．ゆえに，定理 3.3.3 より，$\mathbb{Z}$ において昇鎖律が成り立つ．

(2) 降鎖律を満足しないこと：
たとえば，次のような無限の降鎖がある．

$$(2) \supsetneq (2^2) \supsetneq \cdots \supsetneq (2^n) \supset \cdots$$

定理 3.3.9 以下のような R 加群の完全系列を考える．

$$0 \longrightarrow M' \stackrel{\alpha}{\longrightarrow} M \stackrel{\beta}{\longrightarrow} M'' \longrightarrow 0.$$

このとき，次が成り立つ．

(1) M はネーター R 加群である $\iff$ M' と M'' はネーター R 加群である．

(2) M はアルティン R 加群である $\iff$ M' と M'' はアルティン R 加群である．

（証明）(1) ($\Longrightarrow$) (a) M' がネーター R 加群であることを示す．

$$L'_1 \subset L'_2 \subset \cdots \subset L'_n \subset \cdots$$

を M' の部分 R 加群の昇鎖とする．このとき，その像 $\alpha(L'_i)$ は M の部分 R 加群であり（命題 2.3.2），次のような M における昇鎖が得られる．

$$\alpha(L'_1) \subset \alpha(L'_2) \subset \cdots \subset \alpha(L'_n) \subset \cdots \text{ }^{76)}$$

可換環において，イデアルは準素イデアルの共通部分として表すことができることを証明した．今日では昇鎖条件をみたす可換環はネーター環と呼ばれている．ヘルマン・ワイルの言葉にあるように，彼女の数学に対する貢献は彼女の論文だけにあるのではなく，彼女の刺激的な力と弟子達と共同研究者の作品のなかにしか現れていない多くの暗示によるところが大きい．

[75] Emil Artin (1898–1962) オーストリアのウィーンで生まれた．20 世紀の最も優れた数学者の一人．ハンブルグ大学の教授，第 2 次世界対戦でナチに追われ，1937 年にアメリカへ移り（ノートルダム大学，インディアナ大学，プリンストン大学），1958 年に再びハンブルグに戻り，1962 年に同地で亡くなった．彼の業績は代数的整数論で，なかでも類体論への功績と（一般相互法則），L 関数の建設に寄与した（アルティンの L 関数）．また，群や環，体の純粋理論にも大きく貢献した．弟子は，Serge Lang, John Tate, Hans Zassenhaus, Max Zorn などがいる．

[76] $\alpha : M' \longrightarrow M$ は R 準同型写像である．

ところが，M は仮定よりネーター R 加群であるから，ある番号 $n \in \mathbb{N}$ が存在して，

$$\alpha(L'_n) = \alpha(L'_{n+1}) = \cdots$$

となっている．ここで，α は単射であるから，定理 2.3.8, (1) より，

$$\alpha^{-1}(\alpha(L'_i)) = L'_i + \operatorname{Ker}\alpha = L'_i \quad (\forall i \geq n)$$

が成り立つ．ゆえに，$m \geq n$ に対して $\alpha(L_m) = \alpha(L'_n)$ であるから，

$$L'_n = \alpha^{-1}(\alpha(L'_n)) = \alpha^{-1}(\alpha(L'_m)) = L'_m$$

となる．したがって，任意の $m \geq n$ に対して $I'_m = L'_n$ となる．

(b) M'' がネーター R 加群であることを示す．

$$L''_1 \subset L''_2 \subset \cdots \subset L''_n \subset \cdots$$

を M'' の部分 R 加群の昇鎖とする．このとき，その原像 $\beta^{-1}(L''_i)$ は M の部分 R 加群であり（定理 2.3.2），次のような M における昇鎖が得られる．

$$\beta^{-1}(L''_1) \subset \beta^{-1}(L''_2) \subset \cdots \subset \beta^{-1}(L''_n) \subset \cdots \text{ [77]}$$

[77] $\beta : M \longrightarrow M''$ は R 準同型写像である．

ところが，M は仮定よりネーター R 加群であるから，ある番号 $n \in \mathbb{N}$ が存在して，

$$\beta^{-1}(L''_n) = \beta^{-1}(L''_{n+1}) = \cdots$$

となる M の昇鎖が得られる．ここで，β は全射であるから，定理 2.3.8, (2) より任意の $i \geq n$ に対して，

$$\beta(\beta^{-1}(L''_i)) = L''_i \cap \operatorname{Im}\beta = L''_i$$

が成り立つ．ゆえに，$m \geq n$ に対して $\beta^{-1}(L''_m) = \beta^{-1}(L''_n)$ であるから，

$$L''_n = \beta(\beta^{-1}(L''_n)) = \beta(\beta^{-1}(L''_m)) = L''_m$$

となる．したがって，$m \geq n$ をみたすすべての自然数 m に対して $L''_m = L''_n$ となる．

($\Longleftarrow$) を示す．M', M'' がネーター R 加群であると仮定して，M がネーター R 加群であることを証明する．

$$L_1 \subset L_2 \subset \cdots \subset L_n \subset \cdots$$

を M の部分 R 加群の昇鎖とする．このとき，その原像 $\alpha^{-1}(L_i)$ は M の部分 R 加群であり，次のような M における昇鎖が得られる．

$$\alpha^{-1}(L_1) \subset \alpha^{-1}(L_2) \subset \cdots \subset \alpha^{-1}(L_n) \subset \cdots .$$

M' のネーター性により，この列のある番号のところから停留する（同じになる）．

次に，

$$\beta(L_1) \subset \beta(L_2) \subset \cdots \subset \beta(L_n) \subset \cdots$$

を考えると，この昇鎖も M' のネーター性により，ある番号のところから停留する．このとき，上記二つの昇鎖は同じある番号 n のところから停留するとしてよい．すなわち，

$$\alpha^{-1}(L_n) = \alpha^{-1}(L_{n+1}) = \cdots , \quad \beta(L_n) = \beta(L_{n+1}) = \cdots . \quad (*)$$

このとき，$n \leq m$ に対して $L_n = L_m$ が成り立つことを以下で示す．$L_n \subset L_m$ は仮定であるから，$L_n \supset L_m$ を示せばよい．そこで，$x \in L_m$ とする．

$$\begin{aligned}
x \in L_m \quad &\Longrightarrow \quad \beta(x) \in \beta(L_m) \\
&\Longrightarrow \quad \beta(x) \in \beta(L_n) \\
&\Longrightarrow \quad \beta(x) = \beta(y),\ \exists y \in L_n \\
&\Longrightarrow \quad \beta(x-y) = 0, \exists y \in L_n \text{ }^{78)} \\
&\Longrightarrow \quad x - y \in \operatorname{Ker}\beta = \operatorname{Im}\alpha \\
&\Longrightarrow \quad x - y = \alpha(z),\ \exists z \in M' \\
&\Longrightarrow \quad \alpha(z) = x - y \in L_m \\
&\Longrightarrow \quad z \in \alpha^{-1}(L_m) \\
&\Longrightarrow \quad z \in \alpha^{-1}(L_n) \\
&\Longrightarrow \quad \alpha(z) \in L_n \\
&\Longrightarrow \quad x = y + \alpha(z) \in L_n \\
&\Longrightarrow \quad x \in L_n.
\end{aligned}$$

78) $x - y \in L_m$.

以上より，「$x \in L_m \Longrightarrow x \in L_n$」が示された．すなわち，$L_m \subset L_n$ である．

(2) の証明は (1) と同様なので省略する．　□

問 3.6 上記の定理 3.3.9 の (2) を (1) の証明にならって証明せよ．

命題 3.3.10 $(M_i)(1 \leqslant i \leqslant n)$ がネーター R 加群（それぞれアルティン R 加群）ならば，それらの直和 $\bigoplus_{i=1}^n M_i$ もそうであり，逆もまた成り立つ．すなわち，

$$\forall i\,(1 \leqslant i \leqslant n), M_i : \text{ネーター } R \text{ 加群} \\ \iff \bigoplus_{i=1}^n M_i : \text{ネーター } R \text{ 加群}.$$

（証明）n についての帰納法で示す．(1) $n = 2$ のとき，

$$M_1, M_2 : \text{ネーター } R \text{ 加群} \iff M_1 \oplus M_2 : \text{ネーター } R \text{ 加群}$$

を示す．はじめに，写像 α と β を次のように定義する．

$$\begin{array}{ll} \alpha : M_1 \longrightarrow M_1 \oplus M_2, & \beta : M_1 \oplus M_2 \longrightarrow M_2 \\ \quad \alpha(x_1) = (x_1, 0) & \quad \beta(x_1, x_2) = x_2 \end{array}$$

α と β は明らかに R 加群の準同型写像であり，α は単射，β は全射である．また，このとき，$\mathrm{Im}\,\alpha = \mathrm{Ker}\,\beta$ であることはすぐに分かるので，

$$0 \longrightarrow M_1 \xrightarrow{\alpha} M_1 \oplus M_2 \xrightarrow{\beta} M_2 \longrightarrow 0$$

は完全系列である．したがって，定理 3.3.9 より，M_1 と M_2 がネーター R 加群ならば $M_1 \oplus M_2$ もそうであり，逆もまた成り立つ．
(2) $n > 2$ として，主張が $n-1$ まで正しいと仮定する．はじめに次のような R 加群の系列を考える．これは完全系列である．

$$\begin{array}{lllll} 0 & \longrightarrow & M_n & \longrightarrow & M_1 \oplus \cdots \oplus M_{n-1} \oplus M_n \\ & & & \longrightarrow & \quad M_1 \oplus \cdots \oplus M_{n-1} \quad \rightarrow \quad 0 \end{array}$$

ここで，元の対応は $x_n \longmapsto (0, \ldots, 0, x_n)$ と $(x_1, \ldots, x_{n-1}, x_n) \longmapsto (x_1, \ldots, x_{n-1})$ である．
$(\Longrightarrow)$ $M_1, \ldots, M_n$が ネーター R 加群であると仮定する．すると，帰納法の仮定より，

$$M_1, \ldots, M_{n-1} : \text{ネーター } R \text{ 加群} \\ \Longrightarrow \quad M_1 \oplus \cdots \oplus M_{n-1} : \text{ネーター } R \text{ 加群}.$$

ここで，$N = M_1 \oplus \cdots \oplus M_{n-1}$ とおけば，N はネーター R 加群である．そこで，

$$0 \longrightarrow M_n \longrightarrow N \oplus M_n \longrightarrow N \longrightarrow 0$$

なる完全系列を考えると，N と M_n はネーター R 加群であるから，$n = 2$ の場合を用いて $N \oplus M_n$ もネーター R 加群である．
$(\Longleftarrow)$ 逆に，$M_1 \oplus \cdots \oplus M_n = N \oplus M_n$ がネーター R 加群であると仮定すると，命題 3.3.9 より，N と M_n もネーター R 加群である．そして，N がネーター R 加群であるから，帰納法の仮定より，$M_1, \ldots, M_{n-1}$ もネーター R 加群となる． □

問 3.7　命題 3.3.10 の証明 (1) における $\mathrm{Im}\,\alpha = \mathrm{Ker}\,\beta$ を証明せよ．

定義 3.3.4 と定義 3.3.6 において，R 加群に対してネーター R 加群とアルティン R 加群を定義をした．環 R 自身を R 加群とみたとき，部分 R 加群とは R のイデアルのことである[79]．このことを考慮して，環に対してこれらに対応する概念を定義する．

[79] 定義 2.1.4 の後の注意参照．

定義 3.3.11　環 R を R 加群とみたとき，ネーター R 加群となるものを**ネーター環** (Noetherian ring) といい，アルティン R 加群となるものを**アルティン環** (Artinian ring) という．すなわち，イデアルに関する昇鎖律をみたすものがネーター環であり，同じくイデアルに関して降鎖律を満足する環がアルティン環である．

例 3.3.12　体はイデアルが (0) と (1) しかないので，ネーター環であり，アルティン環である．

例 3.3.13　(1) 有理整数環 $\mathbb{Z}$ は例 3.3.8 で調べたようにネーター環であるが，降鎖律を満足しないのでアルティン環ではない．
(2) 有理整数環 $\mathbb{Z}$ のイデアル (n) による剰余環 $\mathbb{Z}/(n)$ はネーター環であり，かつアルティン環である．

命題 3.3.14　R を環とし，M を有限生成 R 加群とするとき，次が成り立つ．

(1) R がネーター環ならば，M はネーター R 加群である．
(2) R がアルティン環ならば，M はアルティン R 加群である．

(証明) M は有限生成 R 加群であるから，M の元 $x_1, \ldots, x_n$ により $M = Rx_1 + \cdots + Rx_n$ と表される．このとき，$a_i \in R$ として $\alpha(a_1, \ldots, a_n) = a_1x_1 + \cdots + a_nx_n$ により定まる全射 R 準同型写像 $\alpha : R^n \longrightarrow M$ がある（命題 2.5.11）．そこで，次のような完全系列が考えられる．

$$0 \longrightarrow \mathrm{Ker}\,\alpha \longrightarrow R^n \xrightarrow{\alpha} M \longrightarrow 0$$

このとき，

R：ネーター環 $\Longrightarrow$ R：ネーター R 加群[80)]
$\Longrightarrow$ R^n：ネーター R 加群[81)]
$\Longrightarrow$ M：ネーター R 加群[82)]

以上のことは，ネーター性をアルティン性に変えても同様に成り立つ．

□

命題 3.3.15 R を環とし，I をそのイデアルとするとき，次が成り立つ．

(1) R がネーター環ならば，R/I もネーター環である．

(2) R がアルティン環ならば，R/I もアルティン環である．

(証明) ネーター環についてのみ証明する．アルティン環についても同様である．次の R 加群の完全系列を考える．

$$0 \longrightarrow I \longrightarrow R \longrightarrow R/I \longrightarrow 0.$$

R：ネーター環 $\Longrightarrow$ R：ネーター R 加群[83)]
$\Longrightarrow$ R/I：ネーター R 加群[84)]
$\Longrightarrow$ R/I：ネーター R/I 加群[85)]
$\Longrightarrow$ R/I：ネーター環．

注釈　R 加群 R/I の作用は，$a \cdot \bar{b} = \overline{ab}$ であり，R/I 加群 R/I の作用は $\bar{a} \cdot \bar{b} = \overline{ab}$ であるから，R/I が R 加群であることと，R/I が R/I 加群であることは同じことである．　□

定理 3.3.16（ヒルベルトの基底定理）[86)] R がネーター環ならば，R 係数の n 変数の多項式環 $R[X_1, \ldots, X_n]$ もネーター環である．□

この定理の証明はほとんどの代数の本において証明が詳細に示され

80) 定義 3.3.11.

81) 命題 3.3.10.

82) 定理 3.3.9.

83) 定義 3.3.11.

84) 定理 3.3.9.

85) 下の注釈参照.

86) David Hilbert (1862–1943) 東プロイセンのケーニヒスベルクで生まれた．19 世紀から 20 世紀前半にかけて活躍し，20 世紀数学の発展に大きな影響を与えた．不変式論の研究から多項式環の性質を明確にし，それが可換環論の基礎的な研究の契機となった．彼はまた，ガロア理論を数体の拡大に適用して代数的整数論を発展させ，類体論の構想を提出し数論の発展に大きく寄与した．
　さらに，1900 年のパリにおける国際数学者会議において，「ヒルベルトの 23 の問題」を発表した．多くの数学者がこの問題に取り組んだことで，ヒルベルトの講演は 20 世紀の数学の方向性をかたちづくるものになった．

ており，本書ではその結果は用いるがその方法を特に必要としていないので，証明は省略する．

3.4 組成列

定義 3.4.1 M を R 加群とする．M から 0 への M の部分 R 加群の降鎖，

$$M = M_0 \supsetneq M_1 \supsetneq \cdots \supsetneq M_n = 0$$

を考える．このとき，降鎖の**長さ** (length) は n であるという．n は包含関係 $\supsetneq$ の個数である．上記の降鎖において，$M_i \supsetneq N \supsetneq M_{i+1}$ をみたす部分 R 加群 N が存在するとき，上記の降鎖は**細分** (refine) されるという．そして，さらに細分できないとき，すなわち，このような降鎖の中で極大なものを**組成列** (composition series) という．このことは次のように表現できる．

上記の降鎖が組成列	$\Longleftrightarrow$	余分な部分 R 加群をその降鎖に挿入することはできない
	$\Longleftrightarrow$	M_{i-1}/M_i $(1 \leq i \leq n)$ は単純加群である．

ただし，0 でない加群が**単純**であるとは，(0) とそれ自身以外に部分 R 加群をもたない加群のことである（定義 2.1.6）．

定理 3.4.2 M が長さ n の組成列をもつと仮定する．このとき，

(1) M のすべての組成列の長さは n である．

(2) M のすべての鎖は長さが n 以下であり，組成列に延長できる．

（証明）$l(M)$ は加群 M の組成列の最小の長さを表すものとする．（M が組成列をもたなければ $l(M) = +\infty$ である）．

(i) N を M の部分 R 加群とし，「$N \subsetneq M \Longrightarrow l(N) < l(M)$」を示す．

$$M = M_0 \supsetneq M_1 \supsetneq \cdots \supsetneq M_n = 0$$

を最小の長さをもつ M の組成列とする．$N_i = N \cap M_i$ とおけば，N_i は N の部分 R 加群である．特に，$N_n = N \cap M_n = N \cap 0 = 0$

であり，また任意の i に対して，

$$M_i \subsetneq M_{i-1} \implies M_i \cap N \subset M_{i-1} \cap N \implies N_i \subset N_{i-1}$$

であるから，次のような N の部分 R 加群の降鎖，

$$N = N_0 \supset N_1 \supset \cdots \supset N_n = 0 \qquad (*)$$

が得られる．ここで，次の可換図式を考える．

$$\begin{array}{ccccc} 0 & \longrightarrow & N_{i-1} & \longrightarrow & M_{i-1} \\ & & \downarrow & & \downarrow \\ 0 & \longrightarrow & N_{i-1}/N_i & \longrightarrow & M_{i-1}/M_i \end{array}$$

誘導された準同型写像[87] $N_{i-1}/N_i \longrightarrow M_{i-1}/M_i$ は単射である．なぜなら，

$$N_{i-1} \cap M_i = (N \cap M_{i-1}) \cap M_i = N \cap M_i = N_i$$

となるからである．ゆえに，$N_{i-1}/N_i \subset M_{i-1}/M_i$ と考えることができ，M_{i-1}/M_i は単純であるから，$N_{i-1}/N_i = M_{i-1}/M_i$ であるか，または $N_{i-1} = N_i$ である．すなわち，N の降鎖 $(*)$ において N_{i-1}/N_i は単純であるか，または $N_{i-1} = N_i$ である．したがって，同じである加群を除けば N_{i-1}/N_i は単純となり，N の組成列が得られる．このときの長さは n 以下である．以上より，$l(N) \leq l(M)$ が得られる．

次に，$l(N) = l(M) = n$ と仮定して，矛盾を導く．

このとき，$i = 1, \ldots, n$ に対して $N_{i-1}/N_i = M_{i-1}/M_i$ が成り立つ．すると，n のとき，$N_n = M_n = 0$ であるから，$N_{n-1} = M_{n-1}$ である．次に，

$$\begin{aligned} N_{n-2}/N_{n-1} = M_{n-2}/M_{n-1} &\implies N_{n-2}/M_{n-1} = M_{n-2}/M_{n-1} \\ &\implies N_{n-2} = M_{n-2}. \end{aligned}$$

これを続けると，$N_1 = M_1, N_0 = M_0$ が得られ，$N = M$ となる．ところが，これは最初の仮定 $N \subsetneq M$ に矛盾する．以上より，$l(N) < l(M)$ が得られる．

(ii) M の任意の降鎖の長さ $\leq l(M)$ であることを示す．

87) 定理 2.3.13.

$$M = M_0 \supsetneq M_1 \supsetneq \cdots \supsetneq M_k = 0$$

を長さ k の鎖とする．このとき，(i) より，

$$l(M) > l(M_1) > \cdots > l(M_{k-1}) > l(M_k) = l(0) = 0.$$

ゆえに，$l(M) > k-1$，すなわち，$l(M) \geq k$ が成り立つ．

以上のことより，部分 R 加群の無限の降鎖は存在しないことが分かる．

(iii) M の任意の組成列を，

$$M = M_0 \supsetneq M_1 \supsetneq \cdots \supsetneq M_k = 0$$

とする．長さは k である．すると，(ii) より $k \leq l(M)$ である．ところが，$l(M)$ の定義より，$l(M)$ は M の組成列の長さの最小値，と定義したのであるから，$l(M) \leq k$ である．ゆえに，$l(M) = k$ となる．以上より，M のすべての組成列の長さは同じ長さをもつ．ゆえに，$l(M) = n$ となる．

(2) M の任意の降鎖を (M_i) とし，その長さを k とする．(ii) より $k \leq l(M)$ である．$k = l(M)$ ならば，(M_i) は組成列である．なぜなら，(M_i) が組成列でなければ，極大でないので細分することができる．この細分された降鎖の長さは $k+1$ 以上である．すると，$l(M) = k < k+1$ であり，(1) の (ii) で任意の降鎖の長さは $l(M)$ を超えないということを示したので，これは矛盾である．

$k < l(M)$ のとき，$l(M)$ は組成列の長さの最小値であるから，(M_i) は組成列ではない．このとき，長さが $l(M)$ になるまで新しい部分 R 加群を挿入することができる． □

問 3.8　定理 3.4.2 の証明における記号を用いて，$N_{i-1} \cap M_i = N_i$ ならば，誘導された準同型写像 $N_{i-1}/N_i \longrightarrow M_{i-1}/M_i$ は単射であることを確認せよ．

命題 3.4.3　M を R 加群とするとき，次が成り立つ．

M が組成列をもつ $\Longleftrightarrow$ M は昇鎖律と降鎖律を満たす．

（証明）($\Longrightarrow$) 定理 3.4.2 より，M のすべての降鎖は有限な長さをもつので，M は昇鎖律と降鎖律を満たす．

($\Longleftarrow$) M が昇鎖律をみたせば，M は極大条件をみたす（定理 3.3.3）．よって，M の極大な部分 R 加群 M_1 が存在する．すると，定義より，M の部分 R 加群 M_1 も昇鎖律をみたす．したがって，M_1 の極大な部分 R 加群 M_2 が存在する．このようにして，

$$M \supsetneq M_1 \supsetneq M_2 \supsetneq \cdots$$

なる部分 R 加群の降鎖をつくることができる．ところが，一方で M は降鎖律をみたすので，この操作は有限で終わる．すなわち，ある番号を n として $M_n = 0$ となる．よって，

$$M \supsetneq M_1 \supsetneq M_2 \supsetneq \cdots \supsetneq M_{n-1} \supsetneq M_n = 0$$

を得る．これはつくり方から極大な降鎖である．すなわち，組成列である． □

定義 3.4.4 昇鎖律と降鎖律をみたす加群は**有限な長さ** (finite length) をもつという．有限な長さをもつ加群は命題 3.4.3 より組成列をもち，定理 3.4.2 より，すべての組成列は同じ長さをもつことが分かる．この長さを R 加群 M に対する**加群の長さ** (length of module) といい，$l_R(M)$ で表す．

命題 3.4.5 M を R 加群とし，N をその部分 R 加群とする．R 加群 M の長さ $l_R(M)$ が有限ならば，$l_R(M/N)$ と $l_R(N)$ も有限であり，次の等式が成り立つ．

$$l_R(M) = l_R(M/N) + l_R(N).$$

（証明）$M = 0$ と $N = 0$ のときは，証明しようとすることは明らかなので，$M \supsetneq N \supsetneq 0$ と仮定して示す．$l_R(M) < \infty$ であるから，M の組成列が存在する．ゆえに，定理 3.4.2 より $M \supsetneq N \supsetneq 0$ は細分して組成列にすることができる．これを，

$$(M =)M_0 \supsetneq M_1 \supsetneq \cdots \supsetneq M_r(= N) \supsetneq M_{r+1} \supsetneq \cdots \supsetneq M_{r+s}(= 0)$$

とする．このとき，$l_R(M) = r + s$ である．また，

$$(N =)M_r \supsetneq M_{r+1} \supsetneq \cdots \supsetneq M_{r+s}(= 0)$$

は N の組成列である．ゆえに，$l_R(N)=s$ である．さらに，N を法とする剰余加群 M/N の降鎖，

$$(M/N=)M_0/N \supsetneqq M_1/N \supsetneqq \cdots \supsetneqq M_r/N(=0)$$

は R 加群 M/N の組成列である (対応定理 2.3.12)．ゆえに，$l_R(M/N)=r$ である．したがって，$l_R(M)=l_R(M/N)+l_(N)$ が成り立つ． □

k を体として，k 加群 V，すなわち k 上のベクトル空間 V の場合を考えてみよう．このとき，部分 k 加群とはベクトル空間 V の部分空間のことである．

命題 3.4.6 k を体とするとき，k 上のベクトル空間に対して次の条件は同値である．

(1) $\dim_k V<\infty$.

(2) V は k 加群として有限の長さをもつ．

(3) k ベクトル空間 V で昇鎖律が成り立つ．

(4) k ベクトル空間 V で降鎖律が成り立つ．

これらの条件を満足するとき，$l_k(V)=\dim_k V$ である．すなわち，k 加群としての V の長さは，k ベクトル空間 V の次元に一致する．

（証明） (1) $\Longrightarrow$ (2)．$\dim_k V=n<\infty$ とすると，ベクトル空間 V の基底 $\{x_1,\ldots,x_n\}$ が存在する．このとき，部分空間の昇鎖，

$$(0)\subsetneqq(x_1)\subsetneqq(x_1,x_2)\subsetneqq\cdots\subsetneqq(x_1,x_2,\ldots,x_n)=V$$

は k 加群の昇鎖で，これは組成列である．すると，命題 3.4.3 より昇鎖律と降鎖律をみたし，V は k 加群として有限の長さをもつ．

(2) $\Longrightarrow$ (3) と (2) $\Longrightarrow$ (4) は定義 3.4.4 より分かる．

(3) $\Longrightarrow$ (1)．$\dim_k V=\infty$ と仮定する．このとき，1 次独立である元の無限列が存在する．

$$x_1,x_2,\ldots,x_n,x_{n+1},\ldots$$

$V_i=(x_1,x_2,\ldots,x_i)$ とおく．V_i は次元 i の部分空間であり，無限に続く昇鎖，

$$V_1 \subsetneq V_2 \subsetneq \cdots \subsetneq V_n \subsetneq V_{n+1} \subsetneq \cdots$$

が存在する．したがって，V において昇鎖律が成り立たない．

(4) $\Longrightarrow$ (1)．$\dim_k V = \infty$ と仮定する．(3) $\Longrightarrow$ (1) で用いた記号を使い，$U_i = (x_{i+1}, x_{i+2}, \ldots)$ とおく．U_i は V の部分空間である．このとき，無限降鎖，

$$(x_1, x_2, \ldots) \supsetneq (x_2, x_3, \ldots) \supsetneq (x_3, x_4, \ldots) \supsetneq \cdots$$

すなわち，

$$U_0 \supsetneq U_1 \supsetneq U_2 \supsetneq \cdots$$

が存在するので，V において降鎖律が成り立たない． □

第3章練習問題

1. M をネーター R 加群とし，$f : M \longrightarrow M$ を R 準同型写像とする．このとき，f が全射ならば，f は同型写像であることを示せ．

2. M をアルティン R 加群とし，$f : M \longrightarrow M$ を R 準同型写像とする．このとき，f が単射ならば，f は同型写像であることを示せ．

3. M を R 加群とする．M の任意の空でない有限生成部分 R 加群の集合が極大元をもつならば，M はネーター R 加群であることを示せ．

4. M を R 加群とし，N_1, N_2 を M の部分 R 加群とする．剰余加群 $M/N_1, M/N_2$ がネーター R 加群ならば，$M/(N_1 \cap N_2)$ もネーター R 加群であることを示せ．

5. M をネーター R 加群とする．$I = \mathrm{Ann}_R(M)$ を M の零化イデアルとするとき，R/I はネーター環であることを示せ．

6. (R, P, k) を局所環とし，M を有限生成 R 加群とする．$\{x_1, \ldots, x_n\}$，$\{y_1, \ldots, y_n\}$ は二つとも M の極小底で $y_i = \sum_{i=1}^{n} a_{ij} x_j, a_{ij} \in R$ ならば，行列式 $\det(a_{ij})$ は R の単元であり，したがって，行列 (a_{ij}) も可逆であることを示せ．

7. R 加群の準同型写像 $f : M_1 \longrightarrow M_2$ と R 加群 N に対し，写像 f_N を，

$$f_N : \mathrm{Hom}_R(M_2, N) \longrightarrow \mathrm{Hom}_R(M_1, N),\ h \longmapsto h \circ f$$

によって定義する．このとき，R 加群 N と R 加群の完全系列，

$$M_1 \xrightarrow{f} M_2 \xrightarrow{g} M_3 \longrightarrow 0$$

に対して，

$$0 \longrightarrow \mathrm{Hom}_R(M_3, N) \xrightarrow{g_N} \mathrm{Hom}_R(M_2, N) \xrightarrow{f_N} \mathrm{Hom}_R(M_1, N)$$

は完全系列になることを示せ.

8. R 加群の準同型写像 $f : N_1 \longrightarrow N_2$ と R 加群 M に対し，写像 f^M を,

$$f^M : \mathrm{Hom}_R(M, N_1) \longrightarrow \mathrm{Hom}_R(M, N_2),\ h \longmapsto f \circ h$$

によって定義する．このとき，R 加群 M と R 加群の完全系列,

$$0 \longrightarrow N_1 \xrightarrow{f} N_2 \xrightarrow{g} N_3$$

に対して,

$$0 \longrightarrow \mathrm{Hom}_R(M, N_1) \xrightarrow{f^M} \mathrm{Hom}_R(M, N_2) \xrightarrow{g^M} \mathrm{Hom}_R(M, N_3)$$

は完全系列になることを示せ.

9. 次の R 加群の可換図式において行系列は完全系列であると仮定する.

$$\begin{array}{ccccccccc} 0 & \longrightarrow & M_1 & \xrightarrow{f_1} & M_2 & \xrightarrow{f_2} & M_3 & \longrightarrow & 0 \\ & & {\scriptstyle h_1}\downarrow & & {\scriptstyle h_2}\downarrow & & {\scriptstyle h_3}\downarrow & & \\ 0 & \longrightarrow & N_1 & \xrightarrow{g_1} & N_2 & \xrightarrow{g_2} & N_3 & \longrightarrow & 0 \end{array}$$

このとき，h_1, h_2, h_3 のうち二つが同型ならば，残りも R 同型写像であることを示せ.

10. （5 項補題, five lemma）行系列が完全である R 加群の可換図式,

$$\begin{array}{ccccccccc} M_1 & \xrightarrow{f_1} & M_2 & \xrightarrow{f_2} & M_3 & \xrightarrow{f_3} & M_4 & \xrightarrow{f_4} & M_5 \\ {\scriptstyle h_1}\downarrow & & {\scriptstyle h_2}\downarrow & & {\scriptstyle h_3}\downarrow & & {\scriptstyle h_4}\downarrow & & {\scriptstyle h_5}\downarrow \\ N_1 & \xrightarrow{g_1} & N_2 & \xrightarrow{g_2} & N_3 & \xrightarrow{g_3} & N_4 & \xrightarrow{g_4} & N_5 \end{array}$$

において，h_1, h_2, h_4, h_5 が R 同型ならば，h_3 も R 同型写像であることを示せ.

4 局所化

商環（分数環）や商加群の作り方とそれに対応している局所化の操作は，可換代数においてはおそらく最も重要な道具の一つである．本章においては，局所化の構成法とそれらに関連する性質などを調べる．

4.1 局所化

整数環 $\mathbb{Z}$ から有理数体 $\mathbb{Q}$ をつくるやり方は（このとき，$\mathbb{Z}$ は $\mathbb{Q}$ に埋め込まれる），容易に整域 R に拡張され，R の**商体** (field of fractions) が得られる．そのつくり方は，$a, s \in R$，$s \neq 0$ なるすべての順序対 (a, s) をとり，これらの対に対して次のように同値関係を定義することによってなされる．

$$(a, s) \sim (b, t) \iff at - bs = 0. \qquad (*)$$

この定義は R が整域ならば同値関係となるが，そうでなければ一般には推移律が成り立たない．これは R が 0 と異なる零因子をもつことにより生じる．そこで，整域でない環に対しても適用できるようにこれを一般化する．

問 4.1 上記の $(*)$ による定義では，R が整域ならば $(a, s) \sim (b, t)$ は同値関係になる．しかし，R が整域でない場合は一般に同値関係になるとは限らないことを確かめよ．

定義 4.1.1 R を任意の環とする．R の部分集合 S は，$1 \in S, 0 \notin S$ でかつ S が乗法に関して閉じているとき，**積閉集合** (multiplicatively closed set) であるという．

命題 4.1.2 S を環 R の積閉集合とする．このとき，直積 $R \times S$ 上に次のような関係 $\sim$ を定義する．すなわち，任意の $a, b \in R$，$s, t \in S$ に対して，

$$(a, s) \sim (b, t) \iff \exists u \in S,\ (at - bs)u = 0.$$

この関係 $\sim$ は同値関係である．

（証明）次の 3 つの関係をみたしていることを証明すればよい．すなわち，任意の $a, b \in R$，$s, t \in S$ に対して，

(i) 反射律：$(a, s) \sim (a, s)$.

(ii) 対称律：$(a, s) \sim (b, s) \implies (b, s) \sim (a, s)$.

(iii) 推移律：$(a, s) \sim (b, t), (b, t) \sim (c, u) \implies (a, s) \sim (c, u)$.

(i),(ii) は容易に確かめられるので，推移律 (iii) を示す．

$$
\begin{aligned}
&(a,s)\sim(b,t),(b,t)\sim(c,u)\\
&\qquad\Longrightarrow\quad \exists v,w\in S,\ atv=bsv,\ buw=ctw\\
&\qquad\Longrightarrow\quad atv(uw)=bsv(uw),\ buw(sv)=ctw(sv)\\
&\qquad\Longrightarrow\quad atuvw=ctsvw\\
&\qquad\Longrightarrow\quad (au-cs)tvw=0\quad (tvw\in S)\\
&\qquad\Longrightarrow\quad (a,s)\sim(c,u).
\end{aligned}
$$
□

次に，同値関係が定義されたので同値類を考えることができる．すなわち，

$$a/s=\frac{a}{s}:=(a,s)\text{ の同値類}=\{(x,t)\in R\times S\mid (x,t)\sim(a,s)\}$$

と定義し，これらの集合を記号 $S^{-1}R$ で表す．すなわち，

$$
\begin{aligned}
S^{-1}R&=\left\{\frac{a}{s}\mid a\in R,s\in S\right\}\\
&=(R\times S)/\sim\ ^{88)}
\end{aligned}
$$

88) すなわち，$\sim$ による商集合．

$\frac{a}{s}$ をスペースの関係で，a/s と書くこともある．このとき，$\sim$ は同値関係であるから，

$$\frac{a}{s}=\frac{a'}{s'}\iff (a,s)\sim(a',s').$$

次に，集合 $S^{-1}R$ 上に有理数における分数の加法と乗法の一般化となるような加法と乗法を次のように定義しよう．

$$\text{(1) 加法：}\ \frac{a}{s}+\frac{b}{t}=\frac{at+bs}{st},\qquad \text{(2) 乗法：}\ \frac{a}{s}\cdot\frac{b}{t}=\frac{ab}{st}.$$

これらの定義が矛盾なく定義される (well defined) ことを示す．

$$
\begin{array}{ccccc}
S^{-1}R\times S^{-1}R & \longrightarrow & S^{-1}R & & \\
\left(\dfrac{a}{s},\dfrac{b}{t}\right) & \longmapsto & \dfrac{at+bs}{st}, & \dfrac{ab}{st} \\
\| & & \|\ ? & \|\ ? \\
\left(\dfrac{a'}{s'},\dfrac{b'}{t'}\right) & \longmapsto & \dfrac{a't'+b's'}{s't'}, & \dfrac{a'b'}{s't'}
\end{array}
$$

a/s は (a,s) を代表元とする同値類であるから，別の代表元 a'/s' によっても同じ同値類を表すことがある．そのような代表元の選び方

に依存せず定まることを示さなければ，上の写像が矛盾なく定義されるとは言えない．

式で表現すると，

$$\left(\frac{a}{s}, \frac{b}{t}\right) = \left(\frac{a'}{s'}, \frac{b'}{t'}\right) \Longrightarrow (*)\ \frac{at+bs}{st} = \frac{a't'+b's'}{s't'},\quad (**)\ \frac{ab}{st} = \frac{a'b'}{s't'}$$

を示さなければならない．

$(a/s, b/t) = (a'/s', b'/t')$ と仮定すると，$(a,s) \sim (a',s')$ かつ $(b,t) \sim (b',t')$ である．ゆえに，上の関係は，

$$\begin{aligned}&(a,s) \sim (a',s'), (b,t) \sim (b',t')\\&\qquad\qquad \Longrightarrow \exists u, v \in S,\ as'u = a'su, bt'v = b'tv\end{aligned}$$

と表現される．これらを用いて $(*)$ と $(**)$ を示す．

はじめに，$(*)$ を示す．上の関係式により，

$$(ats't')uv = (as'u)tt'v = (a'su)tt'v = (a't'st)uv,$$

$$(bss't')uv = (bt'v)ss'u = (b'tv)ss'u = (b's'st)uv$$

となる．したがって，$u, v \in S$ に注意すると，

$$\begin{aligned}(ats't' + bss't')uv &= (a't'st + b's'st)uv\\&\Longrightarrow \{(at+bs)s't' - (a't'+b's')st\}uv = 0\\&\Longrightarrow (at+bs, st) \sim (a't'+b's', s't')\\&\Longrightarrow \frac{at+bs}{st} = \frac{a't'+b's'}{s't'}.\end{aligned}$$

次に，$(**)$ を示す．

$$\begin{aligned}(abs't')uv &= (as'u)(bt'v) = (a'su)(b'tv)\\&\Longrightarrow (abs't' - a'b'st)uv = 0\\&\Longrightarrow (ab, st) \sim (a'b', s't')\\&\Longrightarrow \frac{ab}{st} = \frac{a'b'}{s't'}.\end{aligned}$$

以上で，$S^{-1}R$ 上に加法 (1) と乗法 (2) が定義された．これらの演算（乗法と加法）は定義より可換である．

$$\frac{a}{s}+\frac{b}{t}=\frac{at+bs}{st}=\frac{bs+at}{ts}=\frac{b}{t}+\frac{a}{s}, \quad \frac{a}{s}\cdot\frac{b}{t}=\frac{ab}{st}=\frac{ba}{ts}=\frac{b}{t}\cdot\frac{a}{s}.$$

また，通常の分数の約分ができる．すなわち，$a \in R, s, u \in S$ に対して，

$$\frac{au}{su}=\frac{a}{s} \qquad （約分）$$

が成り立つ．なぜなら，$(au, su) \sim (a, s)$ だからである．

さらに，分数の通常の計算，

$$\frac{a}{s}+\frac{b}{s}=\frac{a+b}{s} \qquad （共通分母の加法）$$

ができる．なぜなら，約分ができるから，

$$\frac{a}{s}+\frac{b}{s}=\frac{as+bs}{s^2}=\frac{(a+b)s}{s^2}=\frac{a+b}{s}.$$

定理 4.1.3　S を環 R の積閉集合とする．上記で述べた，集合 $S^{-1}R$ 上の演算，

$$(1)\ 加法：\ \frac{a}{s}+\frac{b}{t}=\frac{at+bs}{st}, \qquad (2)\ 乗法：\ \frac{a}{s}\cdot\frac{b}{t}=\frac{ab}{st}.$$

に関して，$S^{-1}R$ は可換環になる．

$S^{-1}R$ の零元は $0/u, u \in S$ であり，a/s のマイナス元は $(-a)/s$，単位元は $1/1 = s/s, s \in S$ である．特に，$S^{-1}R$ の零元は次のように特徴づけられる．

$$\frac{a}{s}=0 \iff \exists t \in S,\ ta=0.$$

（証明）(R1)　$(S^{-1}R, +)$ が加法群であることを示す．すなわち，(G1) 加法の結合律，(G2) 加法単位元（零元），(G3) 加法逆元（マイナス元）が存在すること，などの公理を満足することを確かめる．

(G1) 結合律：$\left(\frac{a}{s}+\frac{b}{t}\right)+\frac{c}{u}=\frac{a}{s}+\left(\frac{b}{t}+\frac{c}{u}\right)$．左辺と右辺を計算すると，

$$\left(\frac{a}{s}+\frac{b}{t}\right)+\frac{c}{u}=\frac{at+bs}{st}+\frac{c}{u}=\frac{(at+bs)u+cst}{stu},$$

$$\frac{a}{s}+\left(\frac{b}{t}+\frac{c}{u}\right)=\frac{a}{s}+\frac{bu+ct}{tu}=\frac{atu+(bu+ct)s}{stu}.$$

ここで，R は環であるから，$(at+bs)u+cst = atu+(bu+ct)s$ が成り立つので，上記の左辺と右辺は等しくなり，結合律が成り立つ．

(G2) 零元は $0/u, u \in S$ である．なぜなら，

$$\frac{a}{s} + \frac{0}{u} = \frac{au + 0}{su} = \frac{au}{su} = \frac{a}{s}.$$

このとき，通常の加法群の零元の表現にしたがって $0/u \in S^{-1}R$ を 0 と書く．また，任意の $u, v \in S$ に対して $0/u = 0/v = 0$ が成り立つ．さらに，

$$\frac{a}{s} = 0 \Longleftrightarrow \exists t \in S, ta = 0$$

であることに注意しよう．

(G3) $a/s \in S^{-1}R$ のマイナス元は $(-a)/s \in S^{-1}R$ である．なぜなら，

$$\frac{a}{s} + \frac{-a}{s} = \frac{a - a}{s} = \frac{0}{s} = 0.$$

このとき，マイナス元の定義より $-(a/s) = (-a)/s$ と書く．

以上で，$S^{-1}R$ が加法群になることが分かった．

(R2) 乗法結合律が成り立つこと：$\left(\frac{a}{s} \cdot \frac{b}{t}\right) \cdot \frac{c}{u} = \frac{a}{s} \cdot \left(\frac{b}{t} \cdot \frac{c}{u}\right)$.

$$\text{左辺} = \left(\frac{a}{s} \cdot \frac{b}{t}\right) \cdot \frac{c}{u} = \frac{ab}{st} \cdot \frac{c}{u} = \frac{(ab)c}{(st)u},$$
$$\text{右辺} = \frac{a}{s} \cdot \left(\frac{b}{t} \cdot \frac{c}{u}\right) = \frac{a}{s} \cdot \frac{bc}{tu} = \frac{a(bc)}{s(tu)}.$$

ここで，R は環であるから結合律が成り立ち，$(ab)c = a(bc), (st)u = s(tu)$ である．ゆえに，上の式で左辺と右辺は等しく結合律が成り立つ．

(R3) 単位元の存在：$1/1 = s/s$，$s \in S$ が乗法単位元である．

$$\frac{b}{t} \in S^{-1}R \text{ に対して，} \quad \frac{s}{s} \cdot \frac{b}{t} = \frac{sb}{st} = \frac{b}{t}.$$

(R4) 分配律：$\left(\frac{a}{s} + \frac{b}{t}\right)\frac{c}{u} = \frac{a}{s} \cdot \frac{c}{u} + \frac{b}{t} \cdot \frac{c}{u}$.

$$\text{左辺} = \left(\frac{a}{s} + \frac{b}{t}\right)\frac{c}{u} = \frac{at + bs}{st} \cdot \frac{c}{u} = \frac{(at + bs)c}{stu},$$
$$\text{右辺} = \frac{a}{s} \cdot \frac{c}{u} + \frac{b}{t} \cdot \frac{c}{u} = \frac{ac}{su} + \frac{bc}{tu} = \frac{act + bcs}{stu}.$$

ここで，R が環であるから，分配律が成り立つので $(at + bs)c = act + bcs$ が成り立つ．よって，左辺と右辺が等しくなるので，$S^{-1}R$

において分配律が成り立つ．

以上より，環の公理 (R1) $\sim$ (R4) が満足されるので，$S^{-1}R$ は (1) で定義される加法と，(2) で定義される乗法によって環となる．R が可換環であるから，$S^{-1}R$ も可換環である． □

定義 4.1.4 S を環 R の積閉集合とするとき，$S^{-1}R$ をつくる操作を**局所化** (localization) または**分数化**といい，得られた環 $S^{-1}R$ を S に関する**分数環**，または**商環** (ring of quotients) という．なお，表現上の簡明さのため $S^{-1}R$ を R_S と書くこともある．すなわち，$R_S := S^{-1}R$ である．

命題 4.1.5 S を環 R の積閉集合とするとき，S に関する分数環 $S^{-1}R$ について，$a/s \in S^{-1}R$ とする．$a \in S$ ならば，a/s は $S^{-1}R$ における単元である．

（証明）$a/s \in S^{-1}R$ とする．$a \in S$ とすると，$s/a \in S^{-1}R$ であり，

$$\frac{a}{s} \cdot \frac{s}{a} = \frac{as}{sa} = \frac{1}{1} = 1.$$

ゆえに a/s は可逆元で，$(a/s)^{-1} = s/a \in S^{-1}R$ となる． □

定義 4.1.6 積閉集合 S による分数環 $S^{-1}R$ に対して，$\varphi(x) = x/1$ により定義される写像 $\varphi : R \longrightarrow S^{-1}R$ は環準同型写像である．これを**標準的な準同型写像** (canonical homomorphism)，または単に**標準写像**，という．

すなわち，

$$\varphi(x+y) = \frac{x+y}{1} = \frac{x}{1} + \frac{y}{1} = \varphi(x) + \varphi(y),$$
$$\varphi(xy) = \frac{xy}{1} = \frac{x}{1} \cdot \frac{y}{1} = \varphi(x) \cdot \varphi(y)$$

かつ，$\varphi(1) = 1/1$ が成り立つ．準同型写像 φ は必ずしも単射ではない．φ の核を調べてみると，

$$x \in \operatorname{Ker}\varphi \iff \varphi(x) = 0 \iff \frac{x}{1} = 0 \iff \exists s \in S, sx = 0.$$

ゆえに，

$$\operatorname{Ker}\varphi = \{x \in R \mid \exists s \in S, sx = 0\}$$

と表される．したがって，S が零因子を含まなければ，φ は単射となる．特に，環 R が整域ならば，$\mathrm{Ker}\,\varphi = \{0\}$ となり，φ は単射となる．

標準的な準同型写像 φ が単射であるとき，φ による同一視をすれば，分数環 $S^{-1}R$ はもとの環 R を含んでいると考えられる．

定義 4.1.7　整域 R において，$S = R \setminus \{0\}$ とおけば，S は積閉集合である．すると，$S^{-1}R$ の零でない元はすべて可逆元になるので，$S^{-1}R$ は体となる．このとき，S により局所化された分数環 $S^{-1}R$ を整域 R の**分数体** (fractional field) または**商体** (field of quotients) という．このとき，標準的準同型写像による同一視により商体 $S^{-1}R$ はもとの環 R を含んでいる．

定義 4.1.7 では，$R \times S$ における同値関係は次のようになる．

$$(a, s) \sim (b, t) \iff \exists u \in S, u(at - bs) = 0 \iff at - bs = 0.$$

整数環 $\mathbb{Z}$ の商体を構成するときの同値関係はこれであった（『群・環・体』の第 3 章 §5 参照）．より具体的に言えば，整数環 $\mathbb{Z}$ において，$S = \mathbb{Z} \setminus \{0\}$ とおけば，S は積閉集合となり，$\mathbb{Z}$ の S に関する分数環は分数体（商体）となる．これが有理数体 $\mathbb{Q}$ であり，有理数体 $\mathbb{Q}$ は整数環 $\mathbb{Z}$ を含んでいる．

問 4.2　R を整域とし，$S = R \setminus \{0\}$ とおく．S は積閉集合であり，$S^{-1}R$ は体となることを確かめよ．

定義 4.1.8　R を任意の環とし，S を R の非零因子全体の集合とすると，S は積閉集合である．このとき，構成される分数環 $S^{-1}R$ を R の**全分数環** (total fractional ring) または**全商環** (total ring of quotients) という．全商環 $S^{-1}R$ ももとの環 R を含んでいる．

問 4.3　R の非零因子全体の集合を S とするとき，S は積閉集合であることを示せ．また，標準写像 φ は単射であることを確かめよ．

命題 4.1.9　$f : R \longrightarrow R'$ を環準同型写像とする．R の積閉集合 S について，S のすべての元 $s \in S$ に対して $f(s)$ は R' の単元であるとする．$\varphi : R \longrightarrow S^{-1}R$ を標準写像とするとき，$g : S^{-1}R \longrightarrow R'$ なる環準同型写像で $f = g \circ \varphi$ を満たすものが唯一つ存在する．こ

のとき，$g(a/s) = f(a)/f(s)$ である．

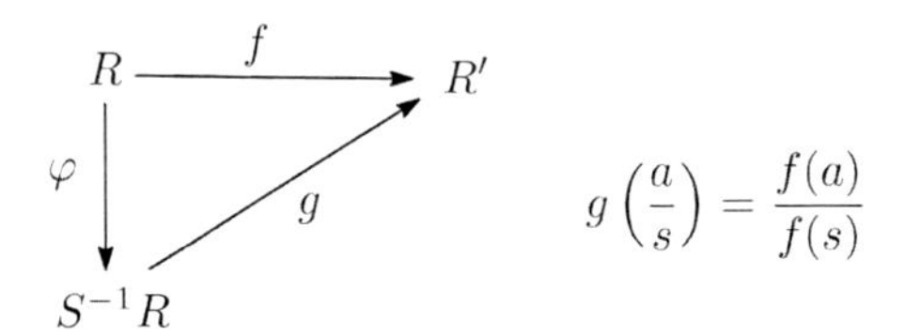

$$g\left(\frac{a}{s}\right) = \frac{f(a)}{f(s)}$$

（証明）(1) 存在すれば唯一つであること：$f = g \circ \varphi$ をみたす準同型写像 $g : S^{-1}R \longrightarrow R'$ が存在したと仮定する．このとき，$a \in R$ に対して

$$g\left(\frac{a}{1}\right) = g(\varphi(a)) = f(a). \qquad (*)$$

すると，$\dfrac{1}{s} \in S^{-1}R$ に対して

$$\begin{aligned} g\left(\frac{1}{s}\right) &= g\left(\left(\frac{s}{1}\right)^{-1}\right) \text{[89]} \\ &= g\left(\frac{s}{1}\right)^{-1} \text{[90]} \\ &= f(s)^{-1} \text{[91]} \end{aligned}$$

[89] $\dfrac{1}{s}$ は $S^{-1}R$ で単元，命題 4.1.5.

[90] g は準同型写像．

[91] $(*)$ より．

ゆえに，

$$g\left(\frac{1}{s}\right) = f(s)^{-1}. \qquad (**)$$

したがって，

$$g\left(\frac{a}{s}\right) = g\left(\frac{a}{1}\cdot\frac{1}{s}\right) = g\left(\frac{a}{1}\right)\cdot g\left(\frac{1}{s}\right) = f(a)f(s)^{-1}.$$

ゆえに，$g(a/s) = f(a)f(s)^{-1}$ が得られる．この式より，$f = g \circ \varphi$ をみたす g は f により一意的に定まることが分かる．

(2) g が存在すること：

$a/s \in S^{-1}R$ とする．仮定より $f(s)$ は R' の単元であるから，$f(s)^{-1} \in R'$ が存在する．そこで，

$$S^{-1}R \longrightarrow R', \quad a/s \longmapsto f(a)f(s)^{-1}$$

により定まる対応が写像になること，すなわち，この定義が矛盾なく定義されること (well defined) を示す．すなわち，

$$\frac{a}{s} = \frac{a'}{s'} \implies f(a)f(s)^{-1} = f(a')f(s')^{-1}$$

を示す．これは次のようである．

$$\begin{aligned}
\frac{a}{s} = \frac{a'}{s'} \quad &\implies \quad \exists t \in S,\ (as' - a's)t = 0 \\
&\implies \quad \exists t \in S,\ f\big((as' - a's)t\big) = 0 \\
&\implies \quad \exists t \in S,\ \big(f(a)f(s') - f(a')f(s)\big)f(t) = 0 \text{ [92]} \\
&\implies \quad f(a)f(s') - f(a')f(s) = 0 \\
&\implies \quad f(a)f(s)^{-1} = f(a')f(s')^{-1}.
\end{aligned}$$

[92] $f(t)$ は R' の単元．

したがって，

$$g\Big(\frac{a}{s}\Big) := f(a)f(s)^{-1} = \frac{f(a)}{f(s)}$$

と定義することができる．

(3) 次に，このようにして定義された g は環準同型写像である．すなわち，

$$g\Big(\frac{a}{s} + \frac{b}{t}\Big) = g\Big(\frac{a}{s}\Big) + g\Big(\frac{b}{t}\Big),\ \ g\Big(\frac{a}{s} \cdot \frac{b}{t}\Big) = g\Big(\frac{a}{s}\Big) \cdot g\Big(\frac{b}{t}\Big),\ \ g\Big(\frac{1}{1}\Big) = 1$$

をみたす．加法に関しては次のようであり，乗法に関しても同様にできる．

$$\begin{aligned}
g\Big(\frac{a}{s} + \frac{b}{t}\Big) &= g\Big(\frac{at + bs}{st}\Big) \\
&= f(at + bs)f(st)^{-1} \\
&= \big(f(a)f(t) + f(b)f(s)\big)f(s)^{-1}f(t)^{-1} \\
&= \frac{f(a)}{f(s)} + \frac{f(b)}{f(t)} = g\Big(\frac{a}{s}\Big) + \Big(\frac{b}{t}\Big).
\end{aligned}$$

単位元については，

$$f\Big(\frac{1}{1}\Big) = f(1)f(1)^{-1} = 1 \cdot 1^{-1} = 1.$$

(4) 最後に，$f = g \circ \varphi$ であることは次のようである．

$$g \circ \varphi(a) = g\Big(\frac{a}{1}\Big) = f(a)f(1)^{-1} = f(a). \qquad \square$$

命題 4.1.10　分数環 $S^{-1}R$ と標準的な準同型写像 $\varphi : R \longrightarrow S^{-1}R$, $\varphi(a) = a/1$ は次の性質をもつ．

(1) $s \in S$ ならば，$\varphi(s)$ は $S^{-1}R$ の単元である．

(2) $\varphi(a) = 0$ ならば，ある $s \in S$ に対して，$as = 0$ となる．

(3) $S^{-1}R$ のすべての元はある $a \in R$ と，$s \in S$ によって，$\varphi(a)\varphi(s)^{-1}$ という形で表される．

（証明）(1) は命題 4.1.5, (2) より，(2) は定理 4.1.3 で分数環 $S^{-1}R$ を構成するときの (R1) の (G2) を参照せよ．

(3) $S^{-1}R$ の任意の元は $a/s\,(a \in R, s \in S)$ と表され，

$$\frac{a}{s} = \frac{a}{1} \cdot \frac{1}{s} = \frac{a}{1} \cdot \left(\frac{s}{1}\right)^{-1} = \varphi(a)\varphi(s)^{-1}$$

と表現される． □

逆に，上記命題の 3 つの条件により，$S^{-1}R$ は同型を除いて一意的に定まる．

命題 4.1.11 商環 $S^{-1}R$ に対して標準的な環準同型写像を $\varphi : R \longrightarrow S^{-1}R$ とする．環準同型写像 $f : R \longrightarrow R'$ が次の 3 つの条件，

(1) $s \in S$ ならば，$f(s)$ は R' の単元である．

(2) $f(a) = 0$ ならば，ある $s \in S$ に対して，$as = 0$ となる．

(3) R' のすべての元はある $a \in R$ とある $s \in S$ によって，$f(a)f(s)^{-1}$ という形で表される．

をみたすとき，同型写像 $g : S^{-1}R \longrightarrow R'$ が存在して，$f = g \circ \varphi$ が成り立つ．このとき，$S^{-1}R \cong R'$ である．

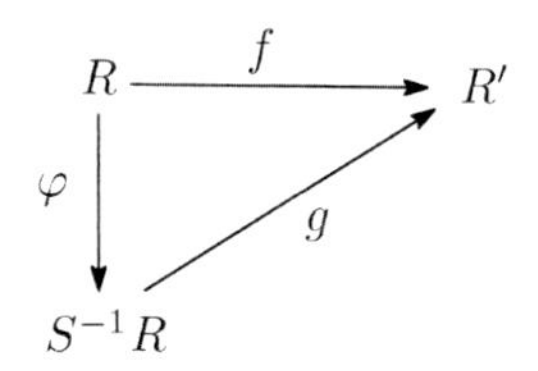

（証明）条件 (1) を使えば，命題 4.1.9 より $f = g \circ \varphi$ をみたす環準同型写像 $g : S^{-1}R \longrightarrow R'$ が存在する．この g が同型写像であることを示せばよい．

(i) g が全射であること：

$b \in R'$ とする．(3) より，$b = \dfrac{f(a)}{f(s)}\,(a \in R, s \in S)$ と表される．

このとき，命題 4.1.9 より $g\left(\dfrac{a}{s}\right) = f(a)f(s)^{-1}$ が成り立つので，$b = \dfrac{f(a)}{f(s)} = g\left(\dfrac{a}{s}\right)$ となる．したがって，R' の任意の元 b に対して，$S^{-1}R$ の元 $\dfrac{a}{s}$ が存在して，$g\left(\dfrac{a}{s}\right) = b$ となるので，g は全射である．
(ii) g が単射であることを示す．このために，$\operatorname{Ker} g$ を調べる．

$$\begin{aligned}\frac{a}{s} \in \operatorname{Ker} g \quad &\Longrightarrow \quad g\left(\frac{a}{s}\right) = 0 \\ &\Longrightarrow \quad f(a)f(s)^{-1} = 0 \\ &\Longrightarrow \quad f(a) = 0 \\ &\Longrightarrow \quad \exists t \in S,\ ta = 0 \\ &\Longrightarrow \quad \frac{a}{s} = 0.\end{aligned}$$

[93] [94] [95]

[93] $f(s)$ は R' で単元．

[94] R' において．

[95] 条件 (2) より．

したがって，$\operatorname{Ker} g = 0$ であるから，定理 2.3.5 より g は単射である．

□

定理 4.1.12 局所化とイデアルで割る操作は可換である．

すなわち，S を環 R の積閉集合とし，I を R のイデアルとする．$\pi : R \longrightarrow R/I$ を標準全射とし，$\overline{S} := \pi(S) \subset R/I$ とする．このとき，次の同型写像がある．

$$R_S/IR_S \cong (R/I)_{\overline{S}}, \qquad a/s + IR_S \longleftrightarrow \bar{a}/\bar{s}.$$

（証明）$\pi_s : R_s \longrightarrow R_s/IR_s$ を標準全射すると $\pi_s \circ \varphi(I) = 0$ であるから，$\alpha(\bar{a}) = a/1 + IR_S$ により定まる準同型写像 $\alpha : R/I \longrightarrow R_S/IR_S$ が存在する[96]．ただし，$\bar{a} = a + I$ である．α が次の 3 つ条件

[96] 定理 2.3.13.

(1) $\bar{s} \in \overline{S}$ ならば，$\alpha(\bar{s})$ は R_S/IR_S の単元である，
(2) $\alpha(\bar{a}) = 0 \Longrightarrow \exists \bar{s} \in \overline{S}, \bar{s}\bar{a} = 0$,
(3) R_S/IR_S の任意の元はある元 $a \in R, s \in S$ が存在して，$\alpha(\bar{a})\alpha(\bar{s})^{-1}$ という形で表される，

が満たされるならば，命題 4.1.11 より，同型写像 $(R/I)_{\overline{S}} \cong R_S/IR_S$ が得られる．よって，以下 (1),(2),(3) が成り立つことを確かめればよい．

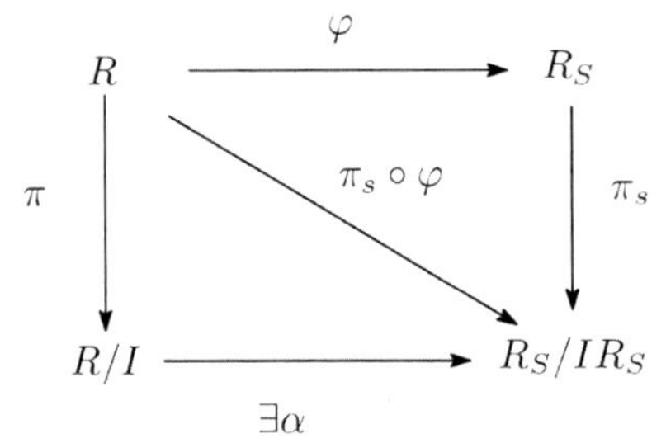

(1) $\bar{s} \in \overline{S}$とする．$1/s+IR_S \in R_S/IR_S$かつ$(s/1+IR_S)(1/s+IR_S) = 1/1+IR_S$であるから，$\alpha(\bar{s}) = s/1+IR_S$は$R_S/IR_S$の単元である．

(2) $\alpha(\bar{a}) = 0$とする．

$$\begin{aligned}\alpha(\bar{a}) = 0 \quad &\Longrightarrow \quad a/1 + IR_S = IR_S \ ^{97)} \\ &\Longrightarrow \quad a/1 \in IR_S \\ &\Longrightarrow \quad a/1 = b/t,\ \exists b \in I,\ \exists t \in S \\ &\Longrightarrow \quad \exists s \in S,\ sta = sb \in I \\ &\Longrightarrow \quad \exists\,\overline{st} \in \overline{S},\ \overline{st}\bar{a} = 0.\end{aligned}$$

97) R_S/IR_S の 0 は IR_S である．

(3) R_S/IR_Sのすべての元は$a/s + IR_S, a \in R, s \in S$と表される．このとき，

$$\begin{aligned}\alpha(\bar{a})\alpha(\bar{s})^{-1} &= (\frac{a}{1} + IR_S)(\frac{s}{1} + IR_S)^{-1} \\ &= (\frac{a}{1} + IR_S)(\frac{1}{s} + IR_S) = \frac{a}{s} + IR_S.\end{aligned}$$

したがって，$a/s + IR_S = \alpha(\bar{a})\alpha(\bar{s})^{-1}$ 成り立つ． □

次に，よく用いられる積閉集合の例を見ておこう．

命題 4.1.13 Pを環Rの素イデアルとする．$S = R \setminus P$は積閉集合であり，Sによる分数環$S^{-1}R$をR_Pと書く．このとき，R_PはPR_Pを極大イデアルとする局所環である．

（証明）Sが積閉集合であることは次のようである．明らかに$1 \in S$であり，

$$s \in S, t \in S \implies s \notin P, t \notin P \implies st \notin P \Longrightarrow st \in S.$$

このとき，Sによる分数環$S^{-1}R$をR_Pと書く．このとき，

$$\mathfrak{m} := \left\{ \frac{a}{s} \in R_P \mid a \in P \right\}$$

とおく．この表現は well defined であり（問 4.4），$\mathfrak{m}$ は R_P のイデアルである．なぜなら，

$$\text{(i)} \quad \frac{a}{s}, \ \frac{b}{t} \in \mathfrak{m} \quad \Longrightarrow \quad \frac{a}{s} + \frac{b}{t} = \frac{at+bs}{st} \in \mathfrak{m}$$
$$(\because \ a, b \in P \Longrightarrow at + bs \in P)$$

[98]

$$\text{(ii)} \quad \frac{a}{s} \in R_P, \ \frac{b}{t} \in \mathfrak{m} \quad \Longrightarrow \quad \frac{a}{s} \cdot \frac{b}{t} = \frac{ab}{st} \in \mathfrak{m}$$
$$(\because \ b \in P \Longrightarrow ab \in P).$$

98) ∵は「なぜならば」を表す記号である．

次に，分数環 R_P はイデアル $\mathfrak{m}$ を極大イデアルとする局所環である．なぜなら，

$$\frac{a}{s} \notin \mathfrak{m} \iff a \notin P$$
$$\Longrightarrow \frac{a}{s} \text{ は } R_P \text{ の単元．}$$

したがって，$\mathfrak{m}$ に属さない元は単元であるから，命題 1.5.2 より，$(R, \mathfrak{m})$ は局所環である．極大イデアル $\mathfrak{m}$ は R の素イデアル P を局所環 R_P へ拡大したイデアルである．すなわち，$\mathfrak{m} = PR_P$ と表される（命題 4.3.1 参照）． □

問 4.4 P を環 R の素イデアルとし，$S = R \setminus P$ とおく．$S^{-1}R = R_P$ において，$a/s = b/t$ $(a, b \in R, s, t \in S)$ と仮定する．このとき，「$a \in P \iff b \in P$」が成り立つことを示せ．

問 4.5 上記命題 4.1.13 の $\mathfrak{m} = PR_P$ を証明せよ．

例 4.1.14 このほかによく用いられる積閉集合の例に以下のようなものがある．

(1) p を素数とする．有理整数環 $R = \mathbb{Z}$ における素イデアルを $P = (p)$ とするとき，$S = \mathbb{Z} \setminus P$ として得られる局所環は $R_P = \mathbb{Z}_{(p)}$ である．

(2) R を環とし，$f \in R$ とするとき，$S = \{1, f, f^2, \ldots\}$ は R の積閉集合である．この分数環を $A_f = S^{-1}R$ と書く．f がベキ零元のとき，$R_f = 0$ となる．

(3) I を環 R のイデアルとし，$1 + I = \{1 + a \mid a \in I\}$ とおくと，$1 + I$ は R の積閉集合となる（クルルの集合定理 6.2.1

の証明を参照せよ).

局所化という方法の威力が示される例として，次のような例がある.

例題 4.1.15 定理 1.4.6 において，$\mathrm{nil}(R) = \bigcap_{P \in \mathrm{Spec}\, R} P$ が成り立つことを述べた．この証明において，$\mathrm{nil}(R) \subset \bigcap_{P \in \mathrm{Spec}\, R} P$ は容易である．逆の包含関係の証明は対偶によって，

$$x \notin \mathrm{nil}(R) \implies \exists P \in \mathrm{Spec}(R), x \notin P$$

を示せばよい．これは局所化の方法を用いると次のようになされる.

$x \notin \mathrm{nil}(R)$ と仮定する．このとき，$S = \{1, x, x^2, \ldots\}$ は積閉集合になる．x はベキ零ではないので，$0 \notin S$ であり，また $1 \in S$ である．すると，命題 4.1.5 より，$0 \notin S \iff S^{-1}R \neq 0$ であるから，$S^{-1}R \neq 0$ である．すると，命題 1.3.7 より，環 $S^{-1}R$ の極大イデアル P' が存在する．このとき，$P = P' \cap R$ とおけば，P は R の素イデアルであり（命題 1.3.9），$P \cap S = \emptyset$ をみたす．これは $x \notin P$ を意味している.

4.2 R 加群の局所化

商環 $S^{-1}R$ の構成は R 加群 M に対しても同様に適用することができる．直積 $M \times S$ 上で，$x, y \in M, s, t \in S$ として，

$$(x, s) \sim (y, t) \iff \exists u \in S,\ u(tx - sy) = 0$$

なる関係を定義すると，この関係 $\sim$ は同値関係になることは環の場合と同様に確かめられる．このとき，

$$\frac{x}{s} := (x, s) \text{ の同値類} = \{(y, t) \mid (y, t) \sim (x, s)\}$$

とおき，$S^{-1}M$ によってこのようなすべての同値類の集合を表す．このとき，環の場合と同様 $S^{-1}M$ の上に加法とスカラー乗法を

$$\frac{x}{s} + \frac{y}{t} := \frac{tx + sy}{st}, \quad \frac{a}{u} \cdot \frac{x}{s} := \frac{ax}{us} \qquad \left(\frac{x}{s}, \frac{y}{t} \in S^{-1}M,\ \frac{a}{u} \in S^{-1}R\right)$$

によって定義することができる．$S^{-1}M$ はこれらの演算によって

$S^{-1}R$ 加群となることは容易に確かめられる．$S^{-1}M$ を S に関する局所化という．

環の場合と同様に，加群の場合にも S に関する局所化 $S^{-1}M$ を M_S と書くこともある．また R の素イデアルを P とするとき，積閉集合 $S = R \setminus P$ により局所化した分数環 $S^{-1}R$ を R_P で表したが，加群の場合にも，$S^{-1}M$ を M_P で表すことにする．M_P は R_P 加群である．また，$S = \{f^n\}_{n \in \mathbb{N}}$ のとき，同様にして，$M_f := S^{-1}M$，$R_f := S^{-1}R$ と表し，M_f は R_f 加群となる．

問 4.6 S を R の積閉集合とするとき，R 加群 M 対して定義した関係 $(x,s) \sim (y,t) \iff \exists u \in S,\ u(tx - sy) = 0$ は同値関係であることを確かめよ．ただし，$x, y \in M, s, t, u \in S$ である．

問 4.7 上で定義した加法とスカラー乗法によって，$S^{-1}M$ は $S^{-1}R$ 加群になることを確かめよ．

命題 4.2.1 $f : M \longrightarrow N$ を R 加群の準同型写像とする．R の積閉集合 S による分数環を $S^{-1}R$ とすると，$S^{-1}R$ 加群 $S^{-1}M$ から $S^{-1}N$ への $S^{-1}R$ 加群の準同型写像 $S^{-1}f : S^{-1}M \longrightarrow S^{-1}N$ が存在して，次の図式が可換になる．

$$\begin{array}{ccc} M & \xrightarrow{f} & N \\ {\scriptstyle \varphi_M}\downarrow & & {\scriptstyle \varphi_N}\downarrow \\ S^{-1}M & \xrightarrow[S^{-1}f]{} & S^{-1}N \end{array}, \qquad S^{-1}f\left(\frac{x}{s}\right) := \frac{f(x)}{s}.$$

（証明）(1) $S^{-1}f$ が定義されること：

$x/s \in S^{-1}M$ に対して，$f(x)/s \in S^{-1}N$ を対応させると，この対応は写像となる．

$$\begin{array}{rccc} S^{-1}f & : S^{-1}M & \longrightarrow & S^{-1}N \\ & \dfrac{x}{s} & \longmapsto & \dfrac{f(x)}{s} \\ & \| & & \| \ ? \\ & \dfrac{y}{t} & \longmapsto & \dfrac{f(y)}{t} \end{array}$$

すなわち，

$$\frac{x}{s} = \frac{y}{t} \implies \frac{f(x)}{s} = \frac{f(y)}{t}$$

を示せばよい．これは次のようである．

$$\begin{aligned}
\frac{x}{s} = \frac{y}{t} &\implies \exists u \in S,\ u(tx - sy) = 0 \\
&\implies \exists u \in S,\ f\bigl(u(tx - sy)\bigr) = 0 \\
&\implies \exists u \in S,\ (ut)f(x) - (us)f(y) = 0 \\
&\implies \exists u \in S,\ u\bigl(tf(x) - sf(y)\bigr) = 0 \\
&\implies \frac{f(x)}{s} = \frac{f(y)}{t}.
\end{aligned}$$

したがって，x/s の代表元 (x, s) の選び方に依存せず $f(x)/s$ が定まるので，写像 $(S^{-1}f) : S^{-1}M \longrightarrow S^{-1}N$ を，

$$(S^{-1}f)\left(\frac{x}{s}\right) := \frac{f(x)}{s}$$

として定義することができる．

(2) $S^{-1}f$ は $S^{-1}R$ 準同型写像である．すなわち，

$$\begin{aligned}
(S^{-1}f)\left(\frac{x}{s} + \frac{y}{t}\right) &= (S^{-1}f)\left(\frac{x}{s}\right) + (S^{-1}f)\left(\frac{y}{t}\right), \quad \frac{x}{s}, \frac{y}{t} \in S^{-1}M \\
(S^{-1}f)\left(\frac{a}{u} \cdot \frac{x}{s}\right) &= \frac{a}{u} \cdot (S^{-1}f)\left(\frac{x}{s}\right), \quad \frac{a}{u} \in S^{-1}R,\ \frac{x}{s} \in S^{-1}M.
\end{aligned}$$

これらは次のように確かめられる．

$$\begin{aligned}
(S^{-1}f)\left(\frac{x}{s} + \frac{y}{t}\right) &= (S^{-1}f)\left(\frac{tx + sy}{st}\right) \\
&= \frac{f(tx + sy)}{st} = \frac{tf(x) + sf(y)}{st} \\
&= \frac{tf(x)}{st} + \frac{sf(y)}{st} = \frac{f(x)}{s} + \frac{f(y)}{t} \\
&= (S^{-1}f)\left(\frac{x}{s}\right) + (S^{-1}f)\left(\frac{y}{t}\right). \\
(S^{-1}f)\left(\frac{a}{u} \cdot \frac{x}{s}\right) &= (S^{-1}f)\left(\frac{ax}{us}\right) = \frac{f(ax)}{us} = \frac{af(x)}{us} \\
&= \frac{a}{u} \cdot \frac{f(x)}{s} = \frac{a}{u} \cdot (S^{-1}f)\left(\frac{x}{s}\right).
\end{aligned}$$

(3) $(S^{-1}f) \circ \varphi_M = \varphi_N \circ f$ が成り立つこと： $x \in M$ とする．

$$(S^{-1}f) \circ \varphi_M(x) = (S^{-1}f)(\varphi_M(x)) = (S^{-1}f)\left(\frac{x}{1}\right) = \frac{f(x)}{1},$$

$$\varphi_N \circ f(x) = \varphi_N\bigl(f(x)\bigr) = \frac{f(x)}{1}.$$

したがって，$(S^{-1}f)\circ\varphi_M = \varphi_N \circ f$ が成り立つ． □

命題 4.2.2 $M \xrightarrow{f} N \xrightarrow{g} L$ を R 加群の準同型写像の列とするとき，

$$S^{-1}(g\circ f) = (S^{-1}g)\circ(S^{-1}f)$$

が成り立つ．

（証明）

$$\begin{aligned} S^{-1}(g\circ f)\Bigl(\frac{x}{s}\Bigr) &= \frac{gf(x)}{s} = \frac{g(f(x))}{s} \\ &= (S^{-1}g)\Bigl(\frac{f(x)}{s}\Bigr) = (S^{-1}g)\Bigl((S^{-1}f)\Bigl(\frac{x}{s}\Bigr)\Bigr) \\ &= (S^{-1}g)\circ(S^{-1}f)\Bigl(\frac{x}{s}\Bigr). \end{aligned}$$ □

定理 4.2.3 S^{-1} をとる操作は完全である．すなわち，

$$M' \xrightarrow{f} M \xrightarrow{g} M''$$

が R 加群の完全系列ならば，次の $S^{-1}R$ 加群の系列も完全系列である．

$$S^{-1}M' \xrightarrow{S^{-1}f} S^{-1}M \xrightarrow{S^{-1}g} S^{-1}M''.$$

（証明）$\mathrm{Im}\,(S^{-1}f) = \mathrm{Ker}\,(S^{-1})g$ を示せばよい．

(1) $\mathrm{Im}\,(S^{-1}f) \subset \mathrm{Ker}\,(S^{-1}g)$ であること： もとの列が完全系列であるから，

$$\begin{aligned} \mathrm{Im}\, f = \mathrm{Ker}\, g &\Longrightarrow \mathrm{Im}\, f \subset \mathrm{Ker}\, g \\ &\Longrightarrow g\circ f = 0 \\ &\Longrightarrow (S^{-1}g)\circ(S^{-1}f) = S^{-1}(g\circ f) = S^{-1}(0) = 0 \\ &\Longrightarrow (S^{-1}g)\circ(S^{-1}f) = 0 \\ &\Longrightarrow \mathrm{Im}\,(S^{-1}f) \subset \mathrm{Ker}\,(S^{-1}g). \end{aligned}$$

(2) $\mathrm{Im}\,(S^{-1}f) \supset \mathrm{Ker}\,(S^{-1}g)$ であること： $\dfrac{x}{s} \in \mathrm{Ker}\,(S^{-1}g)$ とする．

$$
\begin{aligned}
\frac{x}{s} \in \operatorname{Ker}(S^{-1}g) &\Longrightarrow (S^{-1}g)\left(\frac{x}{s}\right) = 0 \\
&\Longrightarrow \frac{g(x)}{s} = 0 \\
&\Longrightarrow \exists t \in S,\ tg(x) = 0 \\
&\Longrightarrow \exists t \in S,\ g(tx) = 0 \\
&\Longrightarrow \exists t \in S,\ tx \in \operatorname{Ker} g = \operatorname{Im} f \\
&\Longrightarrow \exists x' \in M',\ f(x') = tx.
\end{aligned}
$$

このとき，$S^{-1}M$ において，

$$
\frac{x}{s} = \frac{tx}{ts} = \frac{f(x')}{st} = (S^{-1}f)\left(\frac{x'}{st}\right) \in \operatorname{Im}(S^{-1}f).
$$

以上で，$\dfrac{x}{s} \in \operatorname{Ker}(S^{-1}g)$ ならば，$\dfrac{x}{s} \in \operatorname{Im}(S^{-1}f)$ となることを示したので，$\operatorname{Im}(S^{-1}f) \supset \operatorname{Ker}(S^{-1}g)$ が示された． □

問 4.8 定理 4.2.3 における証明において，$\operatorname{Im} f \subset \operatorname{Ker} g \Longleftrightarrow g \circ f = 0$ を確かめよ．

M' を M の部分 R 加群とすると，$0 \longrightarrow M' \longrightarrow M$ は完全系列である．すると，定理 4.2.3 より $0 \longrightarrow S^{-1}M' \longrightarrow S^{-1}M$ は $S^{-1}R$ 加群の完全系列である．ゆえに，$S^{-1}M'$ は $S^{-1}M$ の部分 $S^{-1}R$ 加群とみることができる．この同一視によって，次の命題が成り立つ．

命題 4.2.4 加群を局所化する操作は，加群の有限和，有限の共通集合，剰余加群をとる操作と可換である．すなわち，N, L を R 加群 M の部分 R 加群とするとき，次が成り立つ．

(1) $S^{-1}(N+L) = S^{-1}N + S^{-1}L$.

(2) $S^{-1}(N \cap L) = S^{-1}N \cap S^{-1}L$.

(3) $S^{-1}(M/N) \cong S^{-1}M/S^{-1}N$.

（証明）(1) 上でみたように $S^{-1}N$ と $S^{-1}L$ は $S^{-1}(N+L)$ の部分 $S^{-1}R$ 加群と考えられるから，部分加群の和 $S^{-1}N + S^{-1}L$ が考えられる．これは $S^{-1}(N+L)$ の部分 $S^{-1}R$ 加群である．ゆえに，

$$
S^{-1}N + S^{-1}L \subset S^{-1}(N+L).
$$

一方，$S^{-1}(N+L)$ の任意の元は，

$$\frac{x+y}{s} \quad (s \in S, x \in N, y \in L)$$

と表されるが，

$$\frac{x+y}{s} = \frac{x}{s} + \frac{y}{s} \in S^{-1}N + S^{-1}L$$

である．よって，

$$S^{-1}N + S^{-1}L \supset S^{-1}(N+L)$$

が成り立つので，(1) が示された．

(2) $S^{-1}(N \cap L) = S^{-1}N \cap S^{-1}L$ の証明．

$N \cap L \subset N, L$ であるから，$S^{-1}(N \cap L) \subset S^{-1}N \cap S^{-1}L$ が成り立つ．よって，$S^{-1}(N \cap L) \supset S^{-1}N \cap S^{-1}L$ を示せばよい．

$\xi \in S^{-1}N \cap S^{-1}L$ と仮定する．

$$\begin{cases} \xi \in S^{-1}N \implies \xi = \dfrac{y}{s} \ (\exists y \in N, \exists s \in S), \\ \xi \in S^{-1}L \implies \xi = \dfrac{z}{t} \ (\exists z \in L, \exists t \in S) \end{cases}$$

$$\implies \frac{y}{s} = \frac{z}{t}$$

$$\implies \exists u \in S,\ u(ty - sz) = 0$$

$$\implies uty = usz.$$

ここで，$w = uty = usz$ とおけば，

$$w = uty \in N, \quad w = usz \in L \implies w \in N \cap L.$$

すると，

$$\xi = \frac{y}{s} = \frac{tuy}{stu} = \frac{w}{stu} \in S^{-1}(N \cap L).$$

ゆえに，$\xi \in S^{-1}(N \cap L)$ となる．したがって，$S^{-1}(N \cap L) = S^{-1}N \cap S^{-1}L$ が証明された．

(3) $S^{-1}(M/N) \cong S^{-1}M/S^{-1}N$ であること：R 加群の完全系列

$$0 \longrightarrow N \xrightarrow{f} M \xrightarrow{g} M/N \longrightarrow 0$$

がある．定理 4.2.3 より，

$$0 \longrightarrow S^{-1}N \xrightarrow{S^{-1}f} S^{-1}M \xrightarrow{S^{-1}g} S^{-1}(M/N) \longrightarrow 0 \qquad (*)$$

はまた $S^{-1}R$ 加群の完全系列である．すると，第1同型定理 2.3.14 より，

$$S^{-1}M/\operatorname{Ker} S^{-1}g \cong S^{-1}(M/N)$$

が成り立つ．ここで，完全系列 $(*)$ より，

$$\operatorname{Ker} S^{-1}g = \operatorname{Im} S^{-1}f \cong S^{-1}N$$

であるから，$S^{-1}(M/N) \cong S^{-1}M/S^{-1}N$ が成り立つ． □

4.3 分数環への拡大イデアルと縮約イデアル

R を環，$S \subset R$ を積閉集合として，

$$\varphi : R \longrightarrow S^{-1}R, \quad \varphi(a) = \frac{a}{1}$$

を標準的な準同型写像とする．I を R のイデアルとするとき，I を $S^{-1}R$ へ拡大したイデアル I^e は I の像 $\varphi(I)$ によって生成されたイデアル $I^e = \varphi(I)S^{-1}R = I(S^{-1}R)$ のことである（定義 1.2.5）．一方，イデアル I を R 加群とみたときの S による局所化 $S^{-1}I$ は分数環 $S^{-1}R$ のイデアルである．なぜなら，定理 4.2.3 より，

$$\begin{aligned} &0 \longrightarrow I \longrightarrow R \ : R \text{ 加群の完全系列} \\ &\qquad \Longrightarrow 0 \longrightarrow S^{-1}I \longrightarrow S^{-1}R \ : S^{-1}R \text{ 加群の完全系列} \end{aligned}$$

であるから，$S^{-1}I$ は $S^{-1}R$ に含まれていると考えることができ，この同一視により $S^{-1}I$ は分数環 $S^{-1}R$ の部分 $S^{-1}R$ 加群である．すなわち，$S^{-1}I$ は $S^{-1}R$ のイデアルである．ここで，$S^{-1}I$ は次のような集合である．

$$S^{-1}I = \left\{ \frac{a}{s} \mid a \in I,\ s \in S \right\} \subset S^{-1}R.$$

このとき，$S^{-1}I$ はイデアル I の分数環 $S^{-1}R$ への拡大イデアルであることが次の命題で示される．

$$i.e. \quad I(S^{-1}R) = S^{-1}I.$$

命題 4.3.1　拡大イデアル $I(S^{-1}R)$ は次の性質をもつ.

(1) $I(S^{-1}R) = S^{-1}I$ [99].

(2) $I(S^{-1}R) = S^{-1}R \iff I \cap S \neq \emptyset$.

(3) $I = a_1R + a_2R + \cdots + a_nR$
$\implies I(S^{-1}R) = a_1(S^{-1}R) + \cdots + a_n(S^{-1}R)$ [100].

(4) $I(S^{-1}R) \cap R \supset I$ [101].

[99] i.e. $I^c = S^{-1}I$.

[100] これは, I が有限生成ならば, 拡大イデアル $I(S^{-1}R)$ も有限生成であることを意味している.

[101] i.e. $I^{ec} \supset I$.

(証明) (1) (i) $I(S^{-1}R) \subset S^{-1}I$ を示す. $x \in I(S^{-1}R) = \varphi(I)S^{-1}R$ とすると, 定義より x は $b_i \in I$, $c_i \in R, s_i \in S$ として,

$$x = \sum_{i=1}^{n} \varphi(b_i)\frac{c_i}{s_i} = \sum_{i=1}^{n} \frac{b_i}{1} \cdot \frac{c_i}{s_i} = \sum_{i=1}^{n} \frac{b_ic_i}{s_i}$$

と表される. すると,

$$\begin{aligned} x = \sum_{i=1}^{n} \frac{b_ic_i}{s_i} &= \frac{(b_1c_1)t_1 + \cdots + (b_nc_n)t_n}{s_1 \cdots s_n} \ ^{102)} \\ &= \frac{a_1 + \cdots + a_n}{s} \ ^{103)} \\ &= \frac{a}{s} \in S^{-1}I \ ^{104)}. \end{aligned}$$

[102] $t_i = \prod_{j \neq i} s_j$.

[103] $a_i = t_i(b_ic_i) \in I$, $s = s_1 \cdots s_n \in S$.

[104] $a = a_1 + \cdots + a_n \in I$.

したがって, $I(S^{-1}R) \subset S^{-1}I$ が示された.

(ii) $I(S^{-1}R) \supset S^{-1}I$ を示す.

$x \in S^{-1}I$ とすると, ある元 $a \in I, s \in S$ によって, $x = a/s$ と表される. すると,

$$x = \frac{a}{s} \in S^{-1}I \implies x = \frac{a}{s} = \frac{a}{1} \cdot \frac{1}{s} \in \varphi(I)S^{-1}R = IS^{-1}R.$$

ゆえに, $I(S^{-1}R) \supset S^{-1}I$ が示された.

(2) ($\Longrightarrow$) $I(S^{-1}R) = S^{-1}R$ と仮定する. このとき,

$$\begin{aligned} 1 \in S^{-1}R = I(S^{-1}R) \quad &\implies \quad 1 = \frac{a}{s}, \ \exists a \in I, \exists s \in S \\ &\implies \quad ts = ta \in I, \ \exists t \in S \\ &\implies \quad ts \in I \cap S \implies I \cap S \neq \emptyset. \end{aligned}$$

($\Longleftarrow$) $s \in I \cap S$ と仮定すると, $1/1 = s/s \in I(S^{-1}R)$ である. したがって, $I(S^{-1}R)$ は単元 $1/1$ を含むので, $I(S^{-1}R) = S^{-1}R$ となる.

(3) $x \in I(S^{-1}R)$ とすると, (1) より $x = a/s, a \in I, s \in S$ と表さ

れる．すると仮定より $a = a_1 b_1 + \cdots + a_n b_n, b_i \in R$ と表されるので，

$$
\begin{aligned}
x = \frac{a}{s} &= \frac{a_1 b_1 + \cdots + a_n b_n}{s} \\
&= \frac{a_1 b_1}{s} + \cdots + \frac{a_n b_n}{s} \\
&= \frac{a_1}{1}\frac{b_1}{s} + \cdots + \frac{a_n}{1}\frac{b_n}{s}.
\end{aligned}
$$

したがって，$I(S^{-1}R) \subset a_1(S^{-1}R) + \cdots + a_n(S^{-1}R)$ が示された．逆の包含関係は明らかである．

(4) これは拡大イデアルと縮約イデアルの定義と写像の一般的性質から導かれる．すなわち，命題 1.2.7 より $I \subset I^{ec}$ が成り立つ．□

注意　命題 4.3.1 において，拡大イデアル $I(S^{-1}R)$ は $S^{-1}I$ に一致することを示した．すなわち，

$$
I(S^{-1}R) = \left\{ \frac{a}{s} \mid a \in I,\ s \in S \right\}.
$$

ここで，$R_S = S^{-1}R$ の元 a/s について必ずしも，

$$
\frac{a}{s} \in I(S^{-1}R) \implies a \in I
$$

は成り立たないことに注意しよう．これは，$a/s \in I(S^{-1}R)$ とすると，ある元 $b \in I$ によって $a/s = b/t$ と表される．このとき，ある $u \in S$ が存在して $atu = bsu$ となる．ゆえに，$atu \in I$ が成り立つ．しかし，一般にこれから $a \in I$ であることは導けない．

命題 4.3.2　環 R の積閉集合を S とする．P を R の素イデアルとし，$P \cap S = \emptyset$ とする．このとき，命題 4.3.1 の (2) より，$PR_S \neq R_S$ であり，

$$
\frac{a}{s} \in PR_S \iff a \in P
$$

が成り立つ．ただし，$R_S = S^{-1}R$ である．

（証明）$(\Longleftarrow)$ は明らかであり，$(\Longrightarrow)$ は次のようである．

$$
\begin{aligned}
\frac{a}{s} \in PR_S &\Longrightarrow \frac{a}{s} = \frac{b}{t}, \exists b \in P, \exists t \in S \\
&\Longrightarrow atu = bsu \in P, \exists b \in P, \exists t. u \in S \\
&\Longrightarrow atu \in P, tu \in S \\
&\Longrightarrow atu \in P, tu \notin P.
\end{aligned}
$$

$$\Longrightarrow a \in P. \qquad \square$$

一般に，$f : R \longrightarrow R'$ を環準同型写像とするとき，R' のイデアル J に対して $f^{-1}(J)$ は R のイデアルであるが（命題 1.1.11），これを直感的イメージによって $R \cap J$ と書く場合も多い．R が R' の部分環で f が埋め込みならば，これは集合論的共通部分に一致するが，一般の場合はそうではない．

また，I を R のイデアルとするとき，I の R' への拡大イデアルは $I^e = f(I)R'$ であるが，これも通常混乱が生じない場合は $I^e = IR'$ と書くことに注意しよう．

命題 4.3.3　分数環 R_S のすべてのイデアルは R のイデアルの拡大イデアルである．すなわち，I' を R_S のイデアルとするとき，

$$I' = (I' \cap R)R_S, \quad i.e.\ I' = (I')^{ce}$$

が成り立つ．特に，I を R のイデアルとして $I' = I^e = IR_S$ であるとき，次の式が成り立つ．

$$IR_S = (IR_S \cap R)R_S.$$

（証明）命題 1.2.7 より，$I' \supset (I')^{ce}$ が成り立つので，$I' \subset (I')^{ce}$ を示せばよい．$\dfrac{x}{s} \in I'$ とする．

$$\begin{aligned}\frac{x}{s} \in I' &\Longrightarrow \frac{x}{1} = \frac{s}{1} \cdot \frac{x}{s} \in I' \Longrightarrow \varphi(x) \in I' \\ &\Longrightarrow x \in \varphi^{-1}(I') = (I')^c \\ &\Longrightarrow \frac{x}{s} \in S^{-1}(I')^c = ((I')^c)^e = (I')^{ce}.\ ^{105)}\end{aligned} \qquad \square$$

105) 命題 4.3.1 に注意．

命題 4.3.4　S を R の積閉集合とする．R がネーター環ならば，分数環 R_S もネーター環である．

（証明）I' を R_S のイデアルとする．命題 4.3.3 より，R のあるイデアル I が存在して $I' = IR_S$ と表される．仮定より，I は有限生成である．すると，命題 4.3.1 の (3) より $I' = IR_S$ も有限生成である．　$\square$

命題 4.3.5　環 R と分数環 $R_S = S^{-1}R$ の素イデアルについて次

が成り立つ.

(1) P' が R_S の素イデアルならば, R への縮約イデアル $P := P' \cap R$ も R の素イデアルであり, $P \cap S = \emptyset$ をみたす.

(2) 逆に, P が $P \cap S = \emptyset$ をみたす R の素イデアルならば, P の拡大イデアル PR_S も R_S の素イデアルである.

(証明) (1) $\varphi : R \longrightarrow R_S$ を標準写像とする. これは単射とは限らない (定義 4.1.6). P' を R_S の素イデアルとするとき, $P = \varphi^{-1}(P') = P' \cap R$ は P' の R への縮約イデアルである (命題 1.1.11). これが素イデアルであることは命題 1.3.9 よりより分かる.

また, $P \cap S \neq \emptyset$ とすると,

$$\begin{aligned} P \cap S \neq \emptyset &\implies \exists s \in P \cap S \\ &\implies s \in P = \varphi^{-1}(P'),\ s \in S \\ &\implies \frac{s}{1} = \varphi(s) \in P',\ s \in S. \end{aligned}$$

ここで, $s \in S$ であるから, $s/1$ は $S^{-1}R$ の単元である (命題 4.1.5, (2)). ゆえに, $P' = R$ となり, これは P' が $S^{-1}R$ の素イデアルであることに矛盾する. したがって, $P \cap S = \emptyset$ である.

(2) 拡大イデアル PR_S が素イデアルであることを示す. $P \cap S = \emptyset$ ならば $PR_S \neq R_S$ である (命題 4.3.1, (2) 参照). よって,

$$xy \in PR_S, y \notin PR_S \implies x \in PR_S$$

を示せばよい. これは次のようである. x と y は $x = a/s, y = b/t$ $(a, b \in R, s, t \in S)$ と表される. すると,

$$\begin{aligned} \frac{a}{s} \cdot \frac{b}{t} \in PR_S,\ \frac{b}{t} \notin PR_S &\implies \frac{ab}{st} \in PR_S,\ \frac{b}{t} \notin PR_S \\ &\implies ab \in P,\ b \notin P \ ^{106)} \\ &\implies a \in P \\ &\implies \frac{a}{s} \in PR_S. \end{aligned}$$

□

106) 命題 4.3.2.

定理 4.3.6 $R_S = S^{-1}R$ のすべての素イデアルの集合は, S と共通部分をもたない R のすべての素イデアルの集合と 1 対 1($P \longleftrightarrow PR_S = P^e$) に対応する.

拡大イデアルと縮約イデアルの記号を用いれば, このことは次

のように表現することができる．すなわち，R の素イデアル P で $P \cap S = \emptyset$ をみたすものと，R_S の素イデアル P' に対して次が成り立つ．

$$\boxed{(P' \cap R)R_S = P', \qquad PR_S \cap R = P.}$$

（証明）$\mathscr{A} = \{P \in \mathrm{Spec}(R) \mid P \cap S = \emptyset\}$ とおく．$P \cap S = \emptyset$ をみたす R の素イデアル P に対して，命題 4.3.5 の (2) より PR_S は R_S の素イデアルである．ゆえに，

$$\Phi : \mathscr{A} \longrightarrow \mathrm{Spec}(R_S), \quad \Phi(P) = PR_S = P^e$$

なる写像が定義される．

逆に，$P' \in \mathrm{Spec}(R_S)$ としたとき，P' の R への縮約 $(P')^c = P' \cap R = \varphi^{-1}(P')$ は，命題 4.3.5, (1) より R の素イデアルであり，$(P')^c \cap S = \emptyset$ が成り立つ．ゆえに，$(P')^c \in \mathscr{A}$ となる．したがって，

$$\Psi : \mathrm{Spec}(R_S) \longrightarrow \mathscr{A}, \quad \Psi(P') = (P')^c = P' \cap R$$

なる写像が定義される．

このとき，Φ と Ψ は互いに逆写像である．すなわち，$\mathscr{B} = \mathrm{Spec}(R_S)$ とおけば，

$$\Phi \circ \Psi = \mathrm{id}_{\mathscr{B}}, \quad \Psi \circ \Phi = \mathrm{id}_{\mathscr{A}}$$

が成り立つことが次のように示される．

$\Phi \circ \Psi = \mathrm{id}_{\mathscr{B}}$ であること：$P' \in \mathscr{B}$ とすると，命題 4.3.3 より

$$\Phi \circ \Psi(P') = \Phi((P')^c) = ((P')^c)^e = (P')^{ce} = P'$$

となる．

$\Psi \circ \Phi = \mathrm{id}_{\mathscr{A}}$ であること：$P \in \mathscr{A}$ とすると，

$$\Psi \circ \Phi(P) = \Psi(P^e) = P^{ec} = P.$$

ここで，$P^{ec} = P$ であることは次のようにして分かる．命題 4.3.1, (4) より一般に $P^{ec} \supset P$ が成り立つ．逆に，命題 4.3.2 に注意すれば，

$$a \in P^{ec} \Longrightarrow a \in \varphi^{-1}(P^e) \Longrightarrow \varphi(a) \in PR_S$$

$$\Longrightarrow \ \frac{a}{1} \in PR_S \ \Longrightarrow \ a \in P \text{ }^{107)}$$

107) 命題 4.3.2.

が成り立つ．ゆえに，$P^{ec} \subset P$ が得られ $P^{ec} = P$ となる． □

命題 4.3.7 P を R の素イデアルとするとき，局所環 R_P は PR_P を極大イデアルとする局所環である．このとき，R_P の素イデアル Q' に対して R の縮約イデアル $Q' \cap R$ を対応させ，逆に P に含まれている R の素イデアル Q に対して拡大イデアル QR_P を対応させる写像は互いに逆写像である．この対応により，局所環 R_P のすべての素イデアルの集合と P に含まれている R のすべての素イデアルの集合は 1 対 1 に対応する．ゆえに，局所環 R_P のすべての素イデアルは $Q \subset P$ をみたす R の素イデアル Q によって QR_P と表される．

$$(Q' \cap R)R_P = Q', \qquad QR_P \cap R = Q.$$

（証明）定理 4.3.6 において，$S = R \setminus P$ と考えればよい．このとき，命題 4.1.13 より，$R_S = R_P$ は PR_P を極大イデアルとする局所環である．R の素イデアル Q に対して，$Q \subset P \Leftrightarrow Q \cap S = \emptyset$ であるから，定理 4.3.6 において用いた記号では $\mathscr{A} := \{Q \in \mathrm{Spec}(R) \mid Q \subset P\}$ となる．このとき定理 4.3.6 より，$Q \subset P$ をみたす R の素イデアル Q に対して，局所環 $R_S = R_P$ の素イデアル QR_P を対応させる写像は全単射となる．

$$\begin{array}{ccc} \mathscr{A} = \{Q \in \mathrm{Spec}(R) \mid Q \subset P\} & \longrightarrow & \mathrm{Spec}(R_P) \\ Q & \longmapsto & Q^e = QR_P \\ Q' \cap R & \longleftarrow & Q' \end{array}$$

□

注意 (1) P を R の素イデアルとするとき，命題 4.3.7 による対応により同一視して，環 R から局所環 R_P へ移行すれば，R の素イデアルから P に含まれない R の素イデアルは取り除かれる．したがって，P に含まれるイデアルのみを考えればよいことになる．

逆に考えれば，P に含まれるイデアルのみを考えたいときには，局所環 R_P を考えればよい．

(2) また，素イデアル P による剰余環 R/P を考えると，R/P の素イデアルはすべて P を含む R の素イデアル Q により P/Q と表される（対応定理 1.1.17）．したがって，環 R から剰余環 R/P へ移行して考えると，対応定理による同一視をすれば，R の素イデアルから P に含まれている素イデアルは取り除かれる．

したがって，P を含んでいる素イデアルのみを考えれば十分な場合は，剰余環 R/P を考えればよいことになる．

$$\begin{array}{ccc} \{Q \in \mathrm{Spec}(R) \mid Q \supset P\} & \longrightarrow & \mathrm{Spec}(R/P) \\ Q\ (\supset P) & \longmapsto & Q/P \end{array}$$

命題 4.3.8 環 R の素イデアルを P, Q として，$Q \subset P$ をみたしていると仮定する．とする．$S = R \setminus P$ とおく．このとき，次が成り立つ．

(1) $(R/Q)_{P/Q} \cong R_P/QR_P$.

(2) 特に，$P = Q$ のときは，$(R/P)_{P/P} \cong R_P/PR_P$．これは整域 R/P の分数体が剰余体 R_P/PR_P と同型になることを示している．

（証明）(1) 標準全射を $\pi : R \longrightarrow R/Q$ とし，$\overline{S} = \pi(S)$ とおく．命題 4.1.12 より，

$$R_S/QR_S \cong (R/Q)_{\overline{S}}$$

が成り立つ．左辺は $R_S/QR_S = R_P/QR_P$ である．また，$\overline{S} = (R/Q) \setminus (P/Q)$ が成り立つので，求める同型が得られる．

(2) $P = Q$ のとき，(1) より，$(R/P)_{P/P} \cong R_P/PR_P$ が成り立つ．

□

$$\begin{array}{ccc} R & \xrightarrow{\ \varphi\ } & R_P \\ {\scriptstyle\pi}\downarrow & & \downarrow{\scriptstyle\pi} \\ R/Q & \xrightarrow{\ \varphi\ } & (R/Q)_{P/Q} \cong R_P/QR_P \end{array}$$

問 4.9 上記命題の証明の中で，$\overline{S} = (R/Q) \setminus (P/Q)$ を確認せよ．

注意 $(R/P)_{P/P}$ は整域 R/P の商体である．

P は R の素イデアルであるから，その剰余環 R/P は整域である（命題 1.3.3）．また，$P/P = (\overline{0})$ は R/P の零イデアルであり，これは R/P の素イデアルである．すると，$(R/P)^{\times} = R/P \setminus \{\overline{0}\}$ は R/P の積閉集合であるから，その局所化 $(R/P)_{P/P} = (R/P)_{(\overline{0})} = \overline{R}_{(\overline{0})}$ は整域 $\overline{R}$ の分数体であることを意味している（定義 4.1.7 参照）．

したがって，$(R/P)_{(\overline{0})} \cong R_P/PR_P$ によって，整域 $\overline{R} = R/P$ の分数体は局所環 R_P の剰余体に同型であることが分かる．

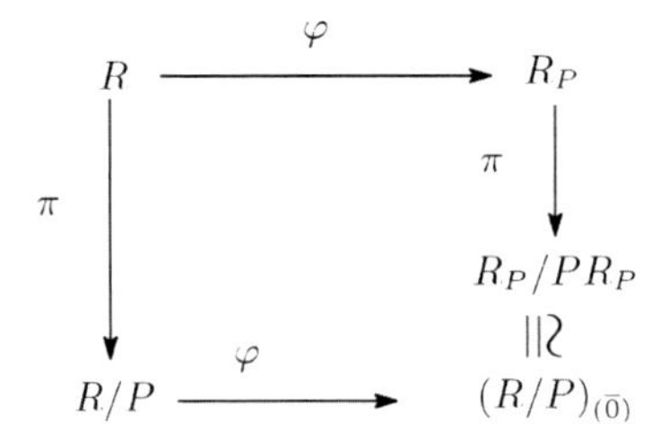

ここで，φ は環の局所化の標準写像を，π は剰余環への標準全射を表している．なお，この同型による元の対応は次のようである．

$$(R/P)_{(\bar{0})} \cong R_P/PR_P, \quad \frac{\overline{x}}{\overline{s}} \longleftrightarrow \frac{x}{s} + PR_P.$$

命題 4.3.9 局所化する操作はイデアルの有限和，積，共通集合および根基をとる操作と交換可能（可換）である．すなわち，S を R の積閉集合とし，I や $I_1, \dots, I_n$ を環 R のイデアルとする．このとき次が成り立つ．

(1) $S^{-1}(I_1 + \cdots + I_n) = S^{-1}I_1 + \cdots + S^{-1}I_n$.
　$(I_1 + \cdots + I_n)^e = (I_1)^e + \cdots + (I_n)^e$.

(2) $S^{-1}(I_1 \cdots I_n) = (S^{-1}I_1) \cdots (S^{-1}I_n)$.
　$(I_1 \cdots I_n)^e = (I_1)^e \cdots (I_n)^e$.

(3) $S^{-1}(I_1 \cap \cdots \cap I_n) = S^{-1}I_1 \cap \cdots \cap S^{-1}I_n$.
　$(I_1 \cap \cdots \cap I_n)^e = (I_1)^e \cap \cdots \cap (I_n)^e$.

(4) $S^{-1}(\sqrt{I}) = \sqrt{S^{-1}I}$.
　$(\sqrt{I})^e = \sqrt{I^e}$.

（証明）加群のときに加法に関する部分は証明したが（命題 4.2.4,(1)），ここで改めてイデアルの拡大と縮約の性質（命題 1.2.8）を用いて証明してみよう．

(1)

$$\begin{aligned} S^{-1}(I_1 + \cdots + I_n) &= (I_1 + \cdots + I_n)^e \text{ [108]} \\ &= I_1^e + \cdots + I_n^e \text{ [109]} \\ &= S^{-1}I_1 + \cdots + S^{-1}I_n. \end{aligned}$$

[108] 命題 4.3.1,(1).
[109] 命題 1.2.8,(1).

(2)

$$\begin{aligned} S^{-1}(I_1 \cdots I_n) &= (I_1 \cdots I_n)^e \text{ [110]} \\ &= I_1^e \cdots I_n^e \text{ [111]} \\ &= S^{-1}I_1 \cdots S^{-1}I_n \text{ [112]}. \end{aligned}$$

[110] 命題 4.3.1,(1).
[111] 命題 1.2.8,(3).
[112] 命題 4.3.1,(1).

(3) これは命題 4.2.4, (2) と帰納法より得られる.
(4) $S^{-1}(\sqrt{I}) = \sqrt{S^{-1}I}$ の証明.
(i) はじめに, $S^{-1}(\sqrt{I}) \subset \sqrt{S^{-1}I}$ であることを示す.

$$
\begin{aligned}
x \in S^{-1}\sqrt{I} &\Longrightarrow x = \frac{a}{s},\ \exists a \in \sqrt{I}, \exists s \in S \\
&\quad（ここで, \exists n \in \mathbb{N}, a^n \in I \text{ である}） \\
&\Longrightarrow x^n = \left(\frac{a}{s}\right)^n = \frac{a^n}{s^n} \in S^{-1}I,\ \exists n \in \mathbb{N} \\
&\Longrightarrow x^n \in S^{-1}I,\ \exists n \in \mathbb{N} \\
&\Longrightarrow x \in \sqrt{S^{-1}I}.
\end{aligned}
$$

(ii) 次に $S^{-1}(\sqrt{I}) \supset \sqrt{S^{-1}I}$ であることことを示す.
$\sqrt{S^{-1}I} \subset S^{-1}R$ であるから, $\sqrt{S^{-1}I}$ の元は $a/s, a \in R, s \in S$ と表される.

$$
\begin{aligned}
\frac{a}{s} \in \sqrt{S^{-1}I} &\Longrightarrow \left(\frac{a}{s}\right)^n \in S^{-1}I,\ \exists n \in \mathbb{N} \\
&\Longrightarrow \frac{a^n}{s^n} = \frac{b}{t},\ \exists b \in I,\ \exists t \in S \\
&\Longrightarrow u(ta^n - s^n b) = 0,\ b \in I,\ \exists u, t \in S \\
&\Longrightarrow uta^n = us^n b \in I,\ \exists u, t \in S \\
&\Longrightarrow uta^n \in I,\ \exists u, t \in S \\
&\Longrightarrow u^n t^n a^n \in I,\ \exists u, t \in S \\
&\Longrightarrow (va)^n = v^n a^n \in I,\ \exists v \in S\ (v = ut) \\
&\Longrightarrow va \in \sqrt{I},\ \exists v \in S \\
&\Longrightarrow \frac{a}{s} = \frac{va}{vs} \in S^{-1}\sqrt{I}.
\end{aligned}
$$
□

命題 4.3.10 M を有限生成 R 加群とし, S を R の積閉集合とする. このとき, 次が成り立つ.

$$S^{-1}(\mathrm{Ann}_R(M)) = \mathrm{Ann}_{S^{-1}R}(S^{-1}M).$$

（証明）(1) 二つの R 加群 M と N に対して主張が成り立つと仮定すると, $M + N$ に対しても成り立つことを示す. これは次のようである.

$$
\begin{aligned}
S^{-1}(\mathrm{Ann}_R(M+N)) &= S^{-1}(\mathrm{Ann}_R(M)\cap \mathrm{Ann}_R(N)) \ {}^{113)}\\
&= S^{-1}(\mathrm{Ann}_R(M)\cap S^{-1}(\mathrm{Ann}_R(N)) \ {}^{114)}\\
&= \mathrm{Ann}_{S^{-1}R}(S^{-1}M)\cap \mathrm{Ann}_{S^{-1}R}(S^{-1}N) \ {}^{115)}\\
&= \mathrm{Ann}_{S^{-1}R}(S^{-1}M+S^{-1}N) \ {}^{116)}\\
&= \mathrm{Ann}_{S^{-1}R}(S^{-1}(M+N)) \ {}^{117)}.
\end{aligned}
$$

113) 命題 3.1.4, (1).
114) 命題 4.2.4, (2).
115) 仮定より.
116) 命題 3.1.4, (1).
117) 命題 4.2.4, (1).

すると，帰納法により有限和についても主張が成り立つ.
(2) M が有限生成 R 加群ならば，

$$
M = x_1R+\cdots+x_nR = M_1+\cdots+M_n, \quad M_i = x_iR
$$

と表される．各 M_i について主張が成り立つことを示せば (1) より M についても成り立つ．なぜなら，

$$
\begin{aligned}
S^{-1}(\mathrm{Ann}_R(M)) &= S^{-1}(\mathrm{Ann}_R(M_1+\cdots+M_n))\\
&= \mathrm{Ann}_{S^{-1}R}(S^{-1}(M_1+\cdots+M_n) \ {}^{118)}\\
&= \mathrm{Ann}_{S^{-1}R}(S^{-1}M)).
\end{aligned}
$$

118) (1) より.

(3) したがって，$M = xR$ $(x\in M)$ のときに，

$$
S^{-1}(\mathrm{Ann}_R(M) = \mathrm{Ann}_{S^{-1}R}(S^{-1}M)
$$

を示せばよい．$f: R \longrightarrow xR = M$ なる R 加群の全射準同型写像を考える．$I = \mathrm{Ker}\, f$ とおけば，$M \cong R/I$ なる同型がある（第 1 同型定理 2.3.14）．この表現を用いると，$S^{-1}M \cong S^{-1}(R/I) \cong S^{-1}R/S^{-1}I$ が成り立つ（命題 4.2.4, (3) 参照）．したがって，

$$
\begin{aligned}
\mathrm{Ann}_{S^{-1}R}(S^{-1}M) &\cong \mathrm{Ann}_{S^{-1}R}(S^{-1}R/S^{-1}I)\\
&= S^{-1}I\\
&= S^{-1}\mathrm{Ann}_R(R/I)\\
&= S^{-1}\mathrm{Ann}_R(M).
\end{aligned}
$$

□

問 4.10 上記命題の証明において，$\mathrm{Ann}_R(R/I) = I$ であることを用いた．これを証明せよ．

命題 4.3.11 N, L を M の部分 R 加群とする．L が有限生成 R 加群ならば，次が成り立つ．

$$
S^{-1}(N:L) = (S^{-1}N : S^{-1}L).
$$

（証明）L が有限生成 R 加群ならば，剰余加群 $(N+L)/N$ も有限生成 R 加群である．また，

$$\begin{aligned} S^{-1}((N+L)/N) &\cong S^{-1}(N+L)/S^{-1}N \text{ [119]} \\ &\cong (S^{-1}N+S^{-1}L)/S^{-1}N. \text{ [120]} \end{aligned}$$

[119] 命題 4.2.4, (3).
[120] 命題 4.2.4, (1).

命題 3.1.4, (2) より，$(N:L) = \mathrm{Ann}_R((N+L)/N)$ であるから，

$$\begin{aligned} S^{-1}(N:L) &= S^{-1}\mathrm{Ann}_R((N+L)/N) \\ &= \mathrm{Ann}_{S^{-1}R}S^{-1}((N+L)/N) \text{ [121]} \\ &= \mathrm{Ann}_{S^{-1}R}((S^{-1}N+S^{-1}L)/S^{-1}N) \text{ [122]} \\ &= (S^{-1}N:S^{-1}L) \text{ [123]}. \end{aligned}$$

□

[121] 命題 4.3.10.
[122] 命題 4.2.4 の (3) と (1).
[123] 命題 3.1.4, (2).

第 4 章練習問題

1. M を R 加群とする．このとき，R のすべての極大イデアル P に対して $M_P = 0$ ならば，$M = 0$ となることを証明せよ．

2. R を環とするとき R 加群の準同型写像 $f: M \longrightarrow N$ に対して，次を証明せよ．

   (1) R の任意の極大イデアル P に対して，$f_P: M_P \longrightarrow N_P$ が単射ならば，f は単射である．ただし，$f_P := S^{-1}f, S := R \setminus P$ である[124]．
   (2) 任意の極大イデアル P に対して，$f_P: M_P \longrightarrow N_P$ が全射であるならば，f は全射である．ただし，$f_P := S^{-1}f, S := R \setminus P$ である．

[124] $S^{-1}f$ の定義は命題 4.2.1.

3. R を整域とする．このとき，次が成り立つことを示せ．

$$\bigcap_{P \in \mathrm{Max}(R)} R_P = R.$$

4. S を環 R の積閉集合，M を有限生成 R-加群とする．このとき，次を証明せよ．$S^{-1}M = 0$ であるための必要十分条件は，ある $s \in S$ が存在して $sM = 0$ となることである．

5. S を環 R の積閉集合とするとき，次を証明せよ．

   (1) $\mathscr{A}$ を環 R の素イデアルの集合とするとき，次が成り立つ．$S^{-1}(\bigcap_{P \in \mathscr{A}} P) = \bigcap_{P \in \mathscr{A}} S^{-1}P$.
   (2) $S^{-1}\mathrm{nil}(R) = \mathrm{nil}(S^{-1}R)$．ただし，$\mathrm{nil}(R)$ は R のベキ零根基を表す（定義 1.4.5）．
   (3) R の任意の素イデアル P に対して，局所環 R_P が 0 と異なるベキ

零元をもたないならば，R も 0 と異なるベキ零元をもたない．

6. A と B を環とし，S を環 A の積閉集合とする．$\varphi: A \longrightarrow A_S$ を標準写像，$f: A \longrightarrow B, g: B \longrightarrow A_S$ を環準同型写像とし，次の 2 つの条件が成り立つと仮定する．

   (1) $\varphi = g \circ f$.
   (2) $b \in B \implies \exists s \in S, f(s)b \in f(A)$.

   このとき，$A_S \cong B_{f(S)} \cong B_T$ が成り立つ．ただし，$T = \{t \in B \mid g(t)$ は A_S の単元 $\}$ である．

7. S, T を環 A の積閉集合とし，$S \subset T$ と仮定する．T の A_S における像を T' とする．このとき，$(A_S)_{T'} \cong A_T$ が成り立つことを示せ．

8. S を環 A の積閉集合とし，P を $P \cap S = \emptyset$ をみたす A の素イデアルとする．このとき，$(A_S)_{PA_S} \cong A_P$ が成り立つことを証明せよ．特に，$P, Q \in \mathrm{Spec}(A)$ で $P \subset Q$ ならば，$(A_Q)_{PA_Q} \cong A_P$ が成り立つ．

9. R を環，M を R 加群とする．R の素イデアル P がある M の元 x により $P = \mathrm{Ann}_R(x)$ と表されるとき，M の**随伴素イデアル** (associated prime ideal) という．M の随伴素イデアルの集合を $\mathrm{Ass}(M)$ と表す．
   このとき次のことを証明せよ．

   (1) $P \in \mathrm{Ass}(M) \iff M$ は R/P に同型な部分 R 加群を含む．
   (2) $x \in M$ に対して，$P = \mathrm{Ann}_R(x)$ を素イデアルとするとき，

   $$0 \neq y \in xR \implies \mathrm{Ann}_R(y) = P$$

   が成り立つ．特に，任意の素イデアル P に対して，$\mathrm{Ass}(R/P) = \{P\}$ が成り立つ．
   (3) R のイデアルの集合で $\{\mathrm{Ann}_R(x) \mid 0 \neq x \in M\}$ の形に表されるものを考えたとき，この集合の極大元は存在すればすべて素イデアルであり，$\mathrm{Ass}\, M$ に含まれる．
   (4) R がネーター環のとき，$M \neq 0$ ならば $\mathrm{Ass}\, M \neq \emptyset$ が成り立つ．

10. R がネーター環で M が R 加群であるとき，次が成り立つ．

   $$R \text{ 加群 } M \text{ の零因子すべての集合} = \bigcup_{P \in \mathrm{Ass}\, M} P.$$

   ただし，R の元 a が R 加群 M の**零因子** (zero divisor) であるとは，ある M の元 $x \neq 0$ が存在して $ax = 0$ となることである．

5 準素イデアル

この章では素イデアルを一般化した準素イデアルの概念を定義する．整数環において任意のイデアルは素イデアルのベキイデアルの共通集合として表される．これと同様に一般の環において，イデアルを準素イデアルの共通集合として表すことを考える．イデアルの準素分解を考えると，代数幾何学への応用を含めて非常に実りある理論が展開できる．

5.1 準素イデアル

準素イデアルは整数環 $\mathbb{Z}$ における素イデアル $(p) = p\mathbb{Z}$ のベキのイデアル $(p)^n = (p^n)$ を，一般の環へ拡張した概念である．しかし，整数の場合とは異なり，これから定義する準素イデアルは整数環における準素イデアルとは多くの面で異なる側面をもつ．

定義 5.1.1 環 R の真のイデアルを Q とする．$x, y \in R$ に対して，$xy \in Q$ かつ $y \notin Q$ ならば，x のある正のベキが Q に属するとき，Q は **準素イデアル** (primary ideal) であるという．すなわち，

$$xy \in Q,\ y \notin Q \implies \exists n \in \mathbb{N},\ x^n \in Q.$$

根基イデアルの記号を用いれば，次のように表現できる．

$$xy \in Q,\ y \notin Q \implies x \in \sqrt{Q}.$$

特に，素イデアルは準素イデアルであることに注意しよう．

また，準素イデアルの定義は剰余環のほうに移して考えると，次のように表現される．

命題 5.1.2 環 R の真のイデアルを Q とする．このとき，次が成り立つ．

Q：準素イデアル $\iff$ R/Q のすべての零因子はベキ零元である．

（証明）$x, y \in R$ に対して，準素イデアルの定義を剰余環の言葉に置き換えれば，剰余環 R/Q においては次のようになる．

$$\bar{x}\bar{y} = \bar{0},\ \bar{y} \neq \bar{0} \implies \exists n \in \mathbb{N},\ \bar{x}^n = \bar{0}.$$

これは R/Q において $\bar{x}$ が零因子ならば，$\bar{x}$ がベキ零元であることを意味している． □

命題 5.1.3 Q が環 R の準素イデアルならば，その根基 $\sqrt{Q}$ は R の素イデアルである．さらに，P が R の素イデアルで $Q \subset P$ ならば $\sqrt{Q} \subset P$ が成り立つ[125]．

[125] このことは後で定義される（定義 5.2.5）術語を用いて表現すれば，$\sqrt{Q}$ は Q の極小素イデアルであると言うことができる．

(証明) (1) $\sqrt{Q}$ が素イデアルであることを示す．$xy \in \sqrt{Q}, y \notin \sqrt{Q}$ と仮定する．$xy \in \sqrt{Q}$ より，ある $m > 0$ に対して $(xy)^m \in Q$ となる．一方，$y \notin \sqrt{Q}$ であるから，$y^m \notin Q$ である．すると，Q は準素イデアルであるから，$x^m y^m \in Q$ より，ある $n \in \mathbb{N}$ により，$(x^m)^n = x^{mn} \in Q$ となる．すなわち，$x \in \sqrt{Q}$ を得る．
(2) Q を含む素イデアルを P とする．このとき，P は素イデアルであるから，$Q \subset P$ より，

$$x \in \sqrt{Q} \implies x^n \in Q, \exists n \in \mathbb{N} \implies x^n \in P \implies x \in P.$$

ゆえに，$\sqrt{Q} \subset P$ となる． □

定義 5.1.4 Q を準素イデアルとし，$P = \sqrt{Q}$ とおく．命題 5.1.3 より P は素イデアルである．このとき，Q を**素イデアル P に属する準素イデアル**，または **P 準素イデアル** (P-primary ideal) という．逆に P のことを準素イデアル Q **に付随した素イデアル**，または簡単に，準素イデアル Q の素イデアルという．

命題 5.1.5 P を環 R の素イデアルとし，Q を P 準素イデアルとする．このとき，$xy \in Q$, $y \notin P$ ならば，$x \in Q$ である．すなわち，

$$xy \in Q,\ y \notin P \implies x \in Q.$$

(証明) Q を P 準素イデアルとすれば，$P = \sqrt{Q}$ であるから，準素イデアルの定義 5.1.1 より分かる． □

例題 5.1.6 整数環 $\mathbb{Z}$ における準素イデアルは (0) であるか，または p を素数として $(p^n), n \in \mathbb{N}$ という形をしているイデアルに限る．すなわち，

$$Q：\text{準素イデアル} \iff Q = (0) \text{ または } Q = (p^n),\ n \geq 1,\ p \text{ は素数}$$ [126]

[126] (p^n) は (p) 準素イデアル．

(証明) ($\Longleftarrow$) (0) は $\mathbb{Z}$ の素イデアルであるから，準素イデアルである．次に p が素数ならば，(p^n) は準素イデアルであることを示す．

(i) $(p^n) = p^n\mathbb{Z} \subsetneq \mathbb{Z}$ であることは明らかである．

(ii) $ab \in (p^n)$, $b \notin (p^n) \Longrightarrow \exists r \in \mathbb{N}$, $a^r \in (p^n)$ であることを示す．

$$\begin{aligned} ab \in (p^n), b \notin (p^n) &\implies p^n \mid ab,\ p^n \nmid b \\ &\implies p \mid a \\ &\implies a^n \in (p^n). \end{aligned}$$

以上，(i),(ii) より (p^n) は準素イデアルである．

($\Longrightarrow$) $Q \neq (0)$ を $\mathbb{Z}$ の準素イデアルとする．$\mathbb{Z}$ は単項イデアル整域 (PID) であるから（定理 1.3.15），$Q = (n), n \in \mathbb{N}$ と表される．一方，Q は準素イデアルであるから，命題 5.1.3 より $\sqrt{Q}$ は素イデアルであり，単項イデアルである．すると，素数 p により，$\sqrt{Q} = (p)$ と表される（命題 1.3.16）．すなわち，$\sqrt{(n)} = (p)$ である．すると，

$$\begin{aligned} \sqrt{(n)} = (p) &\implies p \in \sqrt{(n)} \\ &\implies p^r \in (n), \exists r \in \mathbb{N} \\ &\implies n \mid p^r \\ &\implies n = p^s \ \ (1 \leq s \leq r). \end{aligned}$$

したがって，$Q = (n) = (p^s)$ と表される． □

この例によれば，整数環 $\mathbb{Z}$ の準素イデアル Q はある素イデアル $P = (p)$ のベキで表される．すなわち，$Q = P^n = (p^n)$ である．しかし，一般の環においては必ずしもこのように単純ではなくより複雑である．

例題 5.1.7「準素イデアルが必ずしも素イデアルのベキではない例」
体 k 上の 2 変数多項式環を $A = k[X, Y]$ として，A のイデアル $Q = (X, Y^2)$ を考える．このとき，Q は準素イデアルであるが，Q に付随した素イデアル $P = (X, Y)$ のベキにはならないことを示す．
剰余環 A/Q を考えると，

$$\begin{aligned} A/Q &= k[X, Y]/(X, Y^2) \\ &\cong (k[X, Y]/(X))/((X, Y^2)/(X)) \text{ [127]} \\ &\cong k[Y]/(Y^2) \end{aligned}$$

[127] 第 3 同型定理 1.1.19.

なる同型がある．すなわち，$A/Q \cong k[Y]/(Y^2)$ である．ここで，剰余環 $k[Y]/(Y^2)$ の零因子は $\overline{Y} = Y + (Y^2)$ の倍元であることが分かる．このとき，$\overline{Y}^2 = \overline{Y^2} = \bar{0}$ であるから，剰余環 A/Q のすべての零因子はベキ零元になる．すると，命題 5.1.2 より Q は準素イデ

アルとなる．$P=\sqrt{Q}$ とおけば，P は R の素イデアルである．

一方，$P=\sqrt{Q}=\sqrt{(X,Y^2)}=(X,Y)$ であり，これは A の極大イデアルである (命題 1.3.22)．そして，

$$\begin{array}{ccccc} P^2 & \subsetneq & Q & \subsetneq & P \\ (X^2,XY,Y^2) & \subsetneq & (X,Y^2) & \subsetneq & (X,Y) \end{array}$$

したがって，イデアル $Q=(X,Y^2)$ は P のベキではない．ゆえに，P 準素イデアルは必ずしも素イデアル P のベキではないことが分かる（例 5.1.18 を参照せよ）．

問 5.1 上の例において，次のことを確かめよ．
(1) $\sqrt{(X,Y^2)}=(X,Y)$ である．
(2) $k[Y]/(Y^2)$ の零因子はすべて $\overline{Y}$ の倍元になる．

例題 5.1.8 「素イデアルのべきが準素イデアルではない例」
体 k 上の 3 変数多項式環を $A=k[X,Y,Z]$ として，$I=(XY-Z^2)$ を A のイデアルとする．剰余環，

$$R=A/I=k[X,Y,Z]/(XY-Z^2)=k[x,y,z]$$

を考える．ただし，$x=X+I, y=Y+I, z=Z+I$ である．このとき，剰余環 R において，$xy=z^2$ である．

(1) R のイデアル $P=(x,z)$ は素イデアルである．なぜなら，$(X,Z)\supset(XY-Z^2)=I$ であるから，P は $P=(x,z)=(X+I,Z+I)=((X,Z)+I)/I=(X,Z)/I$ と表される．ゆえに，第 3 同型定理 1.1.19 より，

$$R/P=(k[X,Y,Z]/I)/((X,Z)/I)\cong k[X,Y,Z]/(X,Z)\cong k[Y].$$

したがって，$R/P\cong k[Y]$ であり，$k[Y]$ は整域であるから P は素イデアルとなる（命題 1.3.3）．

(2) 次に，$\sqrt{P^2}=P$ であり[128]，

$$xy\in P^2 \text{ であるが，} x\notin P^2 \quad \text{かつ} \quad y\notin P$$

となっていることが以下の (i),(ii),(iii) で示される．これは P^2 が準素イデアルではないことを示している．

(i) $xy=z^2\in P^2$ である．

128) 定義 1.4.1 参照．

(ii) $x \notin P^2$ であること：$x \in P^2$ とすると，

$$
\begin{aligned}
x \in P^2 &\implies x \in (x^2, xz, z^2) = (x, z)^2 = P^2 \\
&\implies X + I \in (X^2 + I, XZ + I, Z^2 + I) \\
&\implies X \in (X^2, XZ, Z^2) + (XY - Z^2) \\
&\implies \text{これは矛盾である．}
\end{aligned}
$$

(iii) $y \notin P$ であること：$y \in P$ とすると，

$$
\begin{aligned}
y \in P &\implies y \in (x, z) \\
&\implies Y + I \in (X + I, Z + I) \\
&\implies Y \in (X, Z) + (XY - Z^2) \\
&\implies \text{これは矛盾である．}
\end{aligned}
$$

例題 5.1.9　$\mathbb{Z}[X]$ を整数環 $\mathbb{Z}$ 上の多項式環とする．このとき，イデアル $(X^2, 2X)$ は準素イデアルではない．

（証明）$I := (X^2, 2X)$ とおく．多項式 $X^2 + 2X$ を考えると，$X(X+2) \in I$ である．I に属している 1 次の多項式は $2X$ の整数倍であるから，$X \notin I$ である．また，任意の自然数 n に対して，$(X+2)^n$ は定数項が 2^n であり，I の元はすべて X で割り切れるが，$(X+2)^n$ は X で割り切れない．すなわち，$X(X+2) \in I$ であるが，$X \notin I$ かつ $(X+2) \notin \sqrt{I}$ である．ゆえに，定義より I は準素イデアルではない．

命題 5.1.10　P を環 R の素イデアルとし，Q を P 準素イデアルとする．このとき，R のイデアル I と J に対して，次が成り立つ．

$$
IJ \subset Q,\ J \not\subset P \implies I \subset Q.
$$

（証明）$J \not\subset P$ より，ある元 $y \in J,\ y \notin P$ が存在する．すると，

$$
\begin{aligned}
x \in I &\implies xy \in IJ \subset Q \\
&\implies xy \in Q \\
&\implies x \in Q \text{ [129]}.
\end{aligned}
$$

[129] $y \notin P$ であるから命題 5.1.5 より．

以上より，「$x \in I \Longrightarrow x \in Q$」である．したがって，$I \subset Q$ が証明された．□

命題 5.1.11　P を環 R の素イデアルとし，Q を P 準素イデアルとする．このとき，R の任意のイデアル I に対して，次が成り立つ．

$$I \not\subset P \implies (Q:I) = Q.$$

（証明）イデアル商の定義 1.2.3 より，$I(Q:I) \subset Q$ であり，仮定より $I \not\subset P$ であるから，命題 5.1.10 より，$(Q:I) \subset Q$ となる．一方，逆の包含関係 $(Q:I) \supset Q$ は明らかであるから，$(Q:I) = Q$ が成り立つ．　□

命題 5.1.12　P と Q を環 R のイデアルとし，$P \neq (1)$ かつ $P = \sqrt{Q}$ と仮定する．このとき，

$$xy \in Q,\ y \notin Q \implies x \in P \qquad (*)$$

という条件をみたすならば，

(1) P は R の素イデアルであり，

(2) Q は P 準素イデアルである．

（証明）$Q \subset \sqrt{Q} = P \subsetneq (1) = R$ より，Q は R の真のイデアルである．すると，$(*)$ より Q は準素イデアルである．また，このとき，命題 5.1.3 より，P は素イデアルであり，ゆえに，Q は P 準素イデアルである．　□

命題 5.1.13　P を環 R の素イデアルとする．$Q_1, Q_2, \ldots, Q_n$ が P 準素イデアルならば，$Q := Q_1 \cap Q_2 \cap \cdots \cap Q_n$ も P 準素イデアルである．

（証明）各 Q_i は P 準素イデアルであるから，$\sqrt{Q_i} = P$ である．すると，命題 1.4.2,(4) より，

$$\begin{aligned}\sqrt{Q_1 \cap Q_2 \cap \cdots \cap Q_n} &= \sqrt{Q_1} \cap \sqrt{Q_2} \cap \cdots \cap \sqrt{Q_n} \\ &= P \cap P \cap \cdots \cap P = P.\end{aligned}$$

すなわち，$\sqrt{Q} = P$ である．そこで，$xy \in Q$ かつ $y \notin P$ と仮定する．すると，各 $i\,(1 \leq i \leq n)$ について，Q_i は P 準素イデアルであるから，

$$xy \in Q_i,\ y \notin P \implies x \in Q_i.$$

ゆえに，$x \in Q_1 \cap \cdots \cap Q_n = Q$ を得る．以上より，$P = \sqrt{Q}$ で，

$$xy \in Q,\ y \notin P \implies x \in Q$$

であるから，命題 5.1.12 より，Q は P 準素イデアルである． □

命題 5.1.14 P を環 R の素イデアルとし，Q を P 準素イデアルとする．このとき，R の任意のイデアル I に対して次が成り立つ．

(1) $I \not\subset Q \implies (Q : I)$ は P 準素イデアルである．

(2) $I \subset Q \implies (Q : I) = (1)$.

（証明）(1) $I \not\subset Q$ とする．明らかに，$Q \subset (Q : I)$ である．命題 5.1.12 を適用して，

(a) $\sqrt{Q : I} = P$,

(b) $xy \in (Q : I),\ y \notin P \implies x \in (Q : I)$,

を示せば，$(Q : I)$ は P 準素イデアルとなる．以下，(a) と (b) を示す．

(a) を示す．はじめに，$Q \subset (Q : I)$ が成り立つから，

$$Q \subset (Q : I) \implies \sqrt{Q} \subset \sqrt{Q : I} \implies P \subset \sqrt{Q : I}.$$

次に，逆の包含関係 $P \supset \sqrt{Q : I}$ を示す．

仮定 $I \not\subset Q$ より，$a \in I$ でかつ $a \notin Q$ なる元が $a \in R$ が存在する．このとき，

$$\begin{aligned} x \in \sqrt{Q : I} &\implies \exists n \in \mathbb{N},\ x^n \in (Q : I) \\ &\implies x^n I \subset Q \\ &\implies x^n a \in Q \ ^{130)} \\ &\implies x^n \in \sqrt{Q} = P \ ^{131)} \\ &\implies x \in P. \end{aligned}$$

130) $a \in I$ であるから．

131) $a \notin Q$, $Q : P$ 準素イデアル．

上の計算で，「$x \in \sqrt{Q : I} \implies x \in P$」を示した．すなわち，$\sqrt{Q : I} \subset P$ を示した．よって，前半と併せて $\sqrt{Q : I} = P$ が得られる．

(b)「$xy \in (Q : I),\ y \notin P \implies x \in (Q : I)$」を示す．

この証明は次のように論理計算できる．

$$
\begin{aligned}
xy \in (Q:I),\ y \notin P &\implies xyI \subset Q,\ y \notin P \\
&\implies \forall a \in I,\ axy \in Q,\ y \notin P \\
&\implies \forall a \in I,\ ax \in Q \text{ [132]} \\
&\implies xI \subset Q \\
&\implies x \in (Q:I).
\end{aligned}
$$

[132] 命題 5.1.5.

(2)「$I \subset Q \implies (Q:I) = (1)$」を示す．$I \subset Q$ と仮定する．このとき，$1 \cdot I = I \subset Q$ である．ゆえに，$1 \in (Q:I)$ となるから，$(Q:I) = (1) = R$ を得る． □

次に，準同型写像による準素イデアルの像と原像（逆像）がどうなるかをを考える．はじめに，準素イデアルの像について調べる．

命題 5.1.15 $f: R \longrightarrow R'$ を全射である環準同型写像とする．P と Q を R のイデアルとし，$\mathrm{Ker}\, f \subset Q \cap P$ をみたしていると仮定する．このとき，次が成り立つ．

(1) Q は準素イデアルである $\iff$ $f(Q)$ は準素イデアルである．

(2) Q は P 準素イデアルである $\iff$ $f(Q)$ は $f(P)$ 準素イデアルである．

（証明）(1) f は全射であるから，$R/Q \cong R'/f(Q)$ が成り立つ（問 5.2）．すると，命題 5.1.2 を使えば，

Q：準素イデアル

$\iff$ [$\bar{x}$：零因子 $\Rightarrow$ $\bar{x}$：ベキ零元（R/Q において）]

$\iff$ [$\bar{x}'$：零因子 $\Rightarrow$ $\bar{x}'$：ベキ零元（$R'/f(Q)$ において）]

$\iff$ $f(Q)$：準素イデアル．

(2) はじめに，「$\sqrt{Q} = P \iff \sqrt{f(Q)} = f(P)$」が成り立つことを示す．

($\Longrightarrow$) を示す．$\mathrm{Ker}\, f \subset Q$ に注意する．

$$
\begin{aligned}
\sqrt{Q} = P &\implies f(\sqrt{Q}) = f(P) \\
&\implies \sqrt{f(Q)} = f(P) \text{ [133]}.
\end{aligned}
$$

[133] 命題 1.4.4.

($\Longleftarrow$) を示す．$\mathrm{Ker}\, f \subset P$ に注意すると，

$$\begin{aligned}\sqrt{f(Q)} = f(P) &\implies f^{-1}(\sqrt{f(Q)}) = f^{-1}f(P)\\ &\implies \sqrt{f^{-1}f(Q)} = f^{-1}f(P)\ ^{134)}\\ &\implies \sqrt{Q} = P\ ^{135)}.\end{aligned}$$

134) 命題 1.4.3.

135) 命題 1.1.15.

このとき，(2) は今上で示したことと，(1) より，

$$\begin{aligned}Q : P \text{ 準素イデアル} &\iff Q : \text{準素イデアル},\ \sqrt{Q} = P\\ &\iff f(Q) : \text{準素イデアル},\ \sqrt{f(Q)} = f(P)\\ &\iff f(Q) : f(P) \text{ 準素イデアル}.\end{aligned}$$

以上より，Q が P 準素イデアルであることと，$f(Q)$ が $f(P)$ 準素イデアルであることは同値であることが示された．　□

問 5.2　上記の命題 5.1.15 において，$R/Q \cong R'/f(Q)$ が成り立つことを証明せよ．

次に準素イデアルの逆像について調べる．

命題 5.1.16　$f : R \longrightarrow R'$ を環準同型写像とし，P' を R' の素イデアル，Q' を P' 準素イデアルとする．このとき，$f^{-1}(Q')$ は $f^{-1}(P')$ 準素イデアルである．

(証明) はじめに，$f^{-1}(Q') \neq R = (1)$ である．なぜなら，$f^{-1}(Q') = (1)$ とすると，

$$f^{-1}(Q') = (1_R) \implies 1_R \in f^{-1}(Q') \implies 1_{R'} = f(1) \in Q'$$

となり，Q' が準素イデアルであることに矛盾する．

次に，命題 1.4.3 より，$\sqrt{f^{-1}(Q')} = f^{-1}(\sqrt{Q'}) = f^{-1}(P')$ が成り立つ．そこで，

$$xy \in f^{-1}(Q'),\ y \notin f^{-1}(P') \implies x \in f^{-1}(Q')$$

を示せば，命題 5.1.12 より，$f^{-1}(Q)$ は $f^{-1}(P')$ 準素イデアルとなる．ここで，$y \notin f^{-1}(P')$ より $f(y) \notin P'$ であることに注意すれば，

$$\begin{aligned}xy \in f^{-1}(Q') &\implies f(xy) \in Q'\\ &\implies f(x)f(y) \in Q'\\ &\qquad (f(y) \notin P' \text{ であるから})\end{aligned}$$

$$\Longrightarrow \quad f(x) \in Q'$$
$$\Longrightarrow \quad x \in f^{-1}(Q'). \qquad \square$$

問 5.3 I を環 R のイデアルとし，I を含んでいる R のイデアルを P, Q とする．このとき，次は同値であることを示せ．

(1) Q は P 準素イデアルである．

(2) 剰余環 R/I において，Q/I は P/I 準素イデアルである．

次に，極大イデアルを用いた便利な準素イデアル判定法がある．

命題 5.1.17 I を環 R のイデアルとし，$I \neq (1)$ とする．このとき，次が成り立つ．

(1) I の根基 $\sqrt{I}$ が極大イデアルならば，I は準素イデアルである．すなわち，$P = \sqrt{I}$ とおけば，I は P 準素イデアルである．

(2) P を極大イデアルとして，ある自然数 n に対して $P^n \subset I$ ならば I は P 準素イデアルである．

(3) P が極大イデアルならば，P^n $(n \in \mathbb{N})$ は P 準素イデアルである．

（証明）(1) $P = \sqrt{I}$ を極大イデアルとする．当然，$I \subset \sqrt{I} = P$ である．I が P 準素イデアルではないと仮定する．このとき，ある元 $x, y \in R$ が存在して，

$$xy \in I, \quad x \notin P, \quad y \notin I$$

が成り立つ．ここで，イデアル商 $(I : y)$ を考える．

$xy \in I$ より $x \in (I : y)$，また $x \notin P$ より $x \notin I$ である．ゆえに，$I \subsetneq (I : y)$．さらに，$y \notin I$ であるから $1 \notin (I : y)$，ゆえに $(I : y) \subsetneq R$ である．以上より，

$$I \subsetneq (I : y) \subsetneq R.$$

$(I : y) \neq (1)$ であるから，$(I : y)$ を含む極大イデアル P_1 が存在する（定理 1.3.7）．ここで，$x \in (I : y) \subset P_1$ であるが，$x \notin P$ であるから，$P \neq P_1$ である．一方，$I \subset P_1$ より $P = \sqrt{I} \subset P_1$．ゆえに，$P \subsetneq P_1$ となる．これは，P が極大イデアルであることに矛盾する．以上より，I は P 準素イデアルである．

(2) P を極大イデアルとして，$P^n \subset I$ と仮定すると，

$$\begin{aligned} P^n \subset I \subsetneq R \quad &\Longrightarrow \quad \sqrt{P^n} \subset \sqrt{I} \subsetneq R \text{ [136]} \\ &\Longrightarrow \quad P \subset \sqrt{I} \subsetneq R \\ &\Longrightarrow \quad P = \sqrt{I} \text{ [137]}. \end{aligned}$$

[136] 命題 1.4.2,(5).

[137] P：極大イデアル．

ゆえに，$P = \sqrt{I}$ が得られ，P は極大イデアルであるから，(1) より I は P 準素イデアルとなる．
(3) (2) より分かる． □

例題 5.1.18 例 5.1.7 において，体 k 上の多項式環 $k[X, Y]$ のイデアルを $Q = (X, Y^2)$ と $P = (X, Y)$ とした．P は極大イデアルであり，$\sqrt{Q} = P$ であるから，上の命題 5.1.17 を使えば，Q が P 準素イデアルであることが分かる．

命題 5.1.19 P を環 R の素イデアルとし，Q を P 準素イデアルとする．このとき，元 $x \in R$ に対して次のことが成り立つ．

(1) $x \in Q \Longrightarrow (Q : x) = (1)$.

(2) $x \notin Q \Longrightarrow (Q : x)$ は P 準素イデアルである．

(3) $x \notin P \Longrightarrow (Q : x) = Q$.

（証明）(1) と (2) は命題 5.1.14 を，(3) は命題 5.1.11 を用いればよい． □

5.2 準素分解をもつイデアル

整数環 $\mathbb{Z}$ は単項イデアル整域（PID）であるから，その任意のイデアル I はある自然数 n により $I = (n) = n\mathbb{Z}$ と表される．n の素因数分解を $n = p_1^{e_1} \cdots p_r^{e_r}$ とすると，容易に分かるように，

$$(n) = (p_1^{e_1}) \cap (p_2^{e_2}) \cap \cdots \cap (p_r^{e_r})$$

と表される．ここで，各 $(p_i^{e_i})$ は (p_i) 準素イデアルである（例題 5.1.6）．すなわち，$\mathbb{Z}$ の任意のイデアルは準素イデアルの共通集合として表される．

以下において，一般の環 R において，R のイデアルを準素イデアルの共通集合として表すことを考える．

定義 5.2.1 環 R のイデアル I を有限個の準素イデアルの共通集合として表したものを I の**準素分解** (primary decomposition) という．すなわち，次のようである．

$$I = Q_1 \cap Q_2 \cap \cdots \cap Q_n, \quad Q_i \text{ は準素イデアル}.$$

各 Q_i をこの準素分解の**準素成分** (primary component) という．一般に，イデアル I に対してこのような準素分解が存在するとは限らない．イデアル I が準素分解をもつとき，I は**準素分解可能** (decomposable) であるという．

上で述べたように，整数環 $\mathbb{Z}$ の任意のイデアルは準素分解可能である．第 6.1 節，定理 6.1.6 において，R がネーター環ならば，R の任意のイデアルは準素分解可能であることを示す．

定義 5.2.2 準素分解 $I = Q_1 \cap Q_2 \cap \cdots \cap Q_n$ が次の条件をみたすとき，この分解は**無駄のない準素分解** (irredundant primary decomposition)，または**正規分解** (normal decomposition) であるという．さらに**最短準素分解**ということもある．

(i) 素イデアル $\sqrt{Q_1}, \sqrt{Q_2}, \ldots, \sqrt{Q_n}$ はすべて相異なる．

(ii) $Q_i \not\supset Q_1 \cap \cdots \cap \widehat{Q_i} \cap \cdots \cap Q_n \quad (1 \leq \forall i \leq n)$.

ただし，記号 $\widehat{Q_i}$ は準素成分 Q_i を除いていることを表す．

(ii) の条件はつぎのことを意味している．

$Q_i \supset Q_1 \cap \cdots \cap \widehat{Q_i} \cap \cdots \cap Q_n$ と仮定すると，

$$\begin{aligned} I &= Q_1 \cap \cdots \cap Q_i \cap \cdots \cap Q_n \\ &= (Q_1 \cap \cdots \cap \widehat{Q_i} \cap \cdots \cap Q_n) \cap Q_i \\ &= Q_1 \cap \cdots \cap \widehat{Q_i} \cap \cdots \cap Q_n. \end{aligned}$$

となり，I は $n-1$ 個の準素イデアル $Q_1, \ldots, \widehat{Q_i}, \ldots, Q_n$ の共通集合で表せてしまう．ゆえに，(ii) の条件は $Q_1, \ldots, Q_i, \ldots, Q_n$ のどの一つが欠けても I を準素分解として表現することはできない，すなわち，$I = Q_1 \cap Q_2 \cap \cdots \cap Q_n$ が余分な準素成分のない準素分解であることを意味している．

$I = Q_1 \cap Q_2 \cap \cdots \cap Q_n$ を準素分解とし，各 Q_i は P_i 準素イデ

アルとする．このとき，$P_1, P_2, \ldots, P_n$ のなかであるものが同じになっていることが起こりうる $(Q_i = Q_j, i \neq j)$．そこで，

$$P_{i_1} = P_{i_2} = \cdots = P_{i_r} =: P$$

と仮定し，

$$Q_{i_1} \cap Q_{i_2} \cap \cdots \cap Q_{i_r} =: Q$$

とおけば，命題 5.1.13 より Q は P 準素イデアルである．このとき，$Q_{i_1} \cap Q_{i_2} \cap \cdots \cap Q_{i_r}$ を唯一つの Q により置き換えることができる．また，Q_i が残りの Q_j の共通集合を含むとき，それらはすべて省くことができる．以上より，次の命題が得られる．

命題 5.2.3 任意の準素分解は無駄のない準素分解にすることができる．

（証明）すなわち，はじめに同じ素イデアルに属するすべての準素イデアルの共通集合をとり，それから余分な準素成分を 1 個ずつ省略すればよい． □

定理 5.2.4（**一意性定理, Uniquness Theorem**） I を R の準素分解可能なイデアルとし，$I = Q_1 \cap Q_2 \cap \cdots \cap Q_n$ をその正規分解とする．$P_i = \sqrt{Q_i}$ $(1 \leq i \leq n)$ とおく．このとき，素イデアルの集合 $P_1, P_2, \ldots, P_n$ は $\sqrt{(I : x)}$ $(x \in R)$ というかたちのイデアルの集合のなかで素イデアルである集合と一致する．すなわち，

$$\{P_1, P_2, \ldots, P_n\} = \{\sqrt{(I : x)} \in \mathrm{Spec}(R) \mid x \in R\}.$$

（証明）$x \in R$ について，命題 1.2.4 (1) より，

$$(I : x) = (\bigcap_{i=1}^{n} Q_i) : x = \bigcap_{i=1}^{n} (Q_i : x)$$

が成り立つ．すると，

$$\begin{aligned}
\sqrt{(I : x)} &= \sqrt{\textstyle\bigcap_{i=1}^{n} (Q_i : x)} \\
&= \textstyle\bigcap_{i=1}^{n} \sqrt{(Q_i : x)} \;^{138)} \\
&\quad \Big(\text{命題 5.1.19 より } x \notin Q_j \Longrightarrow \sqrt{(Q_j : x)} = P_j, \\
&\qquad\qquad x \in Q_j \Longrightarrow \sqrt{(Q_j : x)} = (1) \Big) \\
&= \textstyle\bigcap_{x \notin Q_j} P_j.
\end{aligned}$$

138) 命題 1.4.2 (4) より．

したがって，R の任意の元 x に対して次の等式が得られた．

$$\sqrt{(I:x)} = \bigcap_{x \notin Q_j} P_j. \qquad (*)$$

(1) $\{\sqrt{(I:x)} \in \mathrm{Spec}(R) \mid x \in R\} \subset \{P_1, P_2, \ldots, P_n\}$ を示す．ある $x \in R$ に対して $\sqrt{(I:x)}$ が R の素イデアルであると仮定する．すると，等式 $(*)$ を使えば定理 1.3.12 より，

$$\sqrt{(I:x)} = \bigcap_{x \notin Q_j} P_j \implies \sqrt{(I:x)} = P_j, 1 \leq \exists j \leq n$$

となる．

(2) $\{\sqrt{(I:x)} \in \mathrm{Spec}(R) \mid x \in R\} \supset \{P_1, P_2, \ldots, P_n\}$ を示す．$I = Q_1 \cap \cdots \cap Q_n$ は無駄のない準素分解であるから，任意の $i\,(1 \leq i \leq n)$ に対して，

$$Q_i \not\supset Q_1 \cap \cdots \cap \widehat{Q}_i \cap \cdots \cap Q_n$$

が成り立つ．すると，各 i に対して，

$$x_i \notin Q_i, \quad x_i \in \bigcap_{j \neq i} Q_j$$

をみたす元 $x_i \in R$ が存在する．x_i に対して式 $(*)$ を用いると，再び命題 5.1.19 を用いて，

$$\sqrt{(I:x_i)} = \bigcap_{x_i \notin Q_j} P_j = P_i$$

を得る．すなわち，任意の $i\,(1 \leq i \leq n)$ に対して，P_i は $x_i \notin Q_i, x_i \in \bigcap_{j \neq i} Q_j$ なる x_i が存在して $P_i = \sqrt{(I:x_i)}$ と表される．これより逆の包含関係が示された． □

注意 $I = Q_1 \cap \cdots \cap Q_n$ を無駄のない準素分解とする．各 Q_i は P_i 準素イデアルである．任意の $i\,(1 \leq i \leq n)$ に対して，$I_i = Q_1 \cap \cdots \cap \widehat{Q}_i \cap \cdots \cap Q_n$ とおく．この分解は無駄のない準素分解であるから，$Q_i \not\supset I_i$ である．このとき，上で証明したことにより次が成り立つ．

$$x_i \in I_i, x_i \notin Q_i \implies P_i = \sqrt{(I:x_i)}.$$

定義 5.2.5 I を環 R のイデアルとし，P を I を含んでいる素イ

デアルとする．$I \subset P' \subsetneq P$ をみたす素イデアル P' が存在しないとき，P は I の**極小素イデアル** (minimal prime ideal) であるという．また，零イデアル (0) の極小素イデアルを環 R の極小素イデアルという．特に，(0) が素イデアルのとき，環 R は整域となるが，このとき，環 R の極小素イデアルは零イデアル (0) 唯一つである．

定義 5.2.6 I を R の準素分解可能なイデアルとし，$I = Q_1 \cap Q_2 \cap \cdots \cap Q_n$ を I の無駄のない準素分解とする．$P_i = \sqrt{Q_i}$ $(1 \leq i \leq n)$ とおく．このとき，定理 5.2.4 により素イデアルの集合 $P_1, P_2, \ldots, P_n$ は I の準素分解の仕方によらずイデアル I のみによって一意的に定まる．このとき，P_i を I の**素因子** (prime divisor)，あるいは P_i は I の**随伴素イデアル** (associated prime ideal) という．

I の素因子のうちで極小なものを**極小素因子** (minimal prime divisor)，または**孤立素因子** (isolated prime ideal) といい，それ以外の素因子を**埋没素因子** (embedded prime ideal) という．

命題 5.2.7 環 R のイデアル I が準素分解可能であるとする．このとき，I が準素イデアルであるための必要十分条件は，I の素因子が唯一つになることである．

また，I を含む素イデアルが P だけであるとき，I は P 準素イデアルである．

（証明）定義より分かる． □

例題 5.2.8 $A = k[X, Y]$ を体 k 上 2 変数の多項式環とする．A のイデアル $I = (X^2, XY)$ と $P_1 = (X)$，$P_2 = (X, Y)$ を考える．P_1 は A の素イデアルであり，P_2 は A の極大イデアルである（命題 1.3.23）．

このとき，$I = P_1 \cap P_2^2$ は無駄のない準素分解であり，I の素因子は $\{P_1, P_2\}$ である．I の素因子は 2 つなので，$\sqrt{I} = P_1$ であるが，I は準素イデアルではない．また，$P_1 \subset P_2$ であるから，P_1 は I の極小素因子であり，P_2 は埋没素因子である．以上のことを，以下において調べてみよう．

(1) $I = P_1 \cap P_2^2$ が成り立つ．$P_2^2 = (X, Y)^2 = (X^2, XY, Y^2)$ であるから，

$$(X^2, XY) = (X) \cap (X^2, XY, Y^2)$$

と表される．このことは次のようにして確かめられる．

$(X^2, XY) \subset (X) \cap (X^2, XY, Y^2)$ であることは明らかである．よって，$(X^2, XY) \supset (X) \cap (X^2, XY, Y^2)$ を示せばよい．

$$
\begin{aligned}
&f(X,Y) \in (X) \cap (X^2, XY, Y^2) \\
&\quad \Longrightarrow f = Xf_1, f = X^2 g_1 + XY g_2 + Y^2 g_3,\ \exists f_1, \exists g_i \in k[X,Y] \\
&\quad \Longrightarrow Xf_1 - X^2 g_1 - XY g_2 = Y^2 g_3 \\
&\quad \Longrightarrow Xh = Y^2 g_3,\ h := f_1 - Xg_1 - Yg_2 \in k[X,Y] \\
&\quad \Longrightarrow Y^2 g_3 \in (X)\ ^{139)} \\
&\quad \Longrightarrow g_3 \in (X).
\end{aligned}
$$

139) (X) は A の素イデアル，$Y^2 \notin (X)$．

したがって，$g_3(X,Y) = Xg_3'(X,Y)$ とおけば，

$$
f(X,Y) = X^2 g_1 + XY g_2 + Y^2 X g_3' \in (X^2, XY) = X(X,Y).
$$

(2) $P_1 = (X)$ は $A = k[X,Y]$ の素イデアルであるから，準素イデアルである．また，$P_2 = (X,Y)$ は A の極大イデアルであるから，P_2^2 は命題 5.1.17 より P_2 準素イデアルである．ゆえに，$I = P_1 \cap P_2^2$ は準素分解であり，I の素因子は P_1, P_2 で，かつ $P_1 \neq P_2$ ある．したがって，これは無駄のない準素分解である．

(3) ここで，$P_1 \subset P_2$ であることに注意すると，

$$
\sqrt{I} = \sqrt{P_1 \cap P_2^2} = \sqrt{P_1} \cap \sqrt{P_2^2} = P_1 \cap P_2 = P_1\ ^{140)}.
$$

140) 命題 1.4.2, (4).

ゆえに，$\sqrt{I} = P_1$ が成り立つ．しかし，I の素因子は二つあるので，I は準素イデアルではない（命題 5.2.7）．

命題 5.2.9 環 R のイデアル I が準素分解可能であるとし，P を R の素イデアルとする．このとき，次が成り立つ[141]．

(1) $I \subset P$ ならば，P は I の極小素因子を含む．

(2) P が I の極小素イデアルならば，P は I の極小素因子である．

(3) I の極小素イデアルは有限個である．

(4) I の根基 $\sqrt{I}$ は I の極小素イデアルの共通集合である．

141) P は R の極小素イデアル $\Longrightarrow$ P は (0) の極小イデアル $\Longrightarrow$ P は (0) の極小素因子．

（証明）(1) $I = Q_1 \cap Q_2 \cap \cdots \cap Q_n$ を無駄のない準素分解とす

る．ただし，Q_i は P_i 準素イデアルである．すると，I の素因子は $\{P_1, \ldots, P_n\}$ である．このとき，

$$\begin{aligned} P \supset I &\implies P \supset Q_1 \cap Q_2 \cap \cdots \cap Q_n \\ &\implies P \supset Q_i,\ 1 \leq \exists i \leq n \ ^{142)} \\ &\implies P \supset P_i \quad (\sqrt{Q_i} = P_i) \\ &\implies P \text{ は } I \text{ の素因子を含む.} \end{aligned}$$

142) 定理 1.3.12 より．

(2) P を I の極小素イデアルとすると，(1) において，$P \supset P_i$ であるが，P の極小性より $P = P_i$ となる．
(3) (2) より分かる．
(4) $I = Q_1 \cap \cdots \cap Q_n$ を準素分解とする．Q_i は P_i 準素イデアルである．すると，

$$\begin{aligned} \sqrt{I} &= \sqrt{Q_1 \cap \cdots \cap Q_n} \\ &= \sqrt{Q_1} \cap \cdots \cap \sqrt{Q_n} \ ^{143)} \\ &= P_1 \cap \cdots \cap P_n. \end{aligned}$$

143) 命題 1.4.2, (4).

I の極小素イデアルはすべて $P_1, \ldots, P_n$ の中に現れ，それ以外のものは取り除くことができる． □

問 5.4 $I = Q_1 \cap \cdots \cap Q_n$ を環 R のイデアル I の無駄のない準素分解とし，$P_1, \ldots, P_n$ を I の素因子とする．P_k が $P_1, \ldots, P_n$ の中で極小ならば，P_k は I の極小素イデアルであることを示せ．

例 5.2.10 例 5.2.8 と同様に $A = k[X, Y]$ を体 k 上 2 変数の多項式環とする．A のイデアル $I = (X^2, XY)$ と $P_1 = (X)$, $P_2 = (X, Y)$, $Q = (X^2, Y)$ を考える．このとき，P_1 と P_2 は素イデアルである．さらに，P_2 は極大イデアルであり，$\sqrt{Q} = P_2$ が成り立つので（問 5.1），命題 5.1.17 より Q は P_2 準素イデアルである．ゆえに，$I = P_1 \cap Q$ は無駄のない準素分解であり，I の素因子は $\{P_1, P_2\}$ である．一方，例題 5.2.8 で示した無駄のない準素分解 $I = P_1 \cap P_2^2$ と $I = P_1 \cap Q$ は異なる 2 つの無駄のない準素分解であり，したがって I の無駄のない準素分解は一意的ではないことが分かる．

命題 5.2.11 $f : R \longrightarrow R'$ を全射である環準同型写像とする．I と P は環 R のイデアル，I' と P' は環 R' のイデアルとする．さ

らに，イデアル I と I' はそれぞれの環で準素分解可能であるとし，$\mathrm{Ker}\, f \subset I$ と仮定する．このとき，次が成り立つ．

(1) P がイデアル I の素因子ならば，$f(P)$ もイデアル $f(I)$ の素因子である．

(2) P' がイデアル I' の素因子ならば，$f^{-1}(P')$ もイデアル $f^{-1}(I')$ の素因子である．特に，$\mathrm{Ker}\, f \subset P$ をみたす R のイデアル P に対して，$f(P)$ がイデアル $f(I)$ の素因子ならば P もイデアル I の素因子である．

（証明）(1) I の無駄のない準素分解を，

$$I = Q_1 \cap \cdots \cap Q_n \qquad ①$$

とする．ここで，Q_i は P_i 準素イデアルである．このとき，$P_1, \ldots, P_n$ が I の素因子である．これらは互いに相異なる．したがって，$f(P_1), \ldots, f(P_n)$ が $f(I)$ の素因子であることを示せばよい．①より，

$$\begin{aligned} I = \textstyle\bigcap_{i=1}^n Q_i \quad \Longrightarrow \quad f(I) &= f(\textstyle\bigcap_{i=1}^n Q_i) \\ &= \textstyle\bigcap_{i=1}^n f(Q_i) \ ^{144)} \\ \Longrightarrow \quad f(I) &= \textstyle\bigcap_{i=1}^n f(Q_i). \end{aligned}$$

144) 命題 1.2.10.

ゆえに，

$$f(I) = f(Q_1) \cap \cdots \cap f(Q_n) \qquad ②$$

が得られた．ここで，命題 5.1.15 より，

$$Q_i : P_i \text{ 準素イデアル} \implies f(Q_i) : f(P_i) \text{ 準素イデアル}$$

であるから，②は準素分解である．また，対応定理 1.1.16 より，

$$P_1, \ldots, P_n : \text{相異なる} \implies f(P_1), \ldots, f(P_n) : \text{相異なる}.$$

次に ②の準素分解において余分な準素成分がないことは，次のようにして示される．$f(Q_i) \supset \bigcap_{j \neq i} f(Q_j)$ と仮定すると，

$$\begin{aligned} & f(Q_i) \supset \textstyle\bigcap_{j \neq i} f(Q_j) \\ & \quad \Longrightarrow f^{-1} f(Q_i) \supset f^{-1}(\textstyle\bigcap_{j \neq i} f(Q_j)) \end{aligned}$$

$$(\mathrm{Ker}\, f \subset Q_i \text{ であるから } f^{-1} f(Q_i) = Q_i)$$

$$
\begin{aligned}
&(f^{-1}(\textstyle\bigcap_{j\neq i} Q_j) = \bigcap_{j\neq i} f^{-1}f(Q_j) = \bigcap_{j\neq i} Q_j) \\
&\Longrightarrow Q_i \supset \textstyle\bigcap_{j\neq i} Q_j.
\end{aligned}
$$

これは ①が無駄のない準素分解であることに矛盾する．

以上より，②は無駄のない準素分解となり，$f(P_1), \ldots, f(P_n)$ が $f(I)$ の素因子である．

(2) 次に，R' におけるイデアル I' の無駄のない準素分解を，

$$
I' = Q'_1 \cap \cdots \cap Q'_n \qquad ③
$$

とする．ここで，Q'_i は P'_i 準素イデアルである．このとき，$P'_1, \ldots, P'_n$ が I' の素因子であり，これらは互いに相異なる．

③より，

$$
\begin{aligned}
I' = \textstyle\bigcap_{i=1}^n Q'_i \quad \Longrightarrow \quad f^{-1}(I') &= f^{-1}(\textstyle\bigcap_{i=1}^n Q'_i) \\
&= \textstyle\bigcap_{i=1}^n f^{-1}(Q'_i) \text{ [145]} \\
\Longrightarrow \quad f^{-1}(I') &= \textstyle\bigcap_{i=1}^n f^{-1}(Q'_i).
\end{aligned}
$$

[145] 命題 1.2.9.

ゆえに，

$$
f^{-1}(I') = f^{-1}(Q'_1) \cap \cdots \cap f^{-1}(Q'_n) \qquad ④
$$

が得られた．ここで，命題 5.1.16 より，

$$
Q'_i : P'_i \text{ 準素イデアル} \implies f^{-1}(Q'_i) : f^{-1}(P'_i) \text{ 準素イデアル}
$$

であるから，④は準素分解である．また，対応定理 1.1.16 より，

$$
P'_1, \ldots, P'_n : \text{相異なる} \implies f^{-1}(P'_1), \ldots, f^{-1}(P'_n) : \text{相異なる}.
$$

次に ④における準素分解において余分な準素成分がないことは，次のようにして示される．$f^{-1}(Q'_i) \supset \bigcap_{j\neq i} f^{-1}(Q'_j)$ と仮定すると，

$$
\begin{aligned}
&f^{-1}(Q'_i) \supset \textstyle\bigcap_{j\neq i} f^{-1}(Q'_j) \\
&\quad \Longrightarrow f\big(f^{-1}(Q'_i)\big) \supset f\big(f^{-1}(\textstyle\bigcap_{j\neq i}(Q'_j))\big)
\end{aligned}
$$

$(f$ が全射であるから $ff^{-1}(Q'_i) = Q'_i)$

$(f(\bigcap_{j\neq i} f^{-1}(Q'_j)) = \bigcap_{j\neq i} f\big(f^{-1}(Q'_i)\big) = \bigcap_{j\neq i} Q'_j)$

$$\Longrightarrow Q'_i \supset \bigcap_{j\neq i} Q'_j.$$

これは④が無駄のない準素分解であることに矛盾する．

以上より，④は無駄のない準素分解となり，$f^{-1}(P'_1), \ldots, f^{-1}(P'_n)$ が $f^{-1}(I')$ の素因子である．

最後に，上の結果を適用すると，

$$\begin{aligned} f(P) : f(I) \text{ の素因子} &\Longrightarrow f^{-1}\big(f(P)\big) : f^{-1}\big(f(I)\big) \text{ の素因子} \\ &\Longrightarrow P : I \text{ の素因子}. \end{aligned}$$

□

系 5.2.12 I を環 R のイデアルとして，$\pi : R \longrightarrow R/I$ を標準全射とする．このとき，$I \subset P$ をみたす R のイデアル P にたいして，次が成り立つ．

$$P : I \text{ の素因子} \iff P/I : (\bar{0}) \text{ の素因子}.$$

□

（証明）$\pi(I) = I/I = (\bar{0})$ である．定理 5.2.11, (1) により，P が I の素因子ならば，$\pi(P) = P/I$ も $\pi(I) = (\bar{0})$ の素因子である．逆に，仮定より P は $I \subset P$ をみたす R のイデアルであるから，$\operatorname{Ker}\pi = I \subset P$ をみたす．ゆえに，同じ定理 5.2.11, (2) により，$\pi(P) = P/I$ が $\pi(I) = (\bar{0})$ の素因子ならば，P も I の素因子である．

□

5.3 分数環における準素分解

次に一般のイデアルの分数環への拡大を考え，分数環におけるその準素分解を考える．

命題 5.3.1 環 R の積閉集合 S による分数環を $R_S = S^{-1}R$ とし，Q' を R_S における P' 準素イデアルとする．$P = P' \cap R$, $Q = Q' \cap R$ とおく．このとき，Q は P 準素イデアルとなり，$P \cap S = \emptyset$ をみたす．

（証明）P' は R' の素イデアルであるから，命題 4.3.5 より，$P = P' \cap R$ は R の素イデアルであり，$P \cap S = \emptyset$ をみたす．また，Q' は P' 準素イデアルであるから，命題 5.1.16 より，Q は P 準素イデアルで

ある． □

問 5.5 S を環 R の積閉集合とし，P を R の素イデアル，Q を P 準素イデアルとする．このとき，次が成り立つことを証明せよ．

(1) $P \cap S = \emptyset \iff Q \cap S = \emptyset$.

(2) $P \cap S = \emptyset$ をみたすものとする．このとき，$a \in R, s \in S$ に対して，

$$\frac{a}{s} \in QR_S \iff a \in Q.$$

命題 5.3.2 環 R の積閉集合を S とし，$R_S = S^{-1}R$ を S による分数環とする．P を R の素イデアルとし，Q を P 準素イデアルとするとき，次が成り立つ．

(1) $S \cap P \neq \emptyset$ ならば，$QR_S = R_S$ である．

(2) $S \cap P = \emptyset$ ならば，QR_S は PR_S 準素イデアルである．さらに，$QR_S \cap R = Q$ かつ $PR_S \cap R = P$ が成り立つ．

（証明）(1) $S \cap P \neq \emptyset$ と仮定する．

$$\begin{aligned} S \cap P \neq \emptyset \quad &\Longrightarrow \quad Q \cap S \neq \emptyset \text{ [146]} \\ &\Longrightarrow \quad QR_S = (1) = R_S \text{ [147]}. \end{aligned}$$

[146] 問 5.5.

[147] 命題 4.3.1, (2).

(2) (i) $S \cap P = \emptyset$ のとき，$Q^e = QR_S$ は $P^e = PR_P$ 準素イデアルであることを示す．命題 5.1.12 を用いて証明する．

(a) $\sqrt{Q^e} = P^e$ であること：命題 4.3.9, (4) を用いて，

$$\sqrt{Q^e} = \sqrt{QR_S} = \sqrt{S^{-1}Q} = S^{-1}\sqrt{Q} = S^{-1}P = P^e.$$

(b)「$xy \in QR_S, x \notin PR_S \Longrightarrow y \in QR_S$」を示す．$x = a/s, y = b/t, (a, b \in R, s, t \in S)$ と表される．$x \notin PR_S$ であるから，$a \notin P$ である（命題 4.3.2）．すると，

$$\begin{aligned} xy \in QR_S \quad &\Longrightarrow \quad \frac{ab}{st} \in QR_S \\ &\Longrightarrow \quad ab \in Q \text{ [148]} \\ &\Longrightarrow \quad b \in Q \text{ [149]} \\ &\Longrightarrow \quad y = \frac{b}{t} \in QR_S. \end{aligned}$$

[148] 問 5.5.

[149] Q は P 準素イデアルであり，$a \notin P$.

(a),(b) より，QR_S は PR_P 準素イデアルであることが示された．

(ii) $QR_S \cap R = Q$ であること，すなわち，$Q^{ec} = Q$ を示す．

$Q^{ec} \supset Q$ は一般的に成り立つ（命題 1.2.7 参照）．逆の包含関係

を示す．$a \in Q^{ec} = QR_S \cap R$ とする．$S \cap P = \emptyset$ であることに注意すれば，

$$
\begin{aligned}
a \in Q^{ec} = \varphi^{-1}(QR_S) &\implies \varphi(a) \in QR_S \\
&\implies \frac{a}{1} = \frac{b}{t},\ \exists b \in Q, \exists t \in S \\
&\implies \exists u \in S,\ uat = ub \in Q \\
&\implies uta \in Q, ut \notin P\ ^{150)} \\
&\implies a \in Q\ ^{151)}.
\end{aligned}
$$

150) $ut \in S$.

151) Q は P 準素イデアル.

ゆえに，$Q^{ec} \subset Q$ が成り立つ．

一方，$PR_S \cap R = P$ であること，すなわち $P^{ec} = P$ であることは命題 4.3.6 で示してある． □

定義 5.3.3 $\varphi : R \longrightarrow R_S$ を環 R から分数環 R_S への標準的写像とする．R のイデアル I の R_S への拡大は $I^e = S^{-1}I = IR_S$ である．このとき，

$$S(I) := I^{ec} = IR_S \cap R = \varphi^{-1}(IR_S)$$

とおく．$S(I)$ は I を含む R のイデアルである．これを S によって定まる I の**孤立成分** (isolated component)，あるいは I の S **成分** (S-component) という．

命題 5.3.4 環 R の積閉集合を S とする．R のイデアル I に対して，I の S 成分 $S(I)$ は次のように表される．

$$S(I) = \{x \in R \mid sx \in I, \exists s \in S\}.$$

特に，$I = (0)$ であるとき，簡単に $S(0) = S((0))$ と書くことにすれば次のようである．

$$S(0) = \{x \in R \mid sx = 0, \exists s \in S\}.$$

（証明）定義により，$S(I) = IR_S \cap R = \varphi^{-1}(IR_S)$ である．$x \in S(I)$ とすると，

$$
\begin{aligned}
x \in \varphi^{-1}(IR_S) &\implies \varphi(x) \in IR_S \\
&\implies \frac{x}{1} = \frac{a}{s}, \exists a \in I, \exists s \in S
\end{aligned}
$$

$$\Longrightarrow tsx = ta \in I, \exists t \in S,\ \exists s \in S$$
$$\Longrightarrow ux \in I,\ \exists u \in S.$$

以上より，$S(I) \subset \{x \in R \mid sx \in I, \exists s \in S\}$ が成り立つ．

次に，逆の包含関係を示す．$x \in R$ に対して，ある元 $s \in S$ が存在して $sx \in I$ をみたしていると仮定する．このとき，

$$\varphi(x) = \frac{x}{1} = \frac{sx}{s} \in IR_S$$

となるので，$x \in \varphi^{-1}(IR_S) = S(I)$ を得る． □

問 5.6 R を整域とし，S をその積閉集合とする．このとき，R の零イデアル (0) の S 成分は (0) であることを示せ．

命題 5.3.5 環 R の積閉集合を S とし，$R_S = S^{-1}R$ を S による分数環とする．I を R の準素分解可能なイデアルとし，

$$I = Q_1 \cap Q_2 \cap \cdots \cap Q_n \tag{$*$}$$

をイデアル I の無駄のない準素分解とする．また，$P_i = \sqrt{Q_i}$，すなわち，Q_i は P_i 準素イデアルとする．さらに，

$$P_1 \cap S = \emptyset, \ldots, P_m \cap S = \emptyset, \quad P_{m+1} \cap S \neq \emptyset, \ldots, P_n \cap S \neq \emptyset$$

とする．このとき，

$$S^{-1}I = S^{-1}Q_1 \cap S^{-1}Q_2 \cap \cdots \cap S^{-1}Q_m,$$
$$S(I) = Q_1 \cap Q_2 \cap \cdots \cap Q_m$$

はそれぞれ無駄のない準素分解である．

(証明) (1) 命題 5.3.2, (1) より，$P_j \cap S \neq \emptyset$ ならば $S^{-1}Q_j = S^{-1}R$ である．すると，

$$\begin{aligned} S^{-1}I &= S^{-1}(Q_1 \cap \cdots \cap Q_m \cap Q_{m+1} \cap \cdots \cap Q_n) \\ &= S^{-1}Q_1 \cap \cdots \cap S^{-1}Q_m \cap S^{-1}Q_{m+1} \cap \cdots \cap S^{-1}Q_n \text{ [152]} \\ &= S^{-1}Q_1 \cap \cdots \cap S^{-1}Q_m. \end{aligned}$$

[152] 命題 4.2.4.

ここで命題 5.3.2, (2) より，$S^{-1}Q_j\ (1 \leq j \leq m)$ は $S^{-1}P_j$ 準素イデアルである．また，定理 4.3.6 より，$i \neq j\ (1 \leq i, j \leq m)$ に対し

て $S^{-1}P_i \neq S^{-1}P_j$ である．

さらに，準素分解 $S^{-1}I = S^{-1}Q_1 \cap \cdots \cap S^{-1}Q_m$ において，余分な準素成分がないこと：
$S^{-1}Q_j \supset S^{-1}Q_1 \cap \cdots \cap \widehat{S^{-1}Q_j} \cap \cdots \cap S^{-1}Q_m$ と仮定すると，

$$
\begin{aligned}
& Q_j^e \supset Q_1^e \cap \cdots \cap \widehat{Q_j^e} \cap \cdots \cap Q_m^e \\
& \quad \Longrightarrow Q_j^{ec} \supset (Q_1^e \cap \cdots \cap \widehat{Q_j^e} \cap \cdots \cap Q_m^e)^c \\
& \quad \Longrightarrow Q_j^{ec} \supset Q_1^{ec} \cap \cdots \cap \widehat{Q_j^{ec}} \cap \cdots \cap Q_m^{ec} \\
& \quad \Longrightarrow Q_j \supset Q_1 \cap \cdots \cap \widehat{Q_j} \cap \cdots \cap Q_m \text{ [153]} \\
& \quad \Longrightarrow I = Q_1 \cap \cdots \cap \widehat{Q_j} \cap \cdots \cap Q_m.
\end{aligned}
$$

[153] 命題 5.3.2, (2).

これは $(*)$ が無駄のない準素分解であることに矛盾する．以上より，$S^{-1}I = S^{-1}Q_1 \cap \cdots \cap S^{-1}Q_m$ は無駄のない準素分解となる．
(2) (1) より $S^{-1}I = S^{-1}Q_1 \cap \cdots \cap S^{-1}Q_m$ が成り立つ．すなわち，$IR_S = Q_1R_S \cap \cdots \cap Q_mR_S$ である．これより，

$$
\begin{aligned}
IR_S \cap R &= (Q_1R_S \cap \cdots \cap Q_mR_S) \cap R \\
&= (Q_1R_S \cap R) \cap \cdots \cap (Q_mR_S \cap R) \\
&= Q_1 \cap \cdots \cap Q_m \text{ [154]}.
\end{aligned}
$$

[154] 命題 5.3.2, (2).

このとき，$P_i \neq P_J\ (i \neq j)$ であり，余分な準素成分のない分解であることも同様に確かめられるのでこれは無駄のない準素分解である．

□

定義 5.3.6 I を環 R の準素分解可能なイデアルとする．$\mathscr{A}$ を I のすべての素因子の集合とし，Σ を $\mathscr{A}$ の部分集合とする．$P' \in \mathscr{A}$ とし，ある $P \in \Sigma$ に対して $P' \subset P$ ならば $P' \in \Sigma$ である，すなわち，$P' \in \mathscr{A}$ に対して，

$$
\exists P \in \Sigma,\ P' \subset P \implies P' \in \Sigma
$$

という条件をみたすとき Σ は I の素因子の**孤立集合** (isolated set) であるという．

孤立集合の例としては，

(1) I の極小素因子は孤立集合であり，また I の極小素因子の集合も孤立集合である（定義 5.2.6 を確認せよ）．

(2) S を R の積閉集合とするとき，$\Sigma = \{P \in \mathscr{A} \mid S \cap P = \emptyset\}$ は孤立集合である．なぜなら，$P' \in \mathscr{A}$ として，ある $P \in \Sigma$ に対して $P' \subset P$ と仮定すると，

$$P \in \Sigma \implies P \cap S = \emptyset \implies P' \cap S = \emptyset \implies P' \in \Sigma$$

となるからである．

$\Sigma \subset \mathscr{A}$ を孤立集合とする．$S := R \setminus \bigcup_{P \in \Sigma} P$ とおけば，S は積閉集合である．なぜなら，

$$\begin{aligned} x, y \in S &\implies \forall P \in \Sigma,\ x \notin P, y \notin P \\ &\implies \forall P \in \Sigma,\ xy \notin P \\ &\implies xy \notin \textstyle\bigcup_{P \in \Sigma} P \\ &\implies xy \in S. \end{aligned}$$

この積閉集合 S に対して，次が成り立つ．

(i) $P' \in \Sigma$ ならば，$P' \cap S = \emptyset$ である．
なぜなら，$P' \subset \bigcup_{P \in \Sigma} P$ であるから，$P' \cap (R \setminus \bigcup_{P \in \Sigma} P) = \emptyset$ である．

(ii) $P' \notin \Sigma$ ならば，$P' \cap S \neq \emptyset$ である．
$P' \notin \Sigma$ とすると，$P' \not\subset \bigcup_{P \in \Sigma} P$ となる．なぜなら，$P' \subset \bigcup_{P \in \Sigma} P$ と仮定すると，

$$\begin{aligned} P' \subset \textstyle\bigcup_{P \in \Sigma} P &\implies P' \subset P,\ \exists P \in \Sigma\ ^{155)} \\ &\implies P' \in \Sigma,\ \text{矛盾}\ ^{156)}. \end{aligned}$$

以上のことを考慮に入れると，次の命題が得られる．

定理 5.3.7（第 2 一意性定理） I を準素分解可能なイデアルとする．$I = \bigcap_{i=1}^{n} Q_i$ を I の無駄のない準素分解とし，$\Sigma := \{P_{i_1}, \ldots, P_{i_m}\}$ を I の素因子の孤立集合とする．ただし，Q_i は P_i 準素イデアルである．このとき，$Q_{i_1} \cap \cdots \cap Q_{i_m}$ は準素分解の仕方に依存せず，I により一意的に定まる．

特に，極小素イデアルに対応している準素成分は I により一意的に定まる．

（証明）$S := R \setminus \bigcup_{P \in \Sigma} P$ とおけば，S は積閉集合である．上で調べたように，

155) 命題 1.3.13.
156) Σ：孤立集合.

$$P' \in \Sigma \implies P' \cap S = \emptyset,$$
$$P' \notin \Sigma \implies P' \cap S \neq \emptyset.$$

すると，命題 5.3.5 より，

$$S(I) = S^{-1}I \cap R = Q_{i_1} \cap \cdots \cap Q_{i_m}$$

を得る．これより，$Q_{i_1} \cap \cdots \cap Q_{i_m}$ は I の準素分解の仕方に依存せず定まることが分かる． □

問 5.7 上記の定理 5.3.7 において，$Q_{i_1} \cap \cdots \cap Q_{i_m}$ は I の準素分解の仕方に依存せず定まることを確かめよ．

第 5 章練習問題

1. $R = k[X,Y,Z]$ を体 k 上 3 変数の多項式環とする．R のイデアルを，

$$\begin{aligned} &P = (X,Y,Z), & &I = (X,Y,Z)^2, \\ &I_1 = (X,Y^2,YZ,Z^2), & &I_2 = (Y,X^2,XZ,Z^2), \\ &I_3 = (Z,X^2,XY,Y^2) \end{aligned}$$

とする．このとき，次を示せ．

(1) P は R の極大イデアルである．
(2) I_1, I_2, I_3 は P 準素イデアルである．
(3) $I = I_1 \cap I_2 = I_1 \cap I_3 = I_2 \cap I_3$.

2. $\mathbb{Z}[X]$ を整数環 $\mathbb{Z}$ 上の多項式環とする．このとき，イデアル $(9, 3X)$ の無駄のない準素分解を求めよ．

3. $R = k[X,Y]$ を体 k 上 2 変数の多項式環とする．$a \in k$ として R のイデアル

$$I = (X^2, XY)$$

を考える．$P_1 = (X), P_2 = (X,Y)$ とするとき，次を示せ．

(1) $I = (X) \cap (Y + aX, X^2)$ が成り立つ．
(2) $Q_2 = (Y + aX, X^2)$ は P_2 準素イデアルである．
(3) (2) は I の無駄のない準素分解である．
(4) I の無駄のない準素分解は唯一つではない．

4. R を環，M を R 加群とし，N を M の部分 R 加群とする．M における部分 R 加群 N の**根基** を次のように定義する．

$$r_M(N) = \{x \in R \mid 適当な\ n > 0\ に対して\ x^n M \subseteq N\}.$$

このとき，$r_M(N) = \sqrt{(N:M)} = \sqrt{\mathrm{Ann}_R(M/N)}$ が成り立つことを示せ．特に，$r_M(N)$ は R のイデアルである．

5. 演習問題 4 で定義した r_M に対して，命題 1.4.2 と同様に以下の式が成り立つことを証明せよ．N と L は R 加群 M の部分 R 加群とする．

   (1) $N \subset L \Longrightarrow r_M(N) \subset r_M(L)$,
   (2) $\sqrt{r_M(N)} = r_M(N)$,
   (3) $r_M(N \cap L)) = r_M(N) \cap r_M(L)$,
   (4) $r_M(N) = (1) \Longleftrightarrow M = N$.

6. R を環，M を R 加群，N を M の部分 R 加群とする．$N \neq M$ でかつ次の条件が成り立つとき，N を M の**準素部分 R 加群** (primary submodule) という．$a \in R$, $x \in M$ に対して

$$x \notin N,\ ax \in N \implies \exists n \in \mathbb{N}, a^n M \subset N. \qquad (*)$$

   また，R の元 a に対して，

$$a \text{ は } M \text{ の}\textbf{零因子} \iff \exists x \in M,\ x \neq 0,\ ax = 0.$$
$$a \text{ は } M \text{ の}\textbf{ベキ零元} \iff a \in \sqrt{\mathrm{Ann}_R M}.$$

   と定義すると，上の条件 $(*)$ は命題 5.1.2 と同様に，

   M/N のすべての零因子は M/N のベキ零元である

   と言い換えることができる．すなわち，準素部分 R 加群は環における準素イデアルの加群への一般化であると言うことができる．

   N が M の準素部分 R 加群ならば，R のイデアル $(N : M) = \mathrm{Ann}_R(M/N)$ は R の準素イデアルであることを示せ．したがって，$P := r_M(N) = \sqrt{(N:M)}$ は素イデアルになる．このとき，N は M における P **準素部分 R 加群**であるという[157]．

[157] $N \subsetneq M$ に対して，N は M の P 準素イデアル
$\Updownarrow$
$x \notin N,\ ax \in N \Rightarrow a \in P$

7. P を環 R の素イデアル，M を R 加群とする．このとき，$N_1, \ldots, N_n$ が M の P 準素部分 R 加群ならば，$N_1 \cap \cdots \cap N_n$ も M の P 準素部分 R 加群であることを証明せよ．（これは命題 5.1.13 の類似である．）

8. P を環 R の素イデアル，M を R 加群とする．N が M における P 準素部分 R 加群であるとき，元 $x \in M$ に対して次が成り立つことを証明せよ（これは命題 5.1.19 の類似である）．

   (1) $x \in N \implies (N : x) = (1)$.
   (2) $x \notin N \implies (N : x)$ は P 準素イデアルである．

9. R 加群 M の部分 R 加群 N が準素部分 R 加群の共通集合として，

$$N = N_1 \cap \cdots \cap N_n$$

と表されるとき，M における N の**準素分解** という．素イデアル $P_i = r_M(N_i)$ はすべて相異なり，かつその表現において成分 N_i のどの一つも省略することができない，すなわち $N_i \not\supset \bigcap_{j \neq i} N_j$ $(1 \leqslant i \leqslant n)$ であるとき，この準素分解は**無駄のない準素分解** または**正規分解** であるという．

このとき，定理 5.2.4（一意性定理）と同様なこと，すなわち，素イデアル $P_1, \ldots, P_n$ は N(と M) にのみに依存することを証明せよ．

10. R を環とし，M を有限生成 R 加群とする．N を M の準素部分 R 加群とする．$Q = \mathrm{Ann}_R(M/N)$ は準素イデアルである（練習問題 6)．このとき，剰余加群 M/N の随伴素イデアル[158] は唯一つであることを証明せよ．すなわち，$\mathrm{Ass}(M/N) = \{\sqrt{Q}\}$ である．

[158] 随伴素イデアルは第 4 章練習問題 6 で定義されている．

6 クルルの定理

本章では，ネーターが証明した，ネーター環においてはすべてのイデアルが準素分解できることを示す．そして，クルルによって証明された可換環論の重要な定理である共通集合定理と標高定理を証明する．

6.1 ネーター環における準素分解

一般の環において，イデアルは必ずしも準素分解できるとは限らないが，ネーター環においてはすべてのイデアルが準素分解できることを示す（定理 6.1.6）．まず最初に，このことを証明するために必要な術語を定義しよう．

定義 6.1.1 環 R のイデアルを I とする．このとき，R のイデアル J, K に対して

$$I = J \cap K \implies I = J \text{ または } I = K$$

が成り立つとき，イデアル I は**既約** (irreducible) であるといい，そうでないとき**可約** (reducible) であるという．

命題 6.1.2 環 R のイデアルを P とする．P が素イデアルならば，P は既約である．

（証明）P を R の素イデアルとする．R のイデアル I と J に対して，定理 1.3.12 より，$P = I \cap J$ ならば $P = I$ または $P = J$ である．したがって，素イデアル P は 既約である． □

命題 6.1.3 R をネーター環とするとき，すべてのイデアルは有限個の既約イデアルの共通集合として表される．すなわち，

$$I : R \text{ のイデアル} \implies \exists I_i,\ I = I_1 \cap I_2 \cap \cdots \cap I_n,\ (I_i \text{ は既約イデアル}).$$

（証明）命題を証明するために，

$$\mathscr{A} := \text{有限個の既約イデアルの共通集合として表されない}$$
$$\text{イデアルの集合}$$

とおき，$\mathscr{A} = \emptyset$ であることを示せばよい．既約イデアルは $\mathscr{A}$ に属さないことに注意しよう．そこで，$\mathscr{A} \neq \emptyset$ と仮定する．

$$
\begin{aligned}
\mathscr{A} \neq \emptyset \quad &\Longrightarrow \quad \exists J \in \mathscr{A},\ J \text{ は } \mathscr{A} \text{ で極大}^{159)} \\
&\Longrightarrow \quad J \text{ は既約ではない} \\
&\Longrightarrow \quad J = J_1 \cap J_2,\ \exists J_1 \supsetneq J,\ \exists J_2 \supsetneq J \\
&\Longrightarrow \quad J_1 \notin \mathscr{A},\ J_2 \notin \mathscr{A}^{160)} \\
&\Longrightarrow \quad J_1 \text{ と } J_2 \text{ は既約イデアルの有限個の共通集合で表される} \\
&\Longrightarrow \quad J = J_1 \cap J_2 \text{ も既約イデアルの有限個の共通集合で表される} \\
&\Longrightarrow \quad \text{これは } J \in \mathscr{A} \text{ に矛盾する.}
\end{aligned}
$$

159) R はネーター環であるから極大元が存在する.

160) J の極大性より.

以上より，$\mathscr{A} = \emptyset$ であることが分かった．したがって，R のすべてのイデアルは既約イデアルの有限個の共通集合として表される．□

補題 6.1.4 R をネーター環とするとき，イデアル (0) が既約イデアルならば，(0) は準素イデアルである．すなわち，

$$(0)：\text{既約イデアル} \Longrightarrow (0)：\text{準素イデアル}.$$

（証明）(0) が既約イデアルであると仮定する．また，(0) が準素イデアルであることは，定義 5.1.1 により，

$$xy = 0 \Longrightarrow [y = 0 \text{ または } \exists n \in \mathbb{N}, x^n = 0]$$

である．したがって，$xy = 0, y \neq 0$ と仮定して，ある $n \in \mathbb{N}$ が存在して $x^n = 0$ であることを示せばよい．そこで，$\mathrm{Ann}_R(x) = (0 : x)$ という記号を用いて（定義 1.2.3），イデアルの昇鎖，

$$\mathrm{Ann}_R(x) \subset \mathrm{Ann}_R(x^2) \subset \cdots$$

を考える．R はネーター環であるから，この昇鎖は停留する．すなわち，

$$\exists n \in \mathbb{N},\ \mathrm{Ann}_R(x^n) = \mathrm{Ann}_R(x^{n+1}) = \cdots .$$

このとき，$(x^n) \cap (y) = (0)$ が成り立つ．なぜなら，$xy = 0$ に注意すると，

$$
a \in (x^n) \cap (y) \implies \begin{cases} a \in (x^n) \implies a = bx^n, \exists b \in R \\ a \in (y) \implies a = a_1 y, \exists a_1 \in R \end{cases}
$$
$$
\begin{aligned}
&\implies a = bx^n,\ ax = a_1(yx) = 0 \\
&\implies bx^{n+1} = bx^n \cdot x = ax = 0 \\
&\implies b \in \mathrm{Ann}_R(x^{n+1}) = \mathrm{Ann}_R(x^n) \\
&\implies b \in \mathrm{Ann}_R(x^n) \\
&\implies a = bx^n = 0.
\end{aligned}
$$

仮定より，(0) は既約イデアルであるから，

$$
(0) = (x^n) \cap (y), (y) \neq (0) \implies (x^n) = (0) \implies x^n = 0
$$

となる．以上より，「$xy = 0, y \neq 0 \implies \exists n \in \mathbb{N}, x^n = 0$」が示されたので，(0) は準素イデアルである． □

問 6.1 上の証明の中で用いられた関係 $\mathrm{Ann}_R(x^i) \subset \mathrm{Ann}_R(x^{i+1})$ を証明せよ．

補題 6.1.5 R をネーター環とするとき，既約イデアルならば，準素イデアルである．すなわち，

$$
I: \text{既約イデアル} \implies I: \text{準素イデアル}.
$$

（証明）I を既約イデアルとする．剰余環 $\overline{R} = R/I$ で考えると，$(\bar{0})$ は $\overline{R}$ で既約である．なぜなら，J, K を I を含む R のイデアルとして $(\bar{0}) = J/I \cap K/I$ と仮定する．このとき，$(\bar{0}) = J/I \cap K/I = (J \cap K)/I$ であるから，$(\bar{0}) = I/I$ に注意すると，

$$
\begin{aligned}
(\bar{0}) = (J \cap K)/I &\implies I/I = (J \cap K)/I \ ^{161)} \\
&\implies I = J \cap K \ ^{162)} \\
&\implies I = J \text{ または } I = K \ ^{163)} \\
&\implies (\bar{0}) = \overline{J} \text{ または } (\bar{0}) = \overline{K}.
\end{aligned}
$$

[161] $(\bar{0}) = I/I$.

[162] 対応定理 1.3.12.

[163] I は既約イデアル.

ゆえに，$(\bar{0})$ は $\overline{R}$ で既約である．すると，補題 6.1.4 より $(\bar{0})$ は $\overline{R}$ で準素イデアルになる．ここで，標準全射 $\pi: R \longrightarrow R/I$ を考えると，命題 5.1.16 より，$\overline{R} = R/I$ における準素イデアル $(\bar{0})$ の逆像 $\pi^{-1}(\bar{0}) = I$ は R における準素イデアルとなる． □

問 6.2 上の補題 6.1.5 の証明において，$J/I \cap K/I = (J \cap K)/I$ が成り

立つことを確かめよ．

以上の準備のもとに，ネーター環における準素分解を証明することができる．

定理 6.1.6 Rをネーター環とするとき，ネーター環Rのすべてのイデアルは準素分解をもつ．

（証明）IをRのイデアルとする．Rはネーター環であるから，補題 6.1.3 より，Iは既約イデアルの共通集合として表される．また，補題 6.1.5 より，各既約イデアルは準素イデアルなので，Iは準素イデアルの共通集合として表される．□

この定理によって，ネーター環RのイデアルIは準素分解できる．したがって，以後ネーター環の任意のイデアルIの素因子について考えることができる．

命題 6.1.7 Rをネーター環とする．Rの任意のイデアルIに対して，ある自然数nが存在して$I \supset (\sqrt{I})^n$が成り立つ．すなわち，

$$I : R\text{のイデアル} \implies \exists n \in \mathbb{N},\ I \supset (\sqrt{I})^n.$$

特に，QがP準素イデアルのとき，

$$Q : P\text{準素イデアル} \implies \exists n \in \mathbb{N},\ Q \supset P^n.$$

（証明）$I \neq (0)$としてよい．$\sqrt{I}$はRのイデアルである（命題 1.4.1）．すると，Rはネーター環であるから，$x_1, \ldots, x_k \in R$が存在して$\sqrt{I} = (x_1, \ldots, x_k)$と表される．各$i\,(1 \leq i \leq k)$について，

$$x_i \in \sqrt{I} \implies \exists n_i \in \mathbb{N},\ x_i^{n_i} \in I$$

となっている．ここで，

$$n := n_1 + \cdots + n_k$$

とおく．このとき，イデアル$(\sqrt{I})^n = (x_1, \ldots, x_k)^n$は$r_1 + \cdots + r_k = n$をみたす単項式$x_1^{r_1} x_2^{r_2} \cdots x_k^{r_r}$により生成されている．

$$(\sqrt{I})^n = (x_1, \ldots, x_k)^n = (\{x_1^{r_1} x_2^{r_2} \cdots x_k^{r_k}\}_{r_1 + \cdots + r_k = n}).$$

$\sqrt{I}$ の各生成元 $x_1^{r_1}x_2^{r_2}\cdots x_k^{r_k}$ に対して，n の定義より，ある番号 $i\,(1 \leq i \leq k)$ が存在して $r_i \geq n_i$ である．なぜなら，すべての i に対して $r_i < n_i$ と仮定すると，

$$n = r_1 + \cdots + r_k < n_1 + \cdots + n_k = n \implies n < n$$

となり，矛盾が生じるからである．すると，$(\sqrt{I})^n$ を生成しているすべての単項式 $x_1^{r_1}\cdots x_k^{r_k}$ において，ある番号 $i\,(1 \leq i \leq k)$ に対して $r_i \geq n_i$ である．このとき，$x_i^{r_i} \in I$ となるので，$x_1^{r_1}\cdots x_i^{r_i}\cdots x_k^{r_k} \in I$ が成り立つ．したがって，$(\sqrt{I})^n$ のすべての生成元が I に属するので，$(\sqrt{I})^n \subset I$ が得られる． □

系 6.1.8 R をネーター環とするとき，R のベキ零根基 $\mathrm{nil}(R)$ はベキ零である．すなわち，ある自然数 n が存在して $\mathrm{nil}(R)^n = (0)$ となる．

（証明）定義 1.4.5 より，$\mathrm{nil}(R) = \sqrt{(0)}$ である．ゆえに，命題 6.1.7 より，ある自然数 n が存在して $(0) \supset (\sqrt{(0)})^n = \mathrm{nil}(R)^n$ となる．したがって，$\mathrm{nil}(R)^n = (0)$ が成り立つ． □

R がネーター環ならば，極大イデアルを P とするとき，命題 5.1.17 より強い形での P 準素イデアルに対する次の特徴付けが得られる．

命題 6.1.9 R をネーター環とし，P を R の極大イデアルとする．このとき R の真のイデアル Q に対して，次は同値である．

(i) Q は P 準素イデアルである．

(ii) $P = \sqrt{Q}$.

(iii) ある自然数 n が存在して，$Q \supset P^n$ が成り立つ．

（証明）(i) $\Longrightarrow$ (ii)．Q が P 準素イデアルならば，定義 5.1.4 より $P = \sqrt{Q}$ が成り立つ．(ii) $\Longrightarrow$ (iii) は命題 6.1.7 より，(iii) $\Longrightarrow$ (i) は命題 5.1.17 の (2) より得られる． □

系 6.1.10 P をネーター環 R の極大イデアル，Q を P 準素イデアルとする．R のイデアル Q_1 に対して，$Q \subset Q_1 \subset P$ ならば Q_1 は P 準素イデアルである．

（証明）Q が P 準素イデアルであるから，命題 6.1.7 より，ある自

然数 n が存在して，$P^n \subset Q$ が成り立つ．ゆえに，$P^n \subset Q \subset Q_1$ が成り立つ．したがって，$P^n \subset Q_1$ であるから，命題 6.1.9 を用いて，Q_1 は P 準素イデアルである． □

注意 P が極大イデアルならば，命題 6.1.9 より，P^n は P 準素イデアルである．しかし，P が極大イデアルでない場合には，P が素イデアルであっても P^n は必ずしも準素イデアルであるとは限らない（例 5.1.8 参照）．

定理 5.2.4（一意性定理）において，イデアル I が準素分解可能であるとき，I の素因子は無駄のない準素分解の仕方にかかわらず一意的に定まることを示した．ネーター環においてはさらに強い形の定理が成り立つ．最初に，次の補題を証明する．

補題 6.1.11 R をネーター環とする．このとき，次が成り立つ．

$$(0) \text{ のすべての素因子の集合} = \{\mathrm{Ann}_R(x) \in \mathrm{Spec}(R) \mid x \in R\}.$$

（証明）イデアル (0) のすべての素因子の集合を $\mathscr{A}$ として，

$$\mathscr{A} = \{\mathrm{Ann}_R(x) \in \mathrm{Spec}(R) \mid x \in R\}$$

を証明する．

(1) $\mathscr{A} \subset \{\mathrm{Ann}_R(x) \in \mathrm{Spec}(R) \mid x \in R\}$ を示す．
$P \in \mathscr{A}$ とする．P は (0) の素因子であるから，(0) の無駄のない準素分解，

$$(0) = Q_1 \cap Q_2 \cap \cdots \cap Q_n, \quad Q_i \text{ は } P_i \text{ 準素イデアル} \qquad (*)$$

において現れる P_i の中の一つ，すなわち，$P = P_i$ である．このとき，$P = P_i = \sqrt{Q_i}$ である．

$$I_i := Q_1 \cap \cdots \cap \widehat{Q}_i \cap \cdots \cap Q_n$$

とおく．ただし，$\widehat{Q}_i$ は Q_i を除くということを表している．このとき，$I_i \cap Q_i = 0$ である．$(*)$ における分解は無駄のない準素分解であるから，$Q_i \not\supset I_i = \bigcap_{j \neq i} Q_j$ であり，したがって $I_i = \bigcap_{j \neq i} Q_j \neq (0)$ である．このとき，一意性定理 5.2.4 の後の注意より，I_i の任意の元 $x \neq 0$ に対して $\sqrt{\mathrm{Ann}_R(x)} = P_i$ となる．ゆえに，$\mathrm{Ann}_R(x) \subset P_i$ が成り立つ．

次に，上で選んだ x の中の一つに対して $\mathrm{Ann}_R(x) \supset P_i$ が成り立つことを示す．
Q_i は P_i 準素イデアルであるから，命題 6.1.7 より，ある自然数 m により $Q_i \supset \sqrt{Q_i}^m = P_i^m \ (i = 1, \ldots, n)$ が成り立つ．すると，

$$I_i P_i^m \subset I_i \cap P_i^m \subset I_i \cap Q_i = (0)$$

となる．ゆえに，$I_i P_i^m = (0)$ である．ここで，m を $I_i P_i^m = (0)$ をみたす最小の自然数とする．このとき，$I_i P_i^{m-1} \neq (0)$ である．すると，

$$\begin{aligned} I_i P_i^{m-1} \neq (0) &\implies \exists x \in I_i P_i^{m-1},\ x \neq 0 \\ &\implies P_i x \subset P_i I_i P_i^{m-1} = I_i P_i^m = (0) \\ &\implies P_i x = (0) \\ &\implies P_i \subset (0 : x) = \mathrm{Ann}_R(x) \\ &\implies P_i \subset \mathrm{Ann}_R(x). \end{aligned}$$

したがって，$x \in I_i P_i^{m-1} \subset I_i$ かつ $x \neq 0$ をみたす x に対して $P_i \subset \mathrm{Ann}_R(x)$ が成り立つ．一方，前半で，任意の $x \in I_i, x \neq 0$ に対して $P_i \supset \mathrm{Ann}_R(x)$ が成り立つことを示しているので，$P_i = \mathrm{Ann}_R(x)$ が成り立つ．以上で，$\mathscr{A} \subset \{\mathrm{Ann}_R(x) \in \mathrm{Spec}(R) \mid x \in R\}$ であることを示した．

(2) 次に逆の包含関係 $\mathscr{A} \supset \{\mathrm{Ann}_R(x) \in \mathrm{Spec}(R) \mid x \in R\}$ を示す．
$(0 : x) = \mathrm{Ann}_R(x)$ が素イデアルであると仮定する．定理 5.2.4（一意性定理）の証明において，任意の元 $x \in R$ に対して，

$$\sqrt{(0 : x)} = \bigcap_{x \notin Q_j} P_j$$

を示した．いま $(0 : x)$ は素イデアルであるから，$(0 : x) = \bigcap_{x \notin Q_j} P_j$ となる．さらに，各 P_j は素イデアルであるから，定理 1.3.12 を用いれば，

$$(0 : x) = \bigcap_{x \notin Q_j} P_j \implies \exists k \ (1 \leq k \leq n),\ (0 : x) = P_k.$$

以上より，$(0 : x)$ は (0) の素因子の一つ P_k に一致する．ゆえに，

$(0:x) \in \mathscr{A}$ が示された. □

定理 6.1.12 $I \neq (1)$ をネーター環 R のイデアルとする. このとき, I のすべての素因子の集合は, $(I:x)$ $(x \in R)$ という形のすべてのイデアルの集合の中に現れる素イデアルの集合と一致する. すなわち,

$$I\text{ のすべての素因子の集合} = \{(I:x) \in \mathrm{Spec}(R) \mid x \in R\}.$$

(証明) 左辺, すなわち I のすべての素因子の集合を $\mathscr{A}$ とおき,

$$\mathscr{A} = \{(I:x) \in \mathrm{Spec}(R) \mid x \in R\} \qquad (*)$$

であることを上で証明した補題 6.1.11 を用いて証明する.

$$\begin{aligned} P \in \mathscr{A} &\iff P\text{ は }I\text{ の素因子} \\ &\iff \overline{P} = P/I \text{ は } \overline{I} = I/I = (\overline{0}) \text{ の素因子}^{164)} \\ &\iff \overline{P} = \mathrm{Ann}_{\overline{R}}(\overline{x}) = (\overline{0}:\overline{x}) \in \mathrm{Spec}(R/I),\ \exists x \in R^{165)} \\ &\iff P/I = (I:x)/I \in \mathrm{Spec}(R/I),\ \exists x \in R \\ &\iff P = (I:x) \in \mathrm{Spec}(R),\ \exists x \in R.^{166)} \end{aligned}$$

上記同値変形のなかで, $(\overline{0}:\overline{x}) = (I:x)/I$ が成り立つのは次のようである.

$$\overline{a} \in (\overline{0}:\overline{x}) \iff \overline{ax} = \overline{0} \iff ax \in I \iff a \in (I:x).$$

ゆえに, $(\overline{0}:\overline{x}) = \{\overline{a} \mid a \in (I:x)\} = (I:x)/I$ と表現されるからである.

以上より, 等式 $(*)$ が証明された. □

164) 標準全射 $\pi : R \longrightarrow R/I$ に系 5.2.12 を使う.

165) 補題 6.1.11.

166) 命題 1.3.10, 対応定理 1.1.17.

定理 6.1.13 R をネーター環とし, I と J を R のイデアルとする. I のすべての素因子を $P_1, \ldots, P_r$ とするとき, 次が成り立つ.

$$(I:J) = I \iff J \not\subset P_i,\ \forall i\,(1 \leq i \leq r).$$

(証明) $I = Q_1 \cap \cdots \cap Q_r$ をイデアル I の無駄のない準素分解とし, Q_i は P_i 準素イデアルとする.
$(\Longleftarrow)$: 任意の $i\,(1 \leq i \leq r)$ に対して $J \not\subset P_i$ であると仮定する.

すると，命題 5.1.11 を用いて，

$$J \not\subset P_i \implies (Q_i : J) = Q_i \ (1 \leq \forall i \leq r)$$

である．ゆえに，命題 1.2.4，(1) により，

$$\begin{aligned}(I : J) &= (Q_1 \cap \cdots \cap Q_r) : J \\ &= (Q_1 : J) \cap \cdots \cap (Q_r : J) \\ &= Q_1 \cap \cdots \cap Q_r = I.\end{aligned}$$

$(\Longrightarrow)$：　ある $i\,(1 \leq i \leq r)$ に対して $J \subset P_i$ であると仮定する．このとき $(I : J) \supsetneq I$ を示す．

簡単のために，

$$\underbrace{P_1, \ldots, P_s,}_{J \subset P_i} \quad \underbrace{P_{s+1}, \ldots, P_r,}_{J \not\subset P_i}$$

としても一般性を失わない．仮定より $s > 0$ である．R はネーター環であるから，命題 6.1.7 を使うと，各 $i\,(1 \leq i \leq s)$ に対して Q_i は P_i 準素イデアルであることより，ある $n_i \in \mathbb{N}$ が存在して $P_i^{n_i} \subset Q_i$ が成り立つ．すると，

$$J \subset P_i \implies J^{n_i} \subset P_i^{n_i} \subset Q_i$$

である．$n = \max\ (n_1, \ldots, n_s)$ とおけば $i = 1, \ldots, s$ に対して $J^n \subset Q_i$ となり，

$$(Q_i : J^n) = (1), \quad i = 1, 2, \ldots, s$$

が成り立つ（イデアル商の定義 1.2.3 参照）．一方，$i = s+1, \ldots, r$ に対して，

$$\begin{aligned}J \not\subset P_i &\implies J^n \not\subset P_i \ [167] \\ &\implies (Q_i : J^n) = Q_i \ [168]\end{aligned}$$

[167] 命題 1.3.11.

[168] 命題 5.1.11.

ゆえに，再び命題 1.2.4 の (1) を使えば，

$$\begin{aligned}(I : J^n) &= (Q_1 \cap \cdots \cap Q_r) : J^n \\ &= (Q_1 : J^n) \cap \cdots \cap (Q_s : J^n) \cap (Q_{s+1} : J^n) \cap \cdots \cap (Q_r : J^n)\end{aligned}$$

$$
\begin{aligned}
&= R \cap \cdots \cap R \cap Q_{s+1} \cap \cdots \cap Q_r \\
&= Q_{s+1} \cap \cdots \cap Q_r
\end{aligned}
$$

したがって，$(I : J^n) = Q_{s+1} \cap \cdots \cap Q_r$ が得られる．このことより，$(I : J) \supsetneq I$ でなければならないことが分かる．なぜなら，$(I : J) = I$ と仮定すると，命題 1.2.4, (2) を繰り返し適用すれば次が得られる．

$$
\begin{aligned}
(I : J^2) &= (I : J) : J = (I : J) = I, \\
(I : J^3) &= (I : J^2) : J = (I : J) : J = (I : J) = I.
\end{aligned}
$$

帰納法により，$(I : J^n) = I$ が成り立つ．すると，上の結果より，

$$
Q_{s+1} \cap \cdots \cap Q_r = Q_1 \cap \cdots \cap Q_r
$$

となるが，$s > 0$ であるから，これは $I = Q_1 \cap \cdots \cap Q_r$ が無駄のない準素分解であることに矛盾する． □

問 6.3 R をネーター環とし，I をそのイデアルとする．I の素因子 P に対して，$I \subsetneq (I : P)$ が成り立つことを示せ．

命題 6.1.14 ネーター環 R の元を a とする．元 a が R の零因子であるための必要十分条件は，a が零イデアル (0) のある素因子に含まれることである．

（証明）なぜならば，

$$
\begin{aligned}
a : \text{零因子} &\iff (0 : a) \neq (0) \\
&\iff (a) \subset P,\ P \text{ は } (0) \text{ のある素因子}
\end{aligned}
$$

[169] □

169) 命題 6.1.13.

本節の最後に，6.4 節におけるクルルの単項イデアル定理 6.4.8 の証明において重要な役割を果たす素イデアルの記号的 n 乗の概念を定義する．

定義 6.1.15 P を R の素イデアルとし，積閉集合を $S = R \setminus P$ とする．このとき，イデアル P のベキイデアル P^n の S 成分 $S(P^n)$ を $P^{(n)}$ で表し，素イデアル P の**記号的 n 乗** (symbolic n-th power) という．すなわち，$P^{(n)}$ は次のように表される．

$$
P^{(n)} := P^n R_S \cap R = P^n R_P \cap R = S(P^n)
$$

[170].

170) $\varphi : R \longrightarrow R_P$ を標準写像とすれば，$P^{(n)} = \varphi^{-1}(P^n R_P)$ と表される．

このとき，$P^n \subset P^{(n)} \subset P$ である．

問 6.4　素イデアル P の記号的 n 乗については，一般に次が成り立つことを確かめよ．

$$P = P^{(1)} \supset P^{(2)} \supset P^{(3)} \supset \cdots.$$

命題 6.1.16　R をネーター環とし，P を R の素イデアルとする．このとき，記号的 n 乗 $P^{(n)}$ はイデアルのベキ P^n の準素分解における P 準素成分である．

（証明）(1) 命題 4.3.4 より R_S はネーター環である．また命題 4.3.7 で調べたように，$R_P = R_S$ は PR_P を極大イデアルとする局所環である．このとき，PR_P は R_P の極大イデアルであるから，命題 5.1.17(3) より $P^nR_P = (PR_P)^n$ は PR_P 準素イデアルである．

$$\begin{aligned} P^nR_P \text{ は } PR_P \text{ 準素イデアル} &\Longrightarrow P^nR_P \cap R \text{ は } PR_P \cap R \text{ 準素イデアル}^{171)} \\ &\Longrightarrow P^{(n)} \text{ は } P \text{ 準素イデアル}^{172)}. \end{aligned}$$

[171] 命題 5.1.16.

[172] 命題 5.3.2,(2).

(2) 次に，$P^n = Q_1 \cap \cdots \cap Q_r$ を無駄のない分解とする．Q_i を P_i 準素イデアルとすると，P^n の素因子は $P_1, \ldots, P_r$ である．

P は P^n の極小素イデアルである．したがって，P は P^n の素因子である（命題 5.2.9 の (2)）．ゆえに，ある $i(1 \leq i \leq r)$ により $P = P_i$ である．$S := R \setminus P$ とおけば，$j \neq i$ ならば $P_j \cap S \neq \emptyset$ である．なぜなら，$P = P_i \neq P_j$ であるから，$P_j \not\subset P$ である（P は極小であるから，$P_j \subset P \Longrightarrow P_j = P$ となる）．すると，

$$\begin{aligned} P_j \not\subset P &\Longrightarrow \exists a \in P_j,\ a \notin P \\ &\Longrightarrow \exists a \in P_j,\ a \in S \\ &\Longrightarrow P_j \cap S \neq \emptyset. \end{aligned}$$

ゆえに，命題 5.3.5 より，$S(P^n) = Q_i$，すなわち，$P^nR_P \cap R = Q_i$ を得る．これは，記号的 n 乗 $P^{(n)}$ が P^n の準素分解における P 準素成分であることを示している．　□

問 6.5　R の素イデアル P は P^n の極小素イデアルであることを確かめよ．

6.2 クルルの共通集合定理

クルル[173]の共通集合定理は，ネーター環における現代的発展の基点となった定理である．本書では扱わないが，環においてイデアル I による I **進位相** (I-adic topology) を導入したとき基本的な役割を果たす重要な定理である．また，クルルの共通集合定理は定理 6.2.1 だけでなく，本節において以下に続く定理も含めて言う場合もある．

定理 6.2.1（クルルの共通集合定理，Krull intersection theorem） R をネーター環とし，I をそのイデアルとする．このとき，$S := 1 - I = \{1 - a \mid a \in I\}$ とおけば，S は積閉集合であり，次が成り立つ．

$$\bigcap_{i=0}^{\infty} I^i = \{x \in R \mid \exists a \in I,\ x = ax\} = S(0)$$

これは，イデアル $\bigcap_{i=0}^{\infty} I^i$ が S によって定まる零イデアル (0) の孤立成分である（(0) の S 成分）ことを意味している．

（証明）(1) S が積閉集合であることは容易に分かる．このとき，イデアル (0) の S 成分（孤立成分）$S(0)$ に対して

$$S(0) = \{x \in R \mid \exists a \in I,\ x = ax\}$$

が成り立つ．なぜなら，命題 5.3.4 より，$S(0) = \{x \in R \mid sx = 0, \exists s \in S\}$ である．すると，$S = 1 - I$ であるから $S(0)$ を特徴づけている条件は次のようになる．

$$\begin{aligned} x \in S(0) &\iff \exists s \in S, sx = 0 \\ &\iff \exists a \in I, (1-a)x = 0 \\ &\iff \exists a \in I, x = ax. \end{aligned}$$

したがって，定理の主張は $\bigcap_{i=0}^{\infty} I^i = S(0)$ と表され，これはイデアル $\bigcap_{i=0}^{\infty} I^i$ が零イデアルの S 成分（孤立成分）であることを意味している．

よって，以下において簡単のため $J = \bigcap_{i=0}^{\infty} I^i$ とおき，$J = S(0)$ であることを示せばよい．

[173] Wolfgang Krull (1899–1971) ドイツの数学者．1919 年にフライブルグ大学入学，当時のドイツの大学の習慣で，さまざまな大学に滞在して研究した．1920 年にはゲッティンゲン大学に行き，クラインに師事したが，E. ネーターに大きな影響を受けた．そして 1922 年再びフライブルグ大学に戻り，学位を取得する．1928 年までフライブルグ大学で教えて，エルランゲン大学の教授に任命された．その後 1939 年にボン大学に移り，第 2 次世界大戦中に海軍気象部で働いた間を除き終生そこにとどまった．

1925 年に作用素のアーベル群の分解に対する「クルル・シュミットの定理」を証明，またガロア理論を研究し，有限次元の拡大に対するガロア理論を位相的な概念を用いて無限次元の場合に一般化した．1928 年には可換なネーター環の「クルル次元」を導入し，「単項イデアル定理」を証明した．さらに，1938 年にクルルは局所環の概念を定義した．これは代数多様体の局所的性質を研究するために用いられ，環論における主要な題材となった．彼の局所環に関する基本的な結果は，後にシュヴァレーやザリスキーのような数学者達によって主要な研究に発展した．現代

(2) (a) $S(0) \subset J$ を示す．
これは次のようである．$x \in S(0)$ とすると，

$$\begin{aligned} x \in S(0) &\Longrightarrow \exists a \in I,\ x = ax \\ &\Longrightarrow x = ax = a(ax) = a^2x = a^2(ax) = \cdots \\ &\Longrightarrow x = a^i x \in I^i \ \ (\forall i \in \mathbb{N}) \\ &\Longrightarrow x \in \bigcap_{i=0}^{\infty} I^i = J. \end{aligned}$$

(b) $S(0) \supset J$ を示す． これを示すためには，

$$J \subset IJ$$

を示せばよい．なぜなら，このとき，$J \supset IJ$ は明らかであるから，$J = IJ$ となる．すると，J は R 加群と考えられるので，定理 3.1.1（中山の補題）より，ある元 $a \in I$ が存在して $(1-a)J = (0)$ が成り立つ．ここで，$1 - a \in 1 - I = S$ であるから，$J \subset S(0)$ となるからである．
(3) $J \subset IJ$ を示す． R はネーター環であるから，イデアル IJ の準素分解を考えることができる．そこで，IJ の準素分解を，

$$IJ = Q_1 \cap Q_2 \cap \cdots \cap Q_n, \quad Q_i \text{ は } P_i \text{ 準素イデアル}$$

とする．このとき，任意の $i\,(1 \leq i \leq n)$ に対して $IJ \subset Q_i$ であるから，命題 5.1.10 より，

$$IJ \subset Q_i \Longrightarrow J \subset Q_i \ \text{ または } \ I \subset P_i$$

となる．一方，$I \subset P_i$ のときも，$J \subset Q_i$ を得る．なぜなら，R はネーター環であるから，命題 6.1.7 より，ある自然数 n が存在して $P_i^n \subset Q_i$ が成り立つ．すると，

$$J = \bigcap_{i=0}^{\infty} I^i \subset I^n \subset P_i^n \subset Q_i$$

となり，$J \subset Q_i$ が成り立つ．

したがって，いずれにしても $J \subset Q_i$ であることが分かった．i は任意であるから，

$$J \subset Q_1 \cap \cdots \cap Q_n = IJ$$

の可換環論の多くの部分は，クルルがとった道の上にあり，それは E. ネーターが構築した基礎の上に築かれている．

となり，$J \subset IJ$ が示された． □

問 6.6 定理 6.2.1 において，$S = 1 - I$ が積閉集合であることを示せ．

注意 R をネーター環とし，S を R の任意の積閉集合とする．このとき，次が成り立つ．

$$S(0) = (0) \iff S \text{ は零因子を含まない．}$$

なぜなら，

$$\begin{aligned} S(0) = (0) &\iff S(0) \subset (0) \\ &\iff [\, a \in S(0) \implies a = 0 \,] \\ &\iff [\, a \in R,\ \exists s \in S,\ sa = 0 \implies a = 0 \,] \\ &\iff [\, s \in S,\ a \in R,\ sa = 0 \implies a = 0 \,] \\ &\iff s \in S \text{ は零因子ではない．} \end{aligned}$$

定理 6.2.2 R をネーター環とし，I を R のイデアルとする．このとき，次が成り立つ．

$$\bigcap_{i=0}^{\infty} I^i = (0) \iff [\, x : \text{零因子} \implies x \not\equiv 1 \pmod{I} \,]$$

（証明）$S := 1 - I$ とすれば，定理 6.2.1 より，$\bigcap_{i=0}^{\infty} I^i = S(0)$ が成り立つ．ゆえに，$\bigcap_{i=0}^{\infty} I^i = (0)$ は $S(0) = (0)$ と書き換えられる．ここで，

$$\begin{aligned} x \in S &\iff x = 1 - a,\ \exists a \in I \\ &\iff x \equiv 1 \pmod{I} \end{aligned}$$

に注意すると，

$$\begin{aligned} \textstyle\bigcap_{i=0}^{\infty} I^i = S(0) &\iff S(0) = (0) \\ &\iff S \text{ は零因子を含まない}^{174)} \\ &\iff [\, x \in S \implies x : \text{非零因子} \,] \\ &\iff [\, x \equiv 1 \ (\mathrm{mod}\, I) \implies x : \text{非零因子} \,] \ \square \end{aligned}$$

174) 問 6.6 の下の注意より．

特に，R が局所環の場合には次のようになる．

定理 6.2.3 R をネーター局所環とし，P をその極大イデアルとする．このとき，次が成り立つ．

$$\bigcap_{i=0}^{\infty} P^i = (0).$$

（証明） $x \equiv 1 \pmod{P}$ と仮定する．すると，

$$
\begin{aligned}
x \equiv 1 \pmod{P} &\implies x \notin P \text{ [175]} \\
&\implies x: R\text{の単元 [176]} \\
&\implies x: \text{非零因子}.
\end{aligned}
$$

[175] $x \in P$
$\Rightarrow$
$1 = (1-x) + x \in P$
で矛盾．

[176] P は局所環 R の極大イデアル．

ゆえに，$x \equiv 1 \pmod{P}$ ならば x は非零因子であるから，定理 6.2.2 より $\bigcap_{i=0}^{\infty} P^i = (0)$ が成り立つ． □

定理 6.2.4 R をネーター環とし，P を R の素イデアルとする．このとき，記号的 n 乗 $P^{(n)}$ に関して次が成り立つ．

$$
\bigcap_{i=0}^{\infty} P^{(i)} = S(0).
$$

ただし，$S = R \setminus P$ は積閉集合で，$S(0)$ は (0) の S 成分である（定義 5.3.3 参照）．

（証明） 定義 6.1.15 より $P^{(i)} = P^i R_P \cap R$ であるから，

$$
\bigcap_{i=1}^{\infty} P^{(i)} = \bigcap_{i=1}^{\infty}\Big(P^i R_P \cap R\Big) = \Big(\bigcap_{i=1}^{\infty} P^i R_P\Big) \cap R
$$

となる．ここで，R_P は PR_P を極大イデアルとする局所環であるから（命題 4.1.13），定理 6.2.3 より，

$$
\bigcap_{i=0}^{\infty} P^i R_P = (0) \text{ [177]}.
$$

[177] $(PR_P)^i = P^i R_P$.

ゆえに，

$$
\bigcap_{i=1}^{\infty} P^{(i)} = \Big(\bigcap_{i=1}^{\infty} P^i R_P\Big) \cap R = (0) \cap R = S(0)
$$

となる．この等式の最後の部分 $(0) \cap R = S(0)$ は次のようである．標準写像を $\varphi : R \longrightarrow R_P$ とすると，この等式の (0) は R_P の零イデアルであり，$(0) \cap R = \varphi^{-1}(0)$ を意味している．よって，$\varphi^{-1}(0) = S(0)$ を示せばよい．$S(0)$ について，命題 5.3.4 に注意すればこれは次のようである．

$$
x \in \varphi^{-1}(0) \iff \varphi(x) = 0 \iff \frac{x}{1} = 0
$$

$$\Longleftrightarrow \exists s \in S,\ sx = 0 \Longleftrightarrow x \in S(0).$$

以上より，$\bigcap_{i=0}^{\infty} P^{(i)} = S(0)$ が証明された． □

定理 6.2.5 (R, P) をネーター局所環とする．このとき，R のイデアル I に対して次が成り立つ．

$$\bigcap_{i=0}^{\infty}(I + P^i) = I.$$

（証明）剰余環 R/I は P/I を極大イデアルとするネーター局所環であるから，定理 6.2.3 より，

$$\bigcap_{i=0}^{\infty}(P/I)^i = (\bar{0})$$

が成り立つ．ここで，$(P/I)^i = (P^i + I)/I$ であることに注意すれば，この左辺は，

$$\bigcap_{i=0}^{\infty}(P/I)^i = \bigcap_{i=0}^{\infty}\Big((P^i + I)/I\Big) = \Big(\bigcap_{i=0}^{\infty}(P^i + I)\Big)/I$$

となり，右辺は $(\bar{0}) = \bar{0} = I/I$ であるから，

$$\Big(\bigcap_{i=0}^{\infty}(P^i + I)\Big)/I = I/I$$

となる．ゆえに，

$$\bigcap_{i=0}^{\infty}(I + P^i) = I$$

が得られる． □

この定理は環 R に P 進位相を導入したとき，イデアル I が閉集合になることを意味している．

6.3 準素イデアルの長さ

P を極大イデアルとする局所環を R とし，$k = R/P$ を R の剰余体とする．Q を P 準素イデアルとする．R 加群としてみたとき，イ

デアルの積 PQ は Q の部分 R 加群であるから，剰余加群 Q/PQ は R 加群である（定理 2.2.8）．すると，$\mathrm{Ann}_R(Q/PQ) \supset P$ であるから，命題 3.1.3 より R 加群 Q/PQ は k 加群と考えることができる．このときの k 加群の作用は $x \in Q, a \in R$ とすると，$\overline{a} \cdot \overline{x} = \overline{ax}$ である．ただし，$\overline{a} = a + P \in R/P = k$, $\overline{x} = x + PQ \in Q/PQ$ である．

命題 6.3.1 上記の記号を用いて，次が成り立つ．

(1) Q/PQ を R 加群と考えたときのその部分 R 加群 L は，Q/PQ を k 加群と考えたとき部分 k 加群である．

(2) 逆に，Q/PQ を k 加群と考えたときのその部分 k 加群 L は，Q/PQ を R 加群と考えたとき部分 R 加群である．

すなわち，Q/PQ の部分加群 L に対して次が成り立つ．

$$L : R \text{ 加群} \iff L : k \text{ 加群}.$$

（証明）(1) $L \subset Q/PQ$ を部分 R 加群とする．

$$\begin{aligned} L \subset Q/PQ &\implies \mathrm{Ann}_R(L) \supset \mathrm{Ann}_R(Q/PQ) \supset P \\ &\implies \mathrm{Ann}_R(L) \supset P \text{ [178]} \\ &\implies L \text{ は } k = R/P \text{ 加群である.} \end{aligned}$$

[178] 命題 3.1.3.

(2) $L \subset Q/PQ$ を部分 k 加群とする．$a \in R, \alpha \in L$ に対して，$a\alpha := \pi(a)\alpha$ として定義すれば，k 加群 L は R 加群となることが確かめられる．ただし，π は標準全射 $\pi : R \longrightarrow R/P$ である． □

命題 6.3.2 P を極大イデアルとするネーター局所環を R とし，$k = R/P$ を R の剰余体とする．このとき，P 準素イデアル Q に対して次が成り立つ．

(1) R 加群 Q/PQ の長さは有限である[179]．すなわち，$l_R(Q/PQ) < \infty$.

(2) $l_R(Q/PQ) = l_k(Q/PQ) = \dim_k(Q/PQ)$.

[179] 定義 3.4.4.

（証明）R はネーター環であるから，R のイデアルは R 加群として有限生成部分加群である．すると，命題 3.1.6 より，

$$\dim_k Q/PQ = Q \text{ の極小底の個数} < \infty.$$

次に，$\dim_k Q/PQ < \infty$ であるから，命題 3.4.6 より，Q/PQ の

k 加群としての長さは k ベクトル空間の次元 $\dim_k(Q/PQ)$ に等しい．ゆえに，$l_k(Q/PQ) = \dim_k Q/PQ$ が成り立つ．また，上の命題 6.3.1 より，$l_R(Q/PQ) = l_k(Q/PQ)$ が成り立つ． □

命題 6.3.3 R をネーター局所環とし，P をその極大イデアルとする．P 準素イデアル Q に対して，

$$Q = Q_0 \supsetneqq Q_1 \supsetneqq \cdots \supsetneqq Q_r (= PQ)$$

を P 準素イデアル Q とイデアル PQ を結ぶ重複のないイデアルの降鎖とする．このとき，この降鎖の長さは有界であり，$l_R(Q/PQ)$ を超えない．

（証明）$\pi : Q \longrightarrow Q/PQ$ を R 加群の標準的な全射とする．このとき，

$$Q/PQ = \pi(Q_0) \supsetneqq \pi(Q_1) \supsetneqq \cdots \supsetneqq \pi(Q_r)(= 0)$$

は R 加群 Q/PQ に含まれる部分 R 加群の降鎖である．これは定理 3.4.2 より，R 加群 Q/PQ の組成列の長さを超えないので[180)]，$r \leq l_R(Q/PQ)$ が成り立つ． □

180) 命題 6.3.2.

命題 6.3.4 R を P を極大イデアルとするネーター局所環とする．このとき，$r \in \mathbb{N}$ に対して次が成り立つ．

$$l_R(R/P^r) < \infty.$$

（証明）

$$P^i = I_0 \supsetneqq I_1 \supsetneqq \cdots \supsetneqq I_s = P^{i+1}$$

を P^i と P^{i+1} を結ぶ重複のないイデアルの極大鎖とする．このような極大鎖が存在することは，上記の命題 6.3.3 を $Q = P^i$ として適用すれば，P^i と P^{i+1} の間の鎖の長さは $l_R(P^i/P^{i+1})$ を超えないことから分かる．このとき，

$$R \supsetneqq P \supsetneqq \cdots \supsetneqq P^i \supsetneqq \cdots \supsetneqq P^r$$

に対して，各 i に対して P^i と P^{i+1} の間の極大鎖があるので，これらをつなげれば，R と P^r を結ぶイデアルの極大鎖が得られる．さ

らに，P^r を法とする剰余加群のほうに移せば R 加群 R/P^r の組成列になり，$l_R(R/P^r) < \infty$ を得る． □

命題 6.3.5 R をネーター局所環とし，P をその極大イデアルとする．このとき，P 準素イデアル Q に対して次が成り立つ．

$$l_R(R/Q) < \infty.$$

（証明）Q を P 準素イデアルとする．R はネーター環であるから，命題 6.1.7 より，

$$\exists r \in \mathbb{N},\ Q \supset P^r,\quad P = \sqrt{Q}$$

が成り立つ．また，命題 6.3.4 より，

$$l_R(R/P^r) < \infty.$$

さらに，Q は R の部分 R 加群であるから，Q/P^r は R/P^r の部分 R 加群である．このとき，R 加群の完全系列，

$$0 \longrightarrow Q/P^r \longrightarrow R/P^r \longrightarrow (R/P^r)/(Q/P^r) \longrightarrow 0$$

を考えると，命題 3.4.5 より，

$$l_R(R/P^r) = l_R((R/P^r)/(Q/P^r)) + l_R(Q/P^r)$$

が成り立つ．ゆえに，$l_R((R/P^r)/(Q/P^r)) < \infty$ が成り立つ．ところが，ここで環の第 3 同型定理 1.1.19 より，$(R/P^r)/(Q/P^r) \cong R/Q$ であるから，$l_R(R/Q) < \infty$ を得る． □

定義 6.3.6 R をネーター環とし，P をそのイデアルとする．P 準素イデアル Q に対して，R_P 加群 R_P/QR_P の長さ $l_{R_P}(R_P/QR_P)$ のことを，P 準素イデアル Q の**長さ** (length) という．

特に，R が P を極大イデアルとするネーター局所環であるとき，P 準素イデアル Q の長さは R 加群 R/Q の長さ $l_R(R/Q)$ である．命題 6.3.5 よりこの長さは有限である．また，実際この長さは R と Q を結ぶイデアルの極大鎖，

$$R \supsetneq (P =)I_1 \supsetneq I_2 \supsetneq \cdots \supsetneq I_r (= Q)$$

の長さ r のことである．

6.4 クルルの標高定理

本節では，最初に次元論の基礎になるイデアルの「高さ」という概念を導入し，クルルの単項イデアル定理 6.4.8 を証明する．さらに，これを用いて標高定理 6.4.12 を証明する．最後に第 7 章の準備として環のクルル次元を定義する．

定義 6.4.1 P を環 R の素イデアルとし，P に含まれる素イデアルの列，

$$P = P_0 \supsetneq P_1 \supsetneq P_2 \supsetneq \cdots \supsetneq P_r$$

を考える．このような列を素イデアルの**降鎖** (descending chain) といい，r のことをこの降鎖の**長さ** (length) という．上記の降鎖において，P_i と P_{i+1} との間には $P_i \supsetneq Q \supsetneq P_{i+1}$ をみたす素イデアル Q が一つも存在しない，という性質が各 i について成り立つならば，この素イデアルの降鎖は**極大** (maximal) である，あるいは**細分** (refine) できないという．

素イデアル P に含まれている 2 つの極大な素イデアルの降鎖

$$P = P_0 \supsetneq P_1 \supsetneq P_2 \supsetneq \cdots \supsetneq P_r \tag{i}$$

$$P = Q_0 \supsetneq Q_1 \supsetneq Q_2 \supsetneq \cdots \supsetneq Q_s \tag{ii}$$

を考える．さらに，これらの降鎖が下に延長できないものとする．このようなときでも，降鎖 (i) の長さ r と降鎖 (ii) の長さ s は等しいとは限らない．

定義 6.4.2 P を環 R の素イデアルとする．P に含まれる素イデアルの降鎖の長さの最大値が存在して，それが r ならば，**素イデアル P の高さ** (height of prime ideal)，または**高度**は r であるという．このとき，$\mathrm{ht}\, P = r$ と書く．また，このような P に含まれる素イデアルの降鎖の長さの最大値が存在しないとき，P の高さは無限大であるといい，$\mathrm{ht}\, P = \infty$ と書く．

素イデアルの高さ r が有限の場合は次のように特徴づけられる．

$\mathrm{ht}\, P = r$

$$\iff \quad \begin{array}{l} (1)\ P \text{ に含まれる長さ } r \text{ の素イデアルの降鎖が存在する.} \\ (2)\ P \text{ に含まれる長さ } r+1 \text{ の素イデアルの降鎖はない.} \end{array}$$

特に，

$$\mathrm{ht}\, P = 0 \iff P \text{ は極小素イデアルである.}$$

命題 6.4.3 P と P' を環 R の素イデアルとし，$\mathrm{ht}\, P < \infty$ とする．このとき，次が成り立つ．

$$P \subsetneq P' \implies \mathrm{ht}\, P < \mathrm{ht}\, P'.$$

（証明）証明は明らかであろう． □

命題 6.4.4 S を環 R の積閉集合とする．環 R の素イデアル P に対して次が成り立つ．

$$P \cap S = \emptyset \implies \mathrm{ht}\, P = \mathrm{ht}\, PR_S.$$

（証明）定理 4.3.6 を使うと，S と共通部分をもたない R の素イデアルの集合と R_S の素イデアル全体との間には 1 対 1 対応がある．$P \cap S = \emptyset$ ならば，P に含まれる素イデアルは S と共通部分をもたない．このことより，命題 6.4.4 の主張は導かれる．

より詳細に述べるならば次のようである．$\mathrm{ht}\, P = r$ とすると，

$$P = P_0 \supsetneq P_1 \supsetneq \cdots \supsetneq P_r$$

なる極大な素イデアルの降鎖がある．このとき，定理 4.3.6 より，

$$PR_S = P_0R_S \supsetneq P_1R_S \supsetneq \cdots \supsetneq P_rR_S$$

は PR_S に含まれる素イデアルの降鎖である．ゆえに，$\mathrm{ht}\, P \leq \mathrm{ht}\, PR_S$ が成り立つ．

逆に，PR_S に含まれる素イデアルの降鎖，

$$PR_S = P'_0 \supsetneq P'_1 \supsetneq \cdots \supsetneq P'_s$$

に対して，命題 4.3.5, (1) と定理 4.3.6 より，

$$P = R \cap P'_0 \supsetneq R \cap P'_1 \supsetneq \cdots \supsetneq R \cap P'_s$$

は P に含まれる素イデアルの鎖となることも分かる．ゆえに，$\mathrm{ht}\, P \geq \mathrm{ht}\, PR_S$ が成り立つ．したがって，ゆえに，$\mathrm{ht}\, P = \mathrm{ht}\, PR_S$ が成り立つ． □

次に，一般のイデアルの場合にイデアルの高さの概念を拡張しよう．

定義 6.4.5 I を環 R のイデアルとする．I を含む素イデアルの高さのうちの下限を**イデアル I の高さ**といい，$\mathrm{ht}\, I$ と書く．すなわち，

$$\mathrm{ht}\, I = \inf \{ \mathrm{ht}\, P \mid P \supset I \}.$$

R がネーター環の場合にはイデアルの準素分解があるから，イデアル I の素因子を $P_1, \ldots, P_r$ とするとき，

$$\mathrm{ht}\, I = \inf \{ \mathrm{ht}\, P_1, \ldots, \mathrm{ht}\, P_r \}$$

が成り立つ．なぜなら，I の極小素イデアルは $P_1, \ldots, P_r$ のどれかに一致しているから（命題 5.2.9, (2)），

$$\begin{aligned} \mathrm{ht}\, I &= \inf \{ \mathrm{ht}\, P \mid P \supset I \} \\ &= \inf \{ \mathrm{ht}\, P \mid P \text{ は } I \text{ の極小素イデアル} \} \\ &= \inf \{ \mathrm{ht}\, P_1, \ldots, \mathrm{ht}\, P_r \}. \end{aligned}$$

例 6.4.6 特に，次のような場合がある．

(1) $\mathrm{ht}\,(0) = 0$.
零イデアル (0) を含む極小素イデアルとは環 R の極小素イデアルのことであるが，環 R の極小素イデアルは自分以外に素イデアルを含まないので，高さは 0 である．ゆえに，$\mathrm{ht}\,(0) = 0$ である．この議論は (0) が素イデアルであっても同じである（この場合は R が整域である）．

(2) Q が P 準素イデアルならば，$\mathrm{ht}\, Q = \mathrm{ht}\, P$ である．
このとき，Q を含む任意の素イデアルは P を含むので，P は Q を含む唯一つの極小素イデアルであるから，$\mathrm{ht}\, Q = \mathrm{ht}\, P$ となる．

命題 6.4.7 I と J を環 R のイデアルとする．このとき，次が成り立つ．

$$I \subset J \implies \operatorname{ht} I \leq \operatorname{ht} J.$$

（証明）$\operatorname{ht} J$ の定義より，J のある極小素イデアル P があって $\operatorname{ht} J = \operatorname{ht} P$ である．仮定より，$I \subset J$ であるから，

$$\begin{aligned} I \subset J &\implies I \subset J \subset P \\ &\implies I \subset P \\ &\implies \operatorname{ht} I \leq \operatorname{ht} P = \operatorname{ht} J \text{ [181]} \\ &\implies \operatorname{ht} I \leq \operatorname{ht} J. \end{aligned}$$

□

[181] $\operatorname{ht} I$ の定義より．

注意として，$I \subsetneq J$ であっても，$\operatorname{ht} I = \operatorname{ht} J$ となることがある．たとえば，Q が P 準素イデアルで $Q \neq P$ のとき，例 6.4.6, (2) でみたように，$\operatorname{ht} Q = \operatorname{ht} P$ が成り立つ．

問 6.7 P をネーター環 R の素イデアルとする．このとき，R のイデアル I に対して次が成り立つことを確かめよ．

(1) $I \subset P$ として，$\operatorname{ht} I = \operatorname{ht} P$ ならば，P は I の極小素因子である．

(2) (R, P) を局所環とし，$I \subset P$ を R のイデアルとする．このとき，$\operatorname{ht} I = \operatorname{ht} P$ ならば，I は P 準素イデアルである．

定理 6.4.8（クルルの単項イデアル定理，Krull's principal ideal theorem） R をネーター環とし，a を R の非単元とする．P をイデアル (a) の極小素イデアルとするとき，$\operatorname{ht} P \leq 1$ が成り立つ．これは次のようにも表現できる．

$$a : R \text{ の非単元} \implies \operatorname{ht}(a) \leq 1.$$

（証明）(1) 最初に，R は P を極大イデアルとするネーター局所環であると仮定することができることを示す．

局所環の場合に主張が成り立つと仮定する．定理 4.3.7 を背景にして，局所環 R_P へ移行して考える．すると，命題 6.4.4 より $\operatorname{ht} P = \operatorname{ht} PR_P$ であるから，

$$\begin{aligned} P \text{ は } (a) \text{ の極小素イデアル} &\implies PR_P \text{ は } aR_P \text{ の極小素イデアル} \\ &\implies \operatorname{ht} PR_P \leq 1 \text{ [182]} \\ &\implies \operatorname{ht} P \leq 1. \end{aligned}$$

[182] 仮定より．

(2) 以下において，R は P を極大イデアルとするネーター局所環であるとする．このとき，P が (a) の極小素イデアルならば $\mathrm{ht}\, P \leq 1$ が成り立つことを示す．

これを証明するためには，次のような素イデアルの降鎖，

$$P = P_0 \supsetneqq P_1 \supset P_2$$

が存在したと仮定して $P_1 = P_2$ を導びけばよい．

以下これを証明する．P は (a) の極小素イデアルであるから，$a \notin P_1$ となっている．なぜなら，$a \in P_1$ とすると，$(a) \subset P_1 \subsetneqq P_0$ となり，P_0 が (a) の極小素イデアルであることに矛盾するからである．

P は (a) の極小素イデアルであり，P は局所環 R の極大イデアルであるから，(a) を含む素イデアルは P だけである．すると，(a) の素因子は P だけとなり，命題 5.2.7 より，(a) は P 準素イデアルである．

次に，$P_1^{(i)}$ を素イデアル P_1 の記号的 i 乗とすると，定義 6.1.15 より $P_1 \supset P_1^{(i)}$ であるから，

$$P \supset (a) + P_1^{(i)} \supset (a)$$

である．すると，P は極大イデアルであり，かつ (a) は P 準素イデアルであるから，系 6.1.10 より $(a) + P_1^{(i)}$ も P 準素イデアルとなる．

さらに，(a) は P 準素イデアルで，P から (a) を結ぶイデアルの降鎖，

$$P \supset (a) + P_1 \supset (a) + P_1^{(2)} \supset (a) + P_1^{(3)} \supset \cdots \supset (a)$$

を考える．ところが，命題 6.3.5 より，

$$l_R(R/(a)) < \infty,$$

すなわち，P 準素イデアル (a) の長さは有限である．ゆえに，ある自然数 n が存在して，

$$(a) + P_1^{(n)} = (a) + P_1^{(n+1)} = \cdots$$

となる．ゆえに，すべての $m \geq n$ に対して，

$$P_1^{(m)} \subset ((a) + P_1^{(m+1)}) \cap P_1^{(m)} \qquad ①$$

が成り立つ．ところが，ここで，

$$((a) + P_1^{(m+1)}) \cap P_1^{(m)} = ((a) \cap P_1^{(m)}) + P_1^{(m+1)} \qquad ②$$

が成り立つ．この等式の $\supset$ の部分は $(a) \cap P_1^{(m)} \subset P_1^{(m)} \subset ((a) + P_1^{(m+1)}) \cap P_1^{(m)}$ より分かる．逆の包含関係 $\subset$ は次のようである．

$$\begin{aligned} & x \in ((a) + P_1^{(m+1)}) \cap P_1^{(m)} \\ & \quad \Longrightarrow \quad x = ab + y\ (\exists b \in R, \exists y \in P_1^{(m+1)}),\ x \in P_1^{(m)} \\ & \quad \Longrightarrow \quad ab = x - y \in P_1^{(m)} \\ & \quad \Longrightarrow \quad ab = x - y \in (a) \cap P_1^{(m)} \\ & \quad \Longrightarrow \quad x = ab + y \in ((a) \cap P_1^{(m)}) + P_1^{(m+1)}. \end{aligned}$$

すると，①と②より，

$$P_1^{(m)} \subset ((a) \cap P_1^{(m)}) + P_1^{(m+1)} \qquad ③$$

が成り立つ．また命題 6.1.16 より，$P_1^{(m)}$ は P_1^m の P_1 準素イデアルである．一方，$a \notin P_1$ より，

$$(a) \cap P_1^{(m)} = aP_1^{(m)} \qquad ④$$

が成り立つ．$\supset$ は明らかなので，$\subset$ を示す．$x \in (a) \cap P_1^{(m)}$ とすると，

$$\begin{aligned} x \in (a) \cap P_1^{(m)} \quad & \Longrightarrow \quad x = ab\ (\exists b \in R),\ x \in P_1^{(m)} \\ & \Longrightarrow \quad ab \in P_1^{(m)} \\ & \Longrightarrow \quad b \in P_1^{(m)} \text{ [183]} \\ & \Longrightarrow \quad x = ab \in aP_1^{(m)}. \end{aligned}$$

[183] $a \notin P_1$，$P_1^{(m)}$ は P_1 準素イデアル．

このとき，③と④より，

$$P_1^{(m)} \subset ((a) \cap P_1^{(m)}) + P_1^{(m+1)} = aP_1^{(m)} + P_1^{(m+1)}.$$

ゆえに，逆の包含関係は明らかなので次の等式を得る．

$$\boxed{P_1^{(m)} = aP_1^{(m)} + P_1^{(m+1)}.}$$

今の場合，$(a) \subset \mathrm{rad}(R) = P$ であるから，中山の補題，定理 3.1.2 より，$P_1^{(m)} = P_1^{(m+1)}$ を得る．ここで，$m \geq n$ である．以上より，

$$P_1^{(n)} = P_1^{(n+1)} = \cdots$$

となっている．したがって，$\bigcap_{i=1}^{\infty} P_1^{(i)} = P_1^{(n)}$ となる．

一方，命題 6.2.4 を使うと $\bigcap_{i=1}^{\infty} P_1^{(i)}$ はイデアル (0) の S_1 成分である．ただし，$S_1 = R \setminus P_1$ である．すなわち，

$$\bigcap_{i=1}^{\infty} P_1^{(i)} = S_1(0).$$

すると，

$$P_1^n \subset P_1^{(n)} = \bigcap_{i=1}^{\infty} P_1^{(i)} = S_1(0).$$

したがって，$P_1^n \subset S_1(0)$ が成り立つ．

このとき，$P_1 \subset P_2$ が成り立つ．これは次のようにして示される．命題 5.3.4 より，0 の S_1 成分 $S_1(0)$ は $S_1(0) = \{a \in R \mid \exists s \in S_1,\ sa = 0\}$ と表されることに注意する．そこで $x \in P_1$ とすると，

$$\begin{aligned}
x \in P_1 \quad &\Longrightarrow \quad x^n \in P_1^n \subset S_1(0) \\
&\Longrightarrow \quad \exists s \in S_1 = R \setminus P_1,\ sx^n = 0 \\
&\Longrightarrow \quad \exists s \notin P_1,\ sx^n = 0 \\
&\Longrightarrow \quad \exists s \notin P_2,\ sx^n = 0 \in P_2 \ ^{184)} \\
&\Longrightarrow \quad x^n \in P_2 \\
&\Longrightarrow \quad x \in P_2.
\end{aligned}$$

[184] $P \supsetneq P_1 \supset P_2$.

これより $P_1 \subset P_2$ となり，最初の仮定 $P_1 \supset P_2$ と合わせると，$P_1 = P_2$ となる．

以上より，$P = P_0 \supsetneq P_1 \supsetneq P_2$ をみたす素イデアルの降鎖は存在しない．すなわち，$\mathrm{ht}\, P \leq 1$ が成り立つ． □

命題 6.4.9 R をネーター環とし，a を R の非単元とする．このとき，$(0 : a) = 0$ ならば，イデアル (a) の極小素イデアルの高さはすべて 1 に等しい．これは次のようにも表現される．

$$a：非零因子 \implies \mathrm{ht}(a) = 1.$$

（証明） P を (a) の極小素イデアルとして $\mathrm{ht}\,P = 1$ が成り立つことを示せばよい．

単項イデアル定理 6.4.8 より，$\mathrm{ht}\,P \leq 1$ である．

$\mathrm{ht}\,P = 0$ と仮定する．このとき，P に真に含まれる素イデアルは存在しない．すなわち，P は (0) の極小素イデアルである．ゆえに，命題 5.2.9 より，P はイデアル (0) の素因子である．

すると，$a \in P$ であるから，定理 6.1.13 より，

$$a \in P \implies (0 : a) \neq 0.$$

これは最初の仮定に矛盾する．したがって，$\mathrm{ht}\,P = 1$ でなければならない． □

命題 6.4.10 ネーター環 R の素イデアルを P と P_0 とし，さらに $P_0 \subsetneq P_1 \subsetneq P$ をみたす素イデアル P_1 が存在すると仮定する．このとき，$P \not\subset P'_i\,(1 \leq i \leq s)$ をみたす R の任意の素イデアル $P'_1, \ldots, P'_s$ に対して，$P_0 \subsetneq P^* \subsetneq P$ なる素イデアル P^* で $P^* \not\subset P'_i\,(1 \leq i \leq s)$ をみたすものが存在する．

（証明） 定理 1.3.13 を用いて，

$$P \not\subset P_0,\ P \not\subset P'_i\,(1 \leq i \leq s) \implies \exists a \in P,\ a \notin P_0 \cup P'_1 \cup \cdots \cup P'_s.$$

そこで，イデアル $(a) + P_0 \subset P$ を考え，P に含まれる $(a) + P_0$ の極小素イデアルを P^* とする．このとき，

$$P_0 \subset (a) + P_0 \subset P^* \subset P.$$

ここで，$a \in P^*, a \notin P'_1 \cup \cdots \cup P'_s$ であるから，

$$P^* \not\subset P'_1,\ P^* \not\subset P'_2,\ \ldots,\ P^* \not\subset P'_s$$

となっている．あとは，$P^* \neq P$ を示せば，

$$P_0 \subsetneq P^* \subsetneq P,\ \ P^* \not\subset P'_i\ (i = 1, \ldots, s)$$

となるので，P^* が求めるイデアルである．

そこで，以下において $P^* = P$ として矛盾を導く．P^* は $(a)+P_0$ の極小素イデアルであるから，剰余環 R/P_0 へ移行して考えると，P^*/P_0 は $((a)+P_0)/P_0$ の極小素イデアルである[185]．ここで，$((a)+P_0))/P_0 = (\overline{a})$ は剰余環 R/P_0 の単項イデアルである．ゆえに，単項イデアル定理 6.4.8 より，$\mathrm{ht}(P^*/P_0) \leq 1$ である．したがって，仮定より $P^* = P$ を使うと $\mathrm{ht}(P/P_0) \leq 1$ が得られる．一方，長さ 2 の素イデアルの鎖，

[185] 対応定理 1.1.17.

$$P/P_0 \supsetneqq P_1/P_0 \supsetneqq P_0/P_0 = (0)$$

が存在するから，$\mathrm{ht}(P/P_0) \geq 2$ となり，これは矛盾である．□

系 6.4.11 ネーター環 R の素イデアルを P とする．また，R の任意の素イデアル $P_1', \ldots, P_r'$ がどれも P を含まないと仮定する．このとき，素イデアルの降鎖，

$$P = P_s \supsetneqq P_{s-1} \supsetneqq \cdots \supsetneqq P_2 \supsetneqq P_1 \supsetneqq P_0$$

が存在したと仮定すると，このような降鎖で，P_1 がどの P_i' にも含まれない鎖が存在する．

（証明）$P = P_s \supsetneqq P_{s-1} \supsetneqq \cdots \supsetneqq P_1 \supsetneqq P_0$ を任意の素イデアルの降鎖とする．

$s = 1$ のとき．$P = P_1 \supsetneqq P_0$ で，$P \not\subset P_i'$ $(i = 1, \ldots, r)$ であるから，明らかに成り立つ．

$s \geq 2$ とする．$P = P_s \supsetneqq P_{s-1} \supsetneqq P_{s-2}$ に対して，命題 6.4.10 を適用すると，P_{s-1} をどの P_i' にも含まれないものと置き換えることができる．

次に，$P_{s-1} \supsetneqq P_{s-2} \supsetneqq P_{s-3}$ に対しても同様にして命題 6.4.10 を適用すると，P_{s-2} をどの P_i' にも含まれないものと置き換えることができる．これを続ければ，最後に $P_2 \supsetneqq P_1 \supsetneqq P_0$ で，$P_2 \not\subset P_i'$ $(1 \leq i \leq s)$ であるから，P_1 をどの P_i' にも含まれないものと置き換えることができる．□

定理 6.4.12（クルルの標高定理，**Altitude theorem of Krull**） R をネーター環とし，$a_1, a_2, \ldots, a_n$ をその元とする．$(a_1, a_2, \ldots, a_n) \neq R$ ならば，$\mathrm{ht}(a_1, a_2, \ldots, a_n) \leq n$ が成り立つ．

すなわち，$(a_1, a_2, \ldots, a_n)$ の極小素イデアルを P とすると，$\mathrm{ht}\, P \leq n$ が成り立つ．

（証明） n に関する帰納法で示す． $n=1$ のとき，クルルの単項イデアル定理 6.4.8 である． $n \geq 2$ として， $n-1$ まで正しいと仮定する．

$(a_1, a_2, \ldots, a_n)$ の極小素イデアルを P として，$\mathrm{ht}\, P \leq n$ であることを示すのが目標である．すなわち， $m \geq 1$ として，

$$P = P_m \supsetneqq P_{m-1} \supsetneqq \cdots \supsetneqq P_1 \supsetneqq P_0$$

を素イデアルの降鎖とする．このとき， $m \leq n$ であることを示せばよい．このとき，$\mathrm{ht}\, P \leq n$ が得られる．

はじめに，帰納法の仮定を使うために，$(a_2, \ldots, a_n)$ の極小素イデアルを $P'_1, \ldots, P'_r$ とする．

$$(a_2, \ldots, a_n) \quad \subset \quad \underbrace{P'_1, \ldots, P'_r}_{\text{極小素イデアル}}$$

帰納法の仮定より，$\mathrm{ht}\, P'_i \leq n-1$ $(1 \leq i \leq r)$ である．ここで，$P \not\subset P'_i\,(1 \leq i \leq r)$ と仮定してよい．なぜなら，ある i に対して $P \subset P'_i$ とすると，

$$\begin{aligned} P \subset P'_i \quad &\Longrightarrow \quad \mathrm{ht}\, P \leq \mathrm{ht}\, P'_i \leq n-1 \\ &\Longrightarrow \quad \mathrm{ht}\, P \leq n-1 \\ &\Longrightarrow \quad \mathrm{ht}\, P < n \end{aligned}$$

このとき，証明することは何もない．

すると，$P \not\subset P'_i$ $(1 \leq i \leq r)$ であるから，系 6.4.11 より，

$$P_1 \not\subset P'_i \quad (1 \leq i \leq r)$$

と仮定できる．定理 1.3.13 より，より，

$$P_1 \not\subset P'_i \ (1 \leq i \leq r) \implies P_1 \not\subset P'_1 \cup \cdots \cup P'_r$$

となる．ゆえに，P_1 の元 b で $b \notin P'_1 \cup \cdots \cup P'_r$ なるものが存在する．

$$\exists b \in P_1,\ b \notin P'_1 \cup \cdots \cup P'_r.$$

この $b \in P_1$ を用いて，イデアル $(b, a_2, \ldots, a_n) \subset P$ を考える．この

とき，P に含まれる $(b, a_2, \ldots, a_n)$ の極小素イデアルを P^* とする．

$$(b, a_2, \ldots, a_n) \subset P^* \subset P.$$

命題 5.2.9 (1) より，P^* は $(a_2, \ldots, a_n)$ のある極小素因子 P_i' を含む．一方，b の選び方より，$b \in P^*$ でかつ $b \notin P_i'$ であるから，

$$P^* \neq P_i'$$

である．したがって，

$$P \supset P^* \supsetneq P_i'$$

となっているが，実は $P = P^*$ となることを以下において示す．

$P \neq P^*$ と仮定すると，

$$P \supsetneq P^* \supsetneq P_i'$$

なる降鎖がある．簡単のため $I := (a_2, \ldots, a_n)$ とおき，剰余環 R/I へ移行して考えると，$\mathrm{ht}\, P/I \geq 2$ となる．なぜなら，$P \supsetneq P^* \supsetneq P_i' \supset I$ であるから，

$$P/I \supsetneq P^*/I \supsetneq P_i'/I$$

なる素イデアルの降鎖が存在するからである．

一方，P は $(a_1, a_2, \ldots, a_n)$ の極小素イデアルであるから，剰余環 R/I へ移行して考えると，P/I は $(a_1, a_2, \ldots, a_n)/I$ の極小素イデアルである[186]．ところが，$\overline{a}_1 = a_1 + I$ と表現すれば，$(a_1, a_2, \ldots, a_n)/I = (\overline{a}_1)$ と表され，これは剰余環 R/I における単項イデアルである．すると，クルルの単項イデアル定理 6.4.8 より，$\mathrm{ht}\, P/I \leq 1$ である．これは矛盾である．以上より，$P = P^*$ でなければならない．

[186] 対応定理 1.1.17.

したがって，P は $(b, a_2, \ldots, a_n)$ の極小素イデアルである．剰余環 $R/(b)$ へ移行して考えると，$P/(b)$ は $(b, a_2, \ldots, a_n)/(b)$ の極小素イデアルであり[187]，$(b, a_2, \ldots, a_n)/(b)$ は $n-1$ 個の元で生成されている．ゆえに，帰納法の仮定より，

[187] 対応定理 1.1.17.

$$\mathrm{ht}\, P/(b) \leq n-1$$

が成り立つ．一方，素イデアルの降鎖，

$$P/(b) = P_m/(b) \supsetneq P_{m-1}/(b) \supsetneq \cdots \supsetneq P_1/(b)$$

があるので，

$$\mathrm{ht}\, P/(b) \geq m-1$$

が成り立つ．したがって，

$$m-1 \leq \mathrm{ht}\, P/(b) \leq n-1.$$

以上より，$m \leq n$ を得る． □

系 6.4.13 R をネーター環とし，I をその真のイデアルとする．このとき，$\mathrm{ht}\, I < \infty$ が成り立つ．

（証明）R はネーター環であるから，そのイデアル I は有限生成である．$I = (a_1, \ldots, a_n)$ とすれば，クルルの標高定理 6.4.12 より，$\mathrm{ht}\, I = \mathrm{ht}(a_1, \ldots, a_n) \leq n$ である．ゆえに，$\mathrm{ht}\, I < \infty$ が成り立つ．
□

系 6.4.14 R をネーター環とし，P_1, P_2 をその素イデアルとする．$P_1 \subsetneq P_2$ ならば，P_1 と P_2 を結ぶ極大な素イデアルの降鎖が存在する．

（証明）上記系 6.4.13 より，$\mathrm{ht}\, P_2 = n < \infty$ が成り立つ．ゆえに，P_1 と P_2 を結ぶ素イデアルの鎖の長さは n を超えない．したがって，$P_1 \subsetneq P_2$ が極大な鎖でなければ，素イデアルを挿入していくという操作を続ければ極大な素イデアルの降鎖が得られる． □

定理 6.4.15 R をネーター環とし，I を R の真のイデアルとする．$\mathrm{ht}\, I = n \geq 1$ ならば，I の元 $a_1, \ldots, a_n$ が存在して次が成り立つ．

$$\mathrm{ht}\,(a_1, \ldots, a_i) = i \quad (i = 1, \ldots, n).$$

（証明）n に関する帰納法で示す．

(I) $n = 1$ のとき．はじめに，次の二つの事実に注意する．

(1) 高さ 0 の素イデアルは有限個しか存在しない．なぜなら，

$$\mathrm{ht}\, P = 0 \iff P \text{ は極小素イデアル}.$$

R がネーター環ならば，R の極小素イデアルとは (0) の極小素因子

のことであるから[188]，命題 5.2.9 より，これは有限個である．

[188] 定義 5.2.5.

(2) I を $\mathrm{ht}\, I = 1$ のイデアルとする．このとき，「$\mathrm{ht}\, P = 0 \implies P \not\supset I$」が成り立つ．なぜなら，$P \supset I$ とすると，$\mathrm{ht}\, P \geq \mathrm{ht}\, I = n = 1$ となる．これは $\mathrm{ht}\, P = 0$ に矛盾する．

以上 (1),(2) を準備すると，$n = 1$ の場合の証明は次のようになる．

(1) より，高さ 0 の素イデアルは有限個なので，これらを $P_1', \ldots, P_r'$ とする．一方，(2) より，$I \not\subset P_1', \ldots, I \not\subset P_r'$ であるから，定理 1.3.13 より，

$$\exists a_1 \in I, \quad a_1 \notin \bigcup_{i=1}^{r} P_i'.$$

このとき，a_1 は高さ 0 の素イデアルに含まれないので，$1 \leq \mathrm{ht}\,(a_1)$ が成り立つ．一方，クルルの単項イデアル定理 6.4.8 より，$\mathrm{ht}\,(a_1) \leq 1$ が成り立つ．したがって，$\mathrm{ht}\,(a_1) = 1$ が成り立つ．

(II) 次に，$a_1, \ldots, a_j \in I \ (j < n)$ が命題の条件をみたすように選ぶことができたと仮定する．すなわち，

$$\mathrm{ht}\,(a_1, \ldots, a_i) = i \quad (i \leq j).$$

この仮定のもとで，$P_1, \ldots, P_h$ をイデアル $(a_1, \ldots, a_j)$ の素因子で，

$$\mathrm{ht}\, P_1 = \mathrm{ht}\, P_2 = \cdots = \mathrm{ht}\, P_h = j$$

をみたすものとし，$(a_1, \ldots, a_j)$ の残りの素因子を $P_{h+1}, \ldots, P_k$ とする．

$$\underbrace{P_1, \ldots, P_h,}_{\mathrm{ht}\, P_i = j} \quad \underbrace{P_{h+1}, \ldots, P_k}_{\mathrm{ht}\, P_i > j+1}$$

(1) $j < n = \mathrm{ht}\, I$ であるから，

$$I \not\subset P_1, \ldots, I \not\subset P_h$$

である．なぜなら，$I \subset P_i \, (1 \leq i \leq h)$ とすると，

$$\begin{aligned} I \subset P_i &\implies (a_1, \ldots, a_j) \subset I \subset P_i \\ &\implies \mathrm{ht}(a_1, \ldots, a_j) \leq \mathrm{ht}\, I \leq \mathrm{ht}\, P_i \\ &\implies j \leq \mathrm{ht}\, I \leq j \\ &\implies j = n. \text{ 矛盾.} \end{aligned}$$

したがって，定理 1.3.13 より，次のような元 $a_{j+1} \in I$ を選ぶことができる．

$$\exists a_{j+1} \in I, \quad a_{j+1} \notin P_1 \cup \cdots \cup P_h.$$

(2) 次に，P をイデアル $(a_1, \ldots, a_j, a_{j+1})$ の任意の素因子とすると，命題 5.2.9, (1) より，ある $s \leq k$ に対して $P_s \subset P$ が成り立つ[189]．

[189] $(a_1, \ldots, a_j) \subset P$.

(3) このとき，$j+1 \leq \mathrm{ht}\, P$ が成り立つことを示す．

(i) $s > h$ とすると，

$$j+1 \leq \mathrm{ht}\, P_s \leq \mathrm{ht}\, P.$$

(ii) $s \leq h$ とすると，$P \neq P_s$ である．なぜなら，$P = P_s$ とすると，

$$P = P_s \Longrightarrow a_{j+1} \in P = P_s \Longrightarrow a_{j+1} \in P_s.$$

これは矛盾である．ゆえに，$P_s \subsetneq P$ である．すると，$j = \mathrm{ht}\, P_s < \mathrm{ht}\, P$ となり（命題 6.4.3），$j+1 \leq \mathrm{ht}\, P$ が成り立つ．

いずれにしても，$j+1 \leq \mathrm{ht}\, P$ が成り立つ．

(4) P は $(a_1, \ldots, a_j, a_{j+1})$ の任意の素因子であるから，$j+1 \leq \mathrm{ht}\,(a_1, \ldots, a_j, a_{j+1})$ が成り立つ．一方，クルルの標高定理 6.4.12 より，$\mathrm{ht}\,(a_1, \ldots, a_j, a_{j+1}) \leq j+1$ が成り立つので，$\mathrm{ht}\,(a_1, \ldots, a_j, a_{j+1}) = j+1$ が成り立つ．

以上より，帰納法によって $a_1, \ldots, a_r \in I$ が存在して，$\mathrm{ht}\,(a_1, \ldots, a_i) = i \quad (1 \leq i \leq n)$ が成り立つ． □

6.5 クルル次元

本章の最後に，環のある意味での大きさを測る計量として広く用いられているクルル次元を導入する．次章において，正則局所環を定義するときに必要である．

定義 6.5.1 R を任意の可換環とする．R における素イデアルの高さの上限を R の**クルル次元** (Krull dimension)，または単に**次元** (dimension) といい，$\dim R$ と書く．

例題 6.5.2 有理整数環 $\mathbb{Z}$ のクルル次元は 1 である．すなわち，$\dim \mathbb{Z} = 1$.

（証明）有理整数環 $\mathbb{Z}$ の素イデアルは，それぞれ素数 $2, 3, 5, \ldots$ で生成された単項イデアル $(2), (3), (5), \ldots$ と (0) である（例題 5.1.6）．p を任意の素数とするとき，$(0) \subsetneq (p)$ は細分できない素イデアルの昇鎖，すなわち極大な素イデアルの昇鎖であるから，$\mathrm{ht}(p) = 1$ となる．(p) は任意であるから，$\mathbb{Z}$ の素イデアルの高さの上限は 1 となり，したがって，$\dim \mathbb{Z} = 1$ である． □

例題 6.5.3 体 k 上 1 変数多項式環 $k[X]$ の次元は 1 である．すなわち，$\dim k[X] = 1$ である．

（証明）$k[X]$ は整域であるから，イデアル (0) は素イデアルである（命題 1.3.6, (1)）．$P \neq (0)$ を $k[X]$ の素イデアルとすると，$k[X]$ は単項イデアル整域であるから（命題 1.3.18），ある多項式 $f \in k[X]$ により $P = (f)$ と表される．P は素イデアルであるから，定理 1.3.21 より，f は既約多項式である．ゆえに，素イデアルの昇鎖，

$$(0) \subsetneq P$$

は細分できない，すなわち極大な昇鎖であるから，$\mathrm{ht}\, P = 1$ となる．P は $k[X]$ の任意の素イデアルであるから，$\mathbb{Z}$ の素イデアルの高さの上限は 1 となり，したがって，$\dim k[X] = 1$ となる． □

例 6.5.4 本書では扱っていないが，アルティン環の素イデアルはすべて極大イデアルであることが知られている．ゆえに，アルティン環の次元は 0 である．

例 6.5.5 体のクルル次元は 0 であり，逆に 0 次元の整域は体である．

例 6.5.6 体 k 上の多項式環 $k[X_1, \ldots, X_n]$ において，命題 1.3.23 より $(X_1, \ldots, X_i)$ は $k[X_1, \ldots, X_n]$ の素イデアルである．ゆえに，

$$(0) \subsetneq (X_1) \subsetneq (X_1, X_2) \subsetneq \cdots \subsetneq (X_1, \ldots, X_n)$$

は長さ n の素イデアルの昇鎖であるから，$n \leq \dim k[X_1, \ldots, X_n]$ である．実は，$\dim k[X_1, \ldots, X_n] = n$ であることが知られている．

$n=1$ のときが，例 6.5.3 である．

命題 6.5.7 R を環とし，P をその素イデアルとするとき，次が成り立つ．

$$\operatorname{ht} P + \dim R/P \leq \dim R.$$

（証明）定理 1.1.17（対応定理）より，剰余環 R/P の素イデアル Q' はすべて P を含む R の素イデアル Q により Q/P と表され，剰余環 R/P の素イデアルの全体と P を含む R の素イデアルの全体との間には $Q \longmapsto Q/P$ なる対応による 1 対 1 対応がある[190]．いま $\operatorname{ht} P = r$ とすると，

$$P_0 \subsetneq P_1 \subsetneq \cdots \subsetneq P_r = P$$

なる素イデアルの昇鎖が存在し，また $\dim R/P = s$ とすると，剰余環 R/P における素イデアルの昇鎖，

$$P/P = Q_0/P \subsetneq Q_1/P \subsetneq \cdots \subsetneq Q_s/P$$

が存在する．このとき，

$$P_0 \subsetneq P_1 \subsetneq \cdots \subsetneq P_r = P = Q_0 \subsetneq Q_1 \subsetneq \cdots \subsetneq Q_s$$

なる素イデアルの昇鎖が存在し，この昇鎖の長さは $r+s$ である．定義 6.5.1 より，この昇鎖の長さは R のクルル次元 $\dim R$ を超えない．ゆえに，$r+s \leq \dim R$ が成り立つ． □

[190] 対応定理 1.1.17.

第 6 章練習問題

1. R を環とし，P をその素イデアルを P とする．$P = P^{(1)} = P^{(2)}$ ならば，$P = P^{(2)} = P^{(3)} = P^{(4)} = \cdots$ が成り立つことを証明せよ．

2. R をネーター整域とし，その素イデアルを $P \neq (0)$ とする．このとき，$P \supsetneq P^{(2)}$ であることを示せ．

3. k を体とする．X, Y を不定元とする体 k 上の多項式環を $A = k[X, Y]$ とする．$(X), (Y), (X, Y)$ は A の素イデアルである．$(X) \cap (Y) = (XY)$ である．$R = A/(X, Y)$ とおく．$\pi : A \longrightarrow A/(XY)$ を標準全射とし，$x = \pi(X), y = \pi(Y)$ とおく．このとき，$xy = 0$ である．$P = (x), Q = (y), M = (x, y)$ とおく．P, Q, M は R の素イデアルであり，$P \cap Q = (0)$ である．このとき，以下のことを示せ．

(1) $P \cap (x^k, y) = P^k$ となる．

(2) (x^k, y) は M 準素イデアルである．ゆえに，(1) における式はイデアル P^k の無駄のない準素分解である．

(3) 任意の自然数 k に対して $P^{(k)} = P$ である．

(4) $k > 1$ に対して，$P^k \subsetneq P^{(k)}$ である．

4. $A = R[X]$ を環 R 上の多項式環とし，P を A の素イデアルとする．$p = R \cap P$ とするとき，$\mathrm{ht}\, P \geq \mathrm{ht}\, p$ が成り立つことを示せ．

5. R をネーター環とし，I をそのイデアル，a を R の元とする．このとき，$I \subset P_1 \subsetneq P_2$ をみたし，P_2 が $(a) + I$ の極小素イデアルならば，P_1 は I の極小素イデアルであることを示せ．

6. R をネーター環，I をそのイデアル，$a \in R$ とする．$I + (a) \neq (1)$ と仮定する．このとき，$(I : a) = I$ ならば，$\mathrm{ht}\, I < \mathrm{ht}(I + (a))$ であることを証明せよ．

7. (R, P) を局所環とする．$a_1, \ldots, a_n$ を P の元の列とする．各 i $(i = 1, \ldots, n)$ について次の式，

$$((a_1, \ldots, a_{i-1}) : a_i) = (a_1, \ldots, a_{i-1}).$$

が成り立つとき，$a_1, \ldots, a_n$ は R **正則列** (R-regular sequence)，あるいは単に R **列** (R-sequence) であるともいう．ただし，$i = 1$ のとき，上の等式は $(0 : a_1) = (0)$ を意味するものとする．

(R, P) を局所環とする．$a_1, \ldots, a_n$ が R 正則列ならば，$\mathrm{ht}(a_1, \ldots, a_n) = n$ が成り立つことを証明せよ．

8. P を環 R の素イデアルとする．P に始まる素イデアルの真の増大列 $P = P_0 \subsetneq P_1 \subsetneq \cdots$ の長さの上限を P の**余高度** (coheight) といい，$\mathrm{coht}\, P$ と書く．定義より次が成り立つことを確かめよ．

$$\mathrm{coht}\, P = \dim R/P, \quad \mathrm{ht}\, P + \mathrm{coht}\, P \leq \dim R$$

9. P を環 R の素イデアル，I を R の任意のイデアルとする．$P \supset I$ ならば，剰余環 R/I の素イデアル P/I の余高度は P の余高度に等しいことを示せ．

10. I を環 R のイデアルとし，I を含む素イデアルの余高度の上限をイデアル I の**余高度**といい，$\mathrm{coht}\, I$ で表す．このとき，次のことを確かめよ．

(1) R のイデアル I に対して，$\mathrm{ht}\, I + \mathrm{coht}\, I \leq \dim R$ が成り立つ．

(2) R のイデアルを I, J とし，$I \subset J$ のとき，次が成り立つ．
$\mathrm{coht}\, I = \dim R/I, \quad \mathrm{coht}\, J = \mathrm{coht}\, J/I.$

(3) (R, P) を $\dim R = n$ のネーター局所環とするとき，次は同値である．

(i) I は P 準素イデアルである．

(ii) $\operatorname{coht} I = 0$,

(iii) $\operatorname{ht} I = n$.

7 正則局所環

代数幾何学において代数多様体の点に対応する局所環があり，その局所環が代数多様体の点の状況を反映する．局所環が正則局所環のときに，対応している代数多様体の点が特異点のない点（非特異点）になる．本章ではこのような正則局所環と呼ばれる特別な局所環について考察する．その例として，次元が 1 の場合，正規環と呼ばれる種類の環と一致することなどを調べる．

7.1 多項式環への拡大イデアル

正則局所環の性質を調べるときに，環 R のイデアルを多項式環 $R[X_1, \ldots, X_n]$ へ拡大したイデアルを考えることが必要になる．

命題 7.1.1　R をネーター環とし，$R[X] = R[X_1, \ldots, X_n]$ を R 上の n 変数多項式環とする．I と P を R のイデアルとする．このとき，P が I の極小素イデアルならば，P の $R[X]$ への拡大イデアル $PR[X]$ は $IR[X]$ の極小素イデアルである．

（証明）P が I の極小素イデアルであると仮定する．命題 1.6.7 より，$PR[X]$ は $R[X]$ の素イデアルである．

$I = P$ ならば，主張は自明なので，$I \neq P$ と仮定してよい．すなわち，I は素イデアルではないと仮定する．P' を $R[X]$ の素イデアルで，$IR[X] \subset P' \subset PR[X]$ をみたすものとする．

命題 1.6.2, (2) に注意すると，$IR[X] \cap R = I$, $PR[X] \cap R = P$ である．また，$P' \cap R$ は素イデアルであり，I は素イデアルでないと仮定しているので $I \subsetneq P' \cap R$ である．さらに，P は I の極小素イデアルと仮定している．これらに注意すると，次のような推論ができる．

$$
\begin{aligned}
IR[X] \subset P' \subset PR[X] &\implies IR[X] \cap R \subset P' \cap R \subset PR[X] \cap R \\
&\implies I \subsetneq P' \cap R \subset P \\
&\implies P' \cap R = P.
\end{aligned}
$$

すると，一般に $P'^{ce} \subset P'$ より（命題 1.2.7），$(P' \cap R)R[X] \subset P'$ であるから，

$$PR[X] = (P' \cap R)R[X] \subset P' \subset PR[X].$$

ゆえに，$P' = PR[X]$ を得る．したがって，$PR[X]$ は $IR[X]$ の極小素イデアルの一つであることが示された．□

命題 7.1.2　R をネーター環とし，$R[X] = R[X_1, \ldots, X_n]$ を R 上の n 変数多項式環とする．このとき，R の素イデアル P の高さと，P の $R[X]$ への拡大イデアル $PR[X]$ の高さは同じである．すなわち，

$$\mathrm{ht}\, P = \mathrm{ht}\, PR[X].$$

（証明）$r := \mathrm{ht}\, P$. $s := \mathrm{ht}\, P^e = \mathrm{ht}\, PR[X]$ とおく．r についての帰納法で示す．

$r = 0$ のとき，命題 7.1.1 を使えば，

$$\begin{aligned} \mathrm{ht}\, P = 0 \quad &\Longrightarrow \quad P \text{ は } (0) \text{ の極小素イデアル} \\ &\Longrightarrow \quad PR[X] \text{ は } (0)^e = (0) \text{ の極小素イデアル} \\ &\Longrightarrow \quad \mathrm{ht}\, PR[X] = 0. \end{aligned}$$

ゆえに，$\mathrm{ht}\, P = 0 = \mathrm{ht}\, PR[X]$ が成り立つ．

$r \geq 1$ と仮定する．$\mathrm{ht}\, P = r$ とする．命題 1.6.2 の (2) を使えば

$$\begin{aligned} \mathrm{ht}\, P = r \quad &\Longrightarrow \quad \exists\, P \supsetneq P_1 \supsetneq P_2 \supsetneq \cdots \supsetneq P_r \qquad \text{：素イデアルの鎖} \\ &\Longrightarrow \quad \exists\, P^e \supsetneq P_1^e \supsetneq P_2^e \supsetneq \cdots \supsetneq P_r^e \qquad \text{：素イデアルの鎖} \\ &\Longrightarrow \quad \mathrm{ht}\, P^e \geq r \\ &\Longrightarrow \quad s \geq r. \end{aligned}$$

次に，$s \leq r$ であることを示す．

$$\begin{aligned} \mathrm{ht}\, P = r \quad &\Longrightarrow \quad \exists a_1, \ldots, a_r \in P,\ \mathrm{ht}\,(a_1, \ldots, a_r) = r \text{ [191]} \\ &\Longrightarrow \quad P \text{ は } (a_1, \ldots, a_r) \text{ の極小素イデアル} \\ &\Longrightarrow \quad P^e \text{ は } (a_1, \ldots, a_r)^e \text{ の極小素イデアル [192]} \\ &\Longrightarrow \quad \mathrm{ht}\, PR[X] = \mathrm{ht}\, P^e \leq r. \\ &\Longrightarrow \quad s \leq r. \end{aligned}$$

191） 命題 6.4.15.

192） 命題 7.1.1.
命題 1.2.8, (1) より
$(a_1, \ldots, a_r)^e$
$= (a_1)^e + \cdots + (a_r)^e$.

以上より，$r = s$，すなわち，$\mathrm{ht}\, P = \mathrm{ht}\, P^e$ が証明された． □

問 7.1　上記の命題において，

$$P \supsetneq P_1 \supsetneq P_2 \supsetneq \cdots \supsetneq P_r \iff P^e \supsetneq P_1^e \supsetneq P_2^e \supsetneq \cdots \supsetneq P_r^e$$

が成り立つことを示せ．

ネーター環 R 上の n 変数多項式環 $R[X] := R[X_1, \ldots, X_n]$ を考える．ヒルベルトの基底定理 3.3.16 より，$R[X]$ はネーター環である．したがって，ネーター性を仮定した多くの命題が多項式環 $R[X]$ においても成り立つ．R のイデアルを I とするとき，I の $R[X]$ への拡大イデアル $I^e = IR[X]$ は $R[X]$ において I によって生成されたイデアルのことである．命題 1.6.2 によれば，多項式を

$f(X) = \sum \alpha_{i_1 \dots i_n} X_1^{i_1} \cdots X_n^{i_n}$ と表せば，次が成り立つことに注意しよう．

$$f(X_1, \dots, X_n) \in IR[X] \iff \forall \alpha_{i_1 \dots i_n} \in I.$$

命題 7.1.3 R をネーター環とし，$R[X] = R[X_1, \dots, X_n]$ を n 変数多項式環とする．また，P と Q を R のイデアルとし，P は素イデアルとする．このとき，Q が P 準素イデアルならば，拡大イデアル $QR[X]$ は $PR[X]$ 準素イデアルである．

（証明）命題 1.6.7 と同様に n についての帰納法を使えば，$n = 1$ の場合を示せば十分である．したがって，以下の証明において $R[X]$ は 1 変数多項式環を表すものとする．

命題 1.6.7 より，$PR[X]$ は $R[X]$ の素イデアルである．Q が P 準素イデアルならば，$QR[X]$ は $PR[X]$ 準素イデアルであることを示せばよい．

$QR[X]$ の素因子が $PR[X]$ 唯一つであることを示せば，命題 5.2.7 より，$QR[X]$ は $PR[X]$ 準素イデアルとなる．このために，P' を $QR[X]$ の素因子としたとき，$P' = PR[X]$ となることを示せばよい．

(1) はじめに，$PR[X] \subset P'$ であることを示す．Q は P 準素イデアルであるから，$P = \sqrt{Q}$ であり，また P' は $R[X]$ の素イデアルであるから，$P' \cap R$ は R の素イデアルである（命題 1.3.9）．このことに注意すると，次のように推論できる．

$$\begin{aligned} QR[X] \subset P' &\implies QR[X] \cap R \subset P' \cap R \\ &\implies Q \subset P' \cap R \text{ [193]} \\ &\implies P = \sqrt{Q} \subset \sqrt{P' \cap R} = P' \cap R \\ &\implies P \subset P' \cap R \subset P' \\ &\implies P \subset P' \\ &\implies PR[X] \subset P'R[X] = P'. \end{aligned}$$

[193] 命題 1.6.2 の (2).

以上より，$PR[X] \subset P'$ であることが示された．

(2) 逆の包含関係 $PR[X] \supset P'$ を示す．$f(X) \in P'$ とする．イデアル $(f(X)) \subset R[X]$ を考えると，$f(X) \in P'$ であるから $(f(X)) \subset P'$ である．すると，P' は $QR[X]$ の素因子であるから，次のように推

論できる．イデアル $QR[X]$ と $(f(X))$ に対して，

$$
\begin{aligned}
&(f(X)) \subset P' \\
&\quad\Longrightarrow\quad \bigl(QR[X] : (f(X))\bigr) \supsetneq QR[X]\ ^{194)} \\
&\quad\Longrightarrow\quad \exists g(X) \in \bigl(QR[X] : (f(X))\bigr),\ g(X) \notin QR[X] \\
&\quad\Longrightarrow\quad \exists g(X) \in R[X],\ f(X)g(X) \in QR[X],\ g(X) \notin QR[X].
\end{aligned}
$$

194) 定理 6.1.13.

ここで，$f(X), g(X)$ を次のように表して考える．

$$
\begin{aligned}
f(X) &= a_h X^h + a_{h+1} X^{h+1} + \cdots + a_k X^k \in P' \\
g(X) &= b_r X^r + b_{r+1} X^{r+1} + \cdots + b_s X^s.
\end{aligned}
$$

$g(X)$ の係数について，$b_r, \ldots, b_{r+j} \in Q$ であるとき，$b_r X^r, b_{r+1} X^{r+1}, \ldots, b_{r+j} X^{r+j}$ なる項を除いても，本質的な条件 $f(X)g(X) \in QR[X], g(X) \notin QR[X]$ を損なうことはない．また $g(X) \notin QR[X]$ であるから，$b_r, \ldots, b_s$ の少なくとも一つは $\notin Q$ である．ゆえに，$g(X)$ の先頭の項の係数が $\notin Q$ であると仮定することができる．そこで，先頭の項を $b_r \notin Q$ とする．すると，命題 1.6.2, (1) より，

$$
\begin{aligned}
f(X)g(X) \in QR[X] \quad&\Longrightarrow\quad f(X)g(X) \text{ のすべての係数は } Q \text{ に属する} \\
&\Longrightarrow\quad a_h b_r \in Q.
\end{aligned}
$$

ここで，Q は P 準素イデアルであるから，

$$
a_h b_r \in Q,\ b_r \notin Q \ \Longrightarrow\ a_h \in P.
$$

ゆえに，$a_h \in P$ である．すると，$a_h X^h \in PR[X] \subset P'$ であるから，

$$
a_{h+1} X^{h+1} + \cdots + a_k X^k = f(X) - a_h X^h \in P'
$$

となる．次に，$a_{h+1} X^{h+1} + \cdots + a_k X^k \in P'$ に対して，上の推論を繰り返すと，$a_{h+1} \in P$ が得られる．このようにして，$f(X)$ のすべての係数が P に属することが分かる．したがって，$f(X) \in PR[X]$ となる．ここで，$f(X)$ は P' の任意の元であったから，$P' \subset PR[X]$ を証明したことになる．　□

命題 7.1.4 R をネーター環とし，$R[X] = R[X_1, \ldots, X_n]$ を n 変数多項式環とする．このとき，次が成り立つ．

(1) $I = Q_1 \cap \cdots \cap Q_n$ が R における準素分解ならば，$IR[X] = Q_1 R[X] \cap \cdots \cap Q_n R[X]$ も $R[X]$ における準素分解である．

(2) $I = Q_1 \cap \cdots \cap Q_n$ が R における無駄のない準素分解ならば，$IR[X] = Q_1 R[X] \cap \cdots \cap Q_n R[X]$ も $R[X]$ における無駄のない準素分解である．

（証明）(1) 命題 1.6.3 より，$I = Q_1 \cap \cdots \cap Q_n$ ならば，$IR[X] = Q_1 R[X] \cap \cdots \cap Q_n R[X]$ である．また，命題 7.1.3 より，Q_i が P_i 準素イデアルならば，$Q_i R[X]$ は $P_i R[X]$ 準素イデアルであるから，主張は成り立つ．

(2) $I = Q_1 \cap \cdots \cap Q_n$ を無駄のない準素分解とする．Q_i が P_i 準素イデアルとすれば，$P_1, \ldots, P_n$ は相異なる I の素因子である．(1) より，$IR[X] = Q_1 R[X] \cap \cdots \cap Q_n R[X]$ は $IR[X]$ の準素分解であり，$Q_i R[X]$ は $P_i R[X]$ 準素イデアルである．

(i) このとき，拡大イデアル $P_1 R[X], \ldots, P_n R[X]$ は $IR[X]$ の相異なる素因子である．なぜなら，命題 1.6.2, (2) に注意すれば，

$$P_i R[X] = P_j R[X] \implies P_i R[X] \cap R = P_j R[X] \cap R \implies P_i = P_j$$

となるからである．

(ii) 余分な準素成分がないこと：たとえば，$Q_1 R[X] \supset Q_2 R[X] \cap \cdots \cap Q_n R[X]$ と仮定すると，同じ命題 1.6.2, (2) により，

$$\begin{aligned}
\implies \quad Q_1 R[X] \cap R &\supset (Q_2 R[X] \cap \cdots \cap Q_n R[X]) \cap R \\
&= (Q_2 R[X] \cap R) \cap \cdots \cap (Q_n R[X] \cap R) \\
\implies \quad Q_1 &\supset Q_2 \cap \cdots \cap Q_n.
\end{aligned}$$

これは $I = Q_1 \cap \cdots \cap Q_n$ が無駄のない準素分解であることに矛盾する．他の場合も同様である．□

系 7.1.5 R をネーター環とし，$R[X] = R[X_1, \ldots, X_n]$ を n 変数多項式環とする．このとき，$R[X]$ における (0) の素因子は R における (0) の素因子の $R[X]$ への拡大イデアルである．

（証明）$(0) = Q_1 \cap \cdots \cap Q_n$ を R における無駄のない準素分解とす

る．Q_i を P_i 準素イデアルとする．P_i は R における (0) の素因子である．命題 7.1.4 より，この無駄のない準素分解を $R[X]$ へもち上げると，$(0) = 0R[X] = Q_1R[X] \cap \cdots \cap Q_nR[X]$ は (0) の無駄のない準素分解であり，$Q_iR[X]$ は $P_iR[X]$ 準素イデアルである．ゆえに，$P_1R[X], \ldots, P_nR[X]$ は $R[X]$ における (0) の素因子である．

□

命題 7.1.6　R をネーター環とし，$R[X] = R[X_1, \ldots, X_n]$ を n 変数多項式環とする．$f(X) \in R[X]$ が $R[X]$ の零因子ならば，R の元 $a \neq 0$ が存在して，$af(X) = 0$ となる．

（証明）$f(X)$ を $R[X]$ の零因子と仮定すると，命題 6.1.14 より，$f(X)$ は $R[X]$ における (0) のある素因子に含まれる．さらに，ここで，系 7.1.5 より，$R[X]$ における (0) の素因子は R における (0) の素因子の拡大イデアルであるから，R における (0) の素因子を P として $f(X) \in PR[X]$ となる．すると，命題 1.6.2 より，$f(X)$ のすべての係数は P に属する．

P は (0) の素因子であるから，命題 6.1.13 を使えば，$P \subset P$ より $(0:P) \neq 0$ となる．すると，

$$\begin{aligned}(0:P) \neq (0) &\implies \exists a \in (0:P),\ a \neq 0 \\ &\implies \exists a \neq 0,\ aP = (0) \\ &\implies \exists a \neq 0,\ af(X) = 0\end{aligned}$$[195]

□

[195] $f(X)$ のすべての係数 $\in P$.

7.2 パラメーター系

R をネーター局所環とし，P をその極大イデアルとする．このとき，P に属さない R の元は単元である（命題 1.5.2）．すなわち，$U(R) = R \setminus P$ と表される．P は極大イデアルであるから，P を法とする剰余環 $k = R/P$ は体となり，これを局所環 R の剰余体という（定義 1.5.1）．以上のことを簡単のため，(R, P, k) はネーター局所環であると表現することがある．さらに，定理 6.2.3 より次が成り立つ．

$$\bigcap_{i=1}^{\infty} P^i = (0).$$

命題 7.2.1　(R, P) をネーター局所環とする．このとき，次が成り立つ．

$$\dim R = \operatorname{ht} P.$$

（証明）R における素イデアルの極大鎖はすべて極小素イデアルから極大イデアル P への鎖である．ゆえに，このような鎖の長さの上限，すなわち，R の次元 $\dim R$ は P の高さ $\operatorname{ht} P$ に一致する．　□

I をネーター環 R のイデアルとするとき，I の生成系を構成する元の個数の最小値，すなわち，I の極小底の個数を $\mu(I)$ で表す．

$$\mu(I) = \min\{\, r \mid (a_1, \ldots, a_r) = I\}.$$

命題 7.2.2　(R, P) をネーター局所環とする．このとき，R のイデアル I に対して $\mu(I)$ は k ベクトル空間 IP/P の次元に等しい．ただし，$k = R/P$ である．すなわち，

$$\mu(I) = \dim_k \ I/IP.$$

（証明）命題 3.1.6 より分かる．　□

命題 7.2.3　(R, P) をネーター局所環とするとき，次が成り立つ．

(1)　$\dim R = \operatorname{ht} P < \infty$.
(2)　$\dim R \leq \mu(P)$.

（証明）(1) R はネーター環であるから，そのイデアル P は有限生成である．ゆえに，

$$P = (a_1, a_2, \ldots, a_r), \quad a_i \in R$$

と表される．すると，命題 7.2.1 とクルルの標高定理 6.4.12 より，

$$\dim R = \operatorname{ht} P = \operatorname{ht}(a_1, \ldots, a_r) \leq r < \infty.$$

(2)　上の (1) において，

$$P = (a_1, \ldots, a_r) \implies \dim R \leq r$$

を示した．これより，$\dim R \leq \mu(P)$ が得られる．　□

命題 7.2.4　(R, P) をネーター局所環とするとき，次が成り立つ．

$$\dim R = 0 \iff \operatorname{Spec}(R) = \{P\}.$$

これは局所環 R の素イデアルは極大イデアル P だけであることを意味している．このとき，R のすべてのイデアルは P 準素イデアルである．

（証明）P が R の唯一つの極大イデアルであることに注意すれば，

$$\begin{aligned} \dim R = 0 \quad &\iff \quad \operatorname{ht} P = 0 \text{ [196]} \\ &\iff \quad P \text{ に真に含まれる素イデアルはない} \\ &\iff \quad R \text{ の素イデアルは } P \text{ 唯一つ.} \end{aligned}$$

[196] 命題 7.2.1.

I を R のイデアルとしたとき，R はネーター環であるから，I の準素分解が存在する．ところが，R の素イデアルは P 唯一つであるから，I の素因子は P のみであり，ゆえに，I は P 準素イデアルとなる（命題 5.2.7）．□

素イデアルを唯一つしかもたない環のことを**準素環** (primary ring) と言うことがある．

命題 7.2.5　(R, P) をネーター局所環とし，$\dim R = n$ とする．R のイデアル I に関して次は同値である．

(1) I は P 準素イデアルである．

(2) $\dim R/I = 0$.

(3) $\operatorname{ht} I = n$.

（証明）(1) $\iff$ (2). R/I は P/I を極大イデアルとする局所環であるから，

$$\begin{aligned} \dim R/I = 0 &\iff R/I \text{ の素イデアルは } P/I \text{ 唯一つである [197]} \\ &\iff I \text{ を含む } R \text{ の素イデアルは } P \text{ だけである [198]} \\ &\iff I \text{ の素因子は } P \text{ だけである} \\ &\iff I \text{ は } P \text{ 準素イデアルである [199].} \end{aligned}$$

[197] 命題 7.2.4.

[198] 定理 1.1.17.

[199] 命題 5.2.7.

(1) $\iff$ (3). 命題 7.2.1 より $\dim R = \operatorname{ht} P$ であるから，

$$\begin{aligned} \operatorname{ht} I = n &\iff \operatorname{ht} I = \operatorname{ht} P \\ &\iff P \text{ は } I \text{ の唯一つの素因子である} \\ &\iff I \text{ は } P \text{ 準素イデアルである [200].} \end{aligned}$$
□

[200] 命題 5.2.7.

定理 7.2.6 (R, P) をネーター局所環とし，$\dim R = n$ とする．このとき，次が成り立つ．

(1) $Q = (a_1, \ldots, a_s)$ が P 準素イデアルならば，$n \leq s$ である．
(2) ちょうど n 個の元で生成されるような P 準素イデアルが存在する．

（証明）(1) $n = 0$ の場合，自明なので $n \geq 1$ とする．Q を P 準素イデアルで $Q = (a_1, \ldots, a_s)$ とする．

$$\begin{aligned} Q : P \text{ 準素イデアル} &\Longrightarrow \operatorname{ht} P = \operatorname{ht} Q \ ^{201)} \\ &\Longrightarrow \operatorname{ht} P = \operatorname{ht}(a_1, \ldots, a_s) \leq s \ ^{202)} \\ &\Longrightarrow n = \dim R = \operatorname{ht} P \leq s. \ ^{203)} \end{aligned}$$

[201] 例 6.4.6, (2).
[202] 定理 6.4.12.
[203] 命題 7.2.1.

(2) $\operatorname{ht} P = \dim R = n$ であるから，命題 6.4.15 より，ある P の元 $b_1, \ldots, b_n$ が存在して，$\operatorname{ht}(b_1, \ldots, b_n) = n$ が成り立つ．$Q := (b_1, \ldots, b_n)$ とおく．このとき，$\operatorname{ht} Q = n$ であるから，命題 7.2.5 より，Q は P 準素イデアルである． □

上記定理は次のように言い換えることができる．

定理 7.2.7 (R, P) をネーター局所環とする．このとき，R の次元は P 準素イデアルの生成系の個数の最小値である．すなわち，

$$\dim R = \min\{\ \mu(Q) \mid Q \text{ は } P \text{ 準素イデアル}\ \}.$$

定義 7.2.8 (R, P) をネーター局所環とし，$\dim R = n$ とする．P の n 個の元を $a_1, \ldots, a_n$ とする．イデアル $(a_1, \ldots, a_n)$ が P 準素イデアルであるとき，$a_1, \ldots, a_n$ を R の**パラメーター系** (system of parameters) という．

命題 7.2.9 (R, P) をネーター局所環とする．$I = (a_1, \ldots, a_s)$ を R の真のイデアルとするとき，次が成り立つ．

(1) $\dim R \geq \dim R/I \geq \dim R - s$.
(2) $a_1, \ldots, a_s$ が R のパラメーター系の 1 部分であるための必要十分条件は，$\dim R/I = \dim R - s$ が成り立つことである．

（証明）はじめに，剰余環 R/I はそのイデアル P/I を極大イデアル

とする局所環であることに注意しよう．

(1) 標準全射 $\pi : R \longrightarrow R/I$ を考えると，イデアルの対応定理 1.1.17 と命題 1.3.10 より，$\mathrm{ht}\,P \geq \mathrm{ht}\,P/I$ であるから，$\dim R \geq \dim R/I$ が成り立つ（命題 7.2.1）．あとは，$\dim R/I \geq \dim R - s$ を示せばよい．$t := \dim R/I$ とおき，二つの場合に分けて考える．

(i) $t \geq 1$ のとき．命題 7.2.6, (2) より，$\dim R/I = t$ ならば，ある R/I の元 $\bar{b}_1, \ldots, \bar{b}_t\ (b_i \in R)$ が存在して，イデアル $(\bar{b}_1, \ldots, \bar{b}_t)$ は P/I 準素イデアルになる．すると命題 5.1.16 より，$\pi^{-1}(\bar{b}_1, \ldots, \bar{b}_t)$ は $\pi^{-1}(P/I)$ 準素イデアルである．ところが，

$$\pi^{-1}(\bar{b}_1, \ldots, \bar{b}_t) = (a_1, \ldots, a_s, b_1, \ldots, b_t), \quad \pi^{-1}(P/I) = P$$

であるから，$(a_1, \ldots, a_s, b_1, \ldots, b_t)$ は P 準素イデアルである．ゆえに，

$$\mathrm{ht}\,(a_1, \ldots, a_s, b_1, \ldots, b_t) = \mathrm{ht}\,P$$

である（例題 6.4.6 の (2)）．ゆえに，クルルの標高定理 6.4.12 より，

$$\dim R = \mathrm{ht}\,P = \mathrm{ht}\,(a_1, \ldots, a_s, b_1, \ldots, b_t) \leq s + t.$$

したがって，$\dim R \leq s + t$ が成り立つ．これより，$\dim R/I \geq \dim R - s$ が得られる．

(ii) $t = 0$ のとき．

$$\begin{aligned}\dim R/I = 0 &\Longrightarrow I\ :P \text{ 準素イデアル}^{204)} \\ &\Longrightarrow \dim R = \mathrm{ht}\,P = \mathrm{ht}\,I = \mathrm{ht}\,(a_1, \ldots, a_s) \leq s^{205)} \\ &\Longrightarrow \dim R - s \leq 0 \\ &\Longrightarrow \dim R - s \leq \dim R/I.\end{aligned}$$

[204] 命題 7.2.5.

[205] 定理 6.4.12.

(2)「$a_1, \ldots, a_s$ は R のパラメーター系の 1 部分 $\Longleftrightarrow$ $\dim R/I = \dim R - s$」を示す．

$(\Longleftarrow)$ $\dim R/I = \dim R - s$ と仮定する．$\dim R/I = t$ とけば，(1) で示したように，ある元 $b_1, \ldots, b_t$ を付け加えて $(a_1, \ldots, a_s, b_1, \ldots, b_t)$ は P 準素イデアルとなる．するといま，$\dim R = s + t$ であるから，定義 7.2.8 により $s + t$ 個の元 $a_1, \ldots, a_s, b_1, \ldots, b_t$ は R のパラメーター系となる．したがって，$a_1, \ldots, a_s$ は R のパラメーター系の 1 部分である．

($\Longrightarrow$) $a_1, \ldots, a_s$ は R のパラメーター系の 1 部分であるから，R のある元 $c_1, \ldots, c_r$ を付け加えて，$(a_1, \ldots, a_s, c_1, \ldots, c_r)$ が R のパラメーター系とすることができる．ただし，$s + r = \dim R$ である．すなわち，$(a_1, \ldots, a_s, c_1, \ldots, c_r)$ は P 準素イデアルである．これを剰余環 R/I で考えると，命題 5.1.15 より，$(\overline{c}_1, \ldots, \overline{c}_r)$ は P/I 準素イデアルである．定理 7.2.6 より，$\dim R/I \leq r$ が成り立つ．ゆえに，$\dim R/I \leq \dim R - s$ である．一方，(1) で示したように，$\dim R/I \geq \dim R - s$ であるから，$\dim R/I = \dim R - s$ が得られる． □

命題 7.2.10 (R, P) をネーター局所環とする．I を R の真のイデアルとするとき，次が成り立つ．

(1) I が非零因子を含むならば，$\dim R/I < \dim R$ である．

(2) a が非単元かつ非零因子ならば，$\dim R/(a) = \dim R - 1$ が成り立つ．

（証明）(1) I を含んでいる R の任意の素イデアルを Q とする．このとき，Q は Q と異なる R の素イデアル Q_1 を含む．なぜなら，そうでないとすると，Q は (0) の極小素イデアルとなり，ゆえに Q は (0) の素因子となる．したがって，I は (0) の素因子 Q に含まれることになる．すると，命題 6.1.14 より，I のすべての元は零因子となり，仮定に矛盾するからである．したがって，$1 \leq \operatorname{ht} Q$ となる．ここで，命題 6.5.7 より，

$$\dim R/Q + \operatorname{ht} Q \leq \dim R = \operatorname{ht} P$$

が成り立つ．すると，$1 \leq \operatorname{ht} Q$ であるから，

$$\dim R/Q \leq \operatorname{ht} P - \operatorname{ht} Q < \operatorname{ht} P$$

を得る．ゆえに，$\dim R/Q < \operatorname{ht} P$ が成り立つ．ここで，Q は I を含んでいる任意の素イデアルであるから，

$$\begin{aligned}\dim R/I &= \sup\{ \dim R/Q \mid Q \in \operatorname{Spec}(R), I \subset Q \} \\ &< \operatorname{ht} P = \dim R.\end{aligned}$$

(2) (1) より，$\dim R/(a) < \dim R$ であるから，$\dim R/(a) \leq$

$\dim R - 1$ が成り立つ．一方，a は非単元であるから，$(a) \neq R$ である．すると，命題 7.2.9 より，$\dim R/(a) \geq \dim R - 1$ が成り立つ．したがって，$\dim R/(a) = \dim R - 1$ を得る．□

7.3 解析的独立性

$f(X_1, \ldots, X_r)$ を環 R 上の r 変数の多項式とする．$f(X_1, \ldots, X_r)$ のすべての項が同じ次数であるとき，この多項式は次数 s の**同次式**（**斉次式**）(homogenious) であるという．簡単のために，$f(X) := f(X_1, \ldots, X_r)$ や $R[X] := R[X_1, \ldots, X_r]$ と書くこともある．

定義 7.3.1 (R, P) をネーター局所環とする．極大イデアル P の元 $x_1, \ldots, x_r$ は，次の性質をもつとき**解析的独立** (analytically independent) であるという．

$f(X_1, \ldots, X_r)$ が R 係数の s 次の同次式で，$f(x_1, \ldots, x_r) = 0$ ならば，f の係数はすべて P に属する．$(*)$

この定義は次のように言い換えることができる．

命題 7.3.2 (R, P) をネーター局所環とする．極大イデアル P の元を $x_1, \ldots, x_r$ とするとき，これらが解析的独立であることは以下のことと同値である．

$g(X_1, \ldots, X_r)$ が R 係数の s 次同次式で，$g(X_1, \ldots, X_r)$ のある係数が P に属さないならば，
$g(x_1, \ldots, x_r) \notin P \cdot (x_1, \ldots, x_r)^s$ である．$(**)$

（証明）$(*) \Longrightarrow (**)$ であること：
$x_1, \ldots, x_r$ が解析的独立であると仮定する．$g(x_1, \ldots, x_r) \in P \cdot (x_1, \ldots, x_r)^s$ とする．このとき，P に係数をもつある s 次同次式 $g_0(X_1, \ldots, X_r)$ が存在して，$g(x) = g_0(x)$ と表される．このとき，$f(X_1, \ldots, X_r) = g(X) - g_0(X)$ とおけば，f は s 次同次式である．$f(x) = g(x) - g_0(x) = 0$ であるから，$x_1, \ldots, x_r$ が解析的独立であることより，$f(X)$ の係数はすべて P に属する．ゆえに，$g(X) = f(X) + g_0(X)$ のすべての係数は P に属する．

$(*) \Longleftarrow (**)$ であること：
$f(X_1, \ldots, X_r)$ が R 係数の s 次同次式で，ある f の係数が P に属さないと仮定する．すると，$(**)$ より $f(x_1, \ldots, x_r) \notin P \cdot (x_1, \ldots, x_r)^s$ であるから，当然 $f(x_1, \ldots, x_r) \neq 0$ である． □

定理 7.3.3 (R, P) をネーター局所環とし，$\dim R = n$ とする．$x_1, \ldots, x_n$ が R のパラメーター系ならば，$x_1, \ldots, x_n$ は解析的独立である．

（証明）

$$\phi(X) := \phi(X_1, \ldots, X_n) = \sum_{i_1+\cdots+i_n=s} a_{i_1\ldots i_n} X_1^{i_1} \cdots X_n^{i_n}$$

を R に係数をもつ s 次同次式とし，

$$\phi(x) = \phi(x_1, \ldots, x_n) = 0$$

と仮定する．目標は $\phi(X)$ のすべての係数は P に属していることを示すことである．これを 4 段階に分けて証明する．
（第 1 段）最初に，$\phi(X)$ における X_1^s の係数を a として，$a \in P$ であることを示す．$\phi(x_1, \ldots, x_n) = 0$ であるから，これを具体的に次のように表す．

$$ax_1^s + \sum_{i_1+\cdots+i_n=s(i_1<s)} a_{i_1 i_2 \ldots i_n} x_1^{i_1} x_2^{i_2} \cdots x_n^{i_n} = 0.$$

このとき，ax_1^s の項を除くすべての項について，

$$i_1 + \cdots + i_n = s(i_1 < s) \implies \exists t\ (2 \leq t \leq n),\ 1 \leq i_t$$

となる[206]．ゆえに，

$$ax_1^s = -\sum_{i_1+\cdots+i_n=s(i_1<s)} a_{i_1 i_2 \ldots i_n} x_1^{i_1} x_2^{i_2} \cdots x_n^{i_n} \in (x_2, \ldots, x_n)$$

すなわち，

$$ax_1^s \in (x_2, \ldots, x_n)$$

が成り立つ．このとき，$a \in P$ であることを示す．$a \notin P$ とすると，a は単元である[207]．ゆえに，$x_1^s \in (x_2, \ldots, x_n)$ となる．した

[206] $1 > i_t \iff i_t = 0$ であるから，$\forall t (2 \leq t \leq n), 1 > i_t \implies i_1 + i_2 + \cdots + i_n = s \implies i_1 = s$．これは $i_1 < s$ に矛盾．

[207] (R, P) は局所環．

がって，

$$(x_1,\dots,x_n)^s \subset (x_2,\dots,x_n).$$

ここで，$x_1,\dots,x_n$ は R のパラメーター系であるから，定義 7.2.8 より $(x_1,\dots,x_n)$ は P 準素イデアルである．すると，

$$\begin{aligned}
&(x_1,\dots,x_n):P\text{ 準素イデアル}\\
&\qquad\Longrightarrow\quad \exists t\in\mathbb{N},\ P^t\subset(x_1,\dots,x_n)\ ^{208)}\\
&\qquad\Longrightarrow\quad P^{st}\subset(x_1,\dots,x_n)^s\subset(x_2,\dots,x_n)\\
&\qquad\Longrightarrow\quad P^{st}\subset(x_2,\dots,x_n)\\
&\qquad\Longrightarrow\quad (x_2,\dots,x_n):P\text{ 準素イデアル}\ ^{209)}\\
&\qquad\Longrightarrow\quad \dim R\le n-1\ ^{210)}
\end{aligned}$$

208) 命題 6.1.7.

209) 命題 6.1.9 または，命題 5.1.17.

210) 定理 7.2.6.

ところが，$\dim R=n$ と仮定しているから，これは矛盾である．以上より，$a\in P$ であることが示された．

（第 2 段）第 1 段の結果を ϕ のすべての係数に拡張するために，n^2 個の不定元 X_{ij} $(1\le i,j\le n)$ を導入し，R に係数をもつ n^2 個の変数の多項式環 R^* と，P のその環への拡大イデアル P^* を考える．すなわち，

$$R^*=R[X_{ij}]_{1\le i,j\le n},\quad P^*=PR^*.$$

このとき，次のような状況になっている[211)]．

$$\begin{array}{ccccc}
R & \subset & R^* & \subset & R'=R^*_{P^*}\\
P & & P^*=PR^* & & P'=P^*R'=P^*(R^*_{P^*})
\end{array}$$

211)

$$\begin{array}{ccc}
 & & R'=R^*{}_{P^*}\\
 & \nearrow & \uparrow\\
R & \longrightarrow & R^*
\end{array}$$

命題 1.6.7 より P^* は R^* の素イデアルである．このとき，素イデアル P^* による R^* の分数環 $R'=R^*_{P^*}$ を考える．R' は $P'=P^*R'=PR'$ を極大イデアルとするネーター局所環である（定理 3.3.16 と命題 4.1.13 より）．命題 6.4.4 と命題 7.1.2 より，

$$\operatorname{ht}P'=\operatorname{ht}P^*=\operatorname{ht}P$$

である．ゆえに，$\dim R'=\dim R=n$ である[212)]．ここで，$(x_1,\dots,x_n)$ は P 準素イデアルであるから，命題 7.1.3 より，$x_1R^*+\cdots+x_nR^*$ も P^* 準素イデアルである．さらに，命題 5.3.2 より，$x_1R'+\cdots+x_nR'$ も P' 準素イデアルである．したがって，$x_1,\dots,x_n$

212) 命題 7.2.1.

は R' のパラメーター系である．

（第3段）次に n 次正方行列 $A=(X_{ij})$ の行列式 $|A|=|X_{ij}|$ を考える．この行列式を展開すると，

$$|A| = \sum_{\sigma\in S_n} \operatorname{sgn}\sigma X_{1\sigma(1)}X_{2\sigma(2)}\cdots X_{n\sigma(n)} \notin PR^*.$$

$\sigma\in S_n$ として，不定元の積 $X_{1\sigma(1)}\cdots X_{n\sigma(n)}$ の係数 $\operatorname{sgn}\sigma$ は ±1 であり，$\pm1\notin P$ より $|A|\notin P^*$ である（命題 1.6.2）．ゆえに，$|A|$ は局所環 $R'=R^*_{P^*}$ において単元である（命題 1.5.2）．したがって，線形代数のクラーメルの公式を使えば，各 $i\,(1\le i\le n)$ に対して $x_i=\sum_{j=1}^n X_{ij}y_j$ をみたす $R'=R^*_{P^*}$ の元 $y_1,\ldots,y_n$ が存在する．すなわち，各 y_i は次の式をみたすような R' の元である．

$$\begin{cases} x_1 &= X_{11}y_1+X_{12}y_2+\cdots+X_{1n}y_n \\ x_2 &= X_{21}y_1+X_{22}y_2+\cdots+X_{2n}y_n \\ \vdots & \vdots \\ x_d &= X_{n1}y_1+X_{n2}y_2+\cdots+X_{nn}y_n \end{cases}$$

より具体的には，

$$y_j = \frac{1}{|A|}\begin{vmatrix} X_{11} & \cdots & \overset{j}{\check{x}_1} & \cdots & X_{1n} \\ \vdots & \vdots & \vdots & & \vdots \\ X_{n1} & \cdots & x_n & \cdots & X_{nn} \end{vmatrix} \in R'$$

として与えられる．これより，$y_j\in x_1R'+\cdots+x_nR'$ であることが分かる．すなわち，$y_1R'+\cdots+y_nR'\subset x_1R'+\cdots+x_nR'$ である．逆の包含関係はあきらかであるから，次の式が成り立つ．

$$y_1R'+y_2R'+\cdots+y_nR' = x_1R'+x_2R'+\cdots+x_nR'.$$

すると，第2段より $x_1,\ldots,x_n$ が R' のパラメーター系であるから，$(x_1,\ldots,x_n)R'$ は P' 準素イデアルである．ゆえに，$(y_1,\ldots,y_n)R'$ も R' の準素イデアルである．したがって，$y_1,\ldots,y_n$ は R' のパラメーター系である．

（第4段）最後に，

$$\phi(x) \;=\; \phi(x_1,\ldots,x_n)$$

$$= \phi\Big(\sum_{j=1}^{n} X_{1j}y_j, \sum_{j=1}^{n} X_{2j}y_j, \ldots, \sum_{j=1}^{n} X_{nj}y_j\Big)$$
$$=: f(y_1, \ldots, y_n) \text{ とおく.}$$

このとき，$f(y_1, \ldots, y_n)$ は $\{y_j\}$ に関する s 次の同次式である．
ところが，いま，仮定より，

$$f(y_1, \ldots, y_n) = \phi(x_1, \ldots, x_n) = 0$$

である．すると，$y_1, \ldots, y_n$ は R' のパラメーター系であり，f は s 次同次式であるから，第 1 段の証明より，

$$f(y_1, \ldots, y_n) = 0 \implies y_1^s \text{ の係数 } \in P'$$

が成り立つ．ここで，

$$y_1^s \text{ の係数} = \phi(X_{11}, X_{21}, \ldots, X_{n1}) \text{ [213]} \qquad (*)$$

である．したがって，$\phi(X_{11}, X_{21}, \ldots, X_{n1}) \in P'$ となるから，

$$\begin{aligned} &\phi(X_{11}, X_{21}, \ldots, X_{n1}) \in P' \\ &\quad\implies \phi(X_{11}, X_{21}, \ldots, X_{n1}) \in P' \cap R^* = P^* \text{ [215]} \\ &\quad\implies \phi(X_{11}, X_{21}, \ldots, X_{n1}) \text{ のすべての係数 } \in P \text{ [215]} \\ &\quad\implies \phi \text{ のすべての係数 } \in P. \end{aligned}$$

これが証明したいことであった． □

[213] 後の注意参照．

[214] 命題 4.3.7.

[215] 命題 1.6.2.

注意　上の証明における $(*)$ のついている等式，

$$y_1^s \text{ の係数} = \phi(X_{11}, X_{21}, \ldots, X_{n1})$$

であることの証明は次のようである．

$$\begin{aligned} f(\underline{y}) &= \phi(\underline{x}) \\ &= \phi(x_1, \ldots, x_n) \\ &= \sum_{i_1+\cdots+i_n=s} a_{i_1\ldots i_n} x_1^{i_1} \cdots x_n^{i_n} \\ &= \sum_{i_1+\cdots+i_n=s} a_{i_1\ldots i_n} \Big(\sum_{j=1}^{n} X_{1j}y_j\Big)^{i_1} \cdots \Big(\sum_{j=1}^{n} X_{nj}y_j\Big)^{i_n}. \end{aligned}$$

この最後の等式は次の形をしている.

$$\sum_{i_1+\cdots+i_n=s} a_{i_1\ldots i_n}(X_{11}y_1+\cdots+X_{1n}y_n)^{i_1}(X_{21}y_1+\cdots+X_{2n}y_n)^{i_2}$$
$$\cdots(X_{n1}y_1+\cdots+X_{nn}y_n)^{i_n}.$$

これを展開すると, y_1^s の係数となるのは次のような形の項に現れる.

$$\begin{aligned} &a_{i_1\ldots i_n}(X_{11}y_1)^{i_1}(X_{21}y_1)^{i_2}\cdots(X_{n1}y_1)^{i_n} \\ &\quad= a_{i_1\ldots i_n}X_{11}^{i_1}y_1^{i_1}X_{21}^{i_2}y_1^{i_2}\cdots X_{n1}^{i_n}y_1^{i_n} \\ &\quad= (a_{i_1\ldots i_n}X_{11}^{i_1}X_{21}^{i_2}\cdots X_{n1}^{i_n})y_1^{i_1+\cdots+i_n} \\ &\quad= (a_{i_1\ldots i_n}X_{11}^{i_1}X_{21}^{i_2}\cdots X_{n1}^{i_n})y_1^{s}. \end{aligned}$$

したがって, y_1^s の係数は,

$$\sum a_{i_1\ldots i_n}X_{11}^{i_1}X_{21}^{i_2}\cdots X_{n1}^{i_n} = \phi(X_{11}, X_{21}, \ldots, X_{n1})$$

となる.

問 7.2 定理 7.3.3 の証明の中で,「R' は $P' = P^*R' = PR'$ を極大イデアルとするネーター局所環である」ことを述べた. これを確認せよ.

7.4 正則局所環

代数幾何学において, 代数多様体の幾何学的な点 P に対して P に対応する局所環 R が考えられる. このとき, 点 P が単純点（非特異点）であることと, 対応する局所環 R が正則局所環であることが同値である. この意味で, 正則局所環を考察することは, 環論的にも, また代数幾何学的にも重要である.

(R, P, k) をネーター局所環とする. すなわち, R は P を唯一つの極大イデアルとする局所環で, その剰余体を $k = R/P$ と表す. 第 3 章の命題 3.1.6 で, R 加群 M を P, イデアル I を特に R の極大イデアル P にして適用すると, $I/IP = P/PP = P/P^2$ であり, P/P^2 は $k = R/P$ 上のベクトル空間である. $\overline{x} = x + P^2 \in P/P^2$ に対して, スカラー $\overline{a} = a + P \in R/P = k$ は $\overline{a}\cdot\overline{x} = \overline{ax}$ として作用する. この場合, 命題 3.1.6 は次のようになる.

命題 7.4.1 (R, P, k) をネーター局所環とする. R の元を $a_1, \ldots, a_n$

とするとき，k 上のベクトル空間 P/P^2 に関して，次が成り立つ．

(1) $P = (a_1, \ldots, a_n) \iff P/P^2 = k\overline{a}_1 + \cdots + k\overline{a}_n$.

(2) $a_1, \ldots, a_n$ は P の極小底である $\iff \overline{a}_1, \ldots, \overline{a}_n$ は k 上 P/P^2 の基底である．

(3) $n = \dim_k P/P^2$ とおけば，P のすべての極小底は n 個の元からなる[216]． □

[216] $n = \dim_k(P/P^2)$ を局所環 R の埋め込み次元 (embedding dimension) と言うことがある．

命題 7.4.2 (R, P, k) をネーター局所環とする．このとき，R のクルル次元は極大イデアル P の極小底の個数より大きくない．すなわち，

$$\dim R \leq \dim_k P/P^2.$$

（証明）命題 7.2.1 により，R の次元は $\dim R = \operatorname{ht} P$ である．$P = (a_1, \ldots, a_n)$ を極小底とすると，上の命題 7.4.1 の (3) より，$n = \dim_k P/P^2$ である．一方，標高定理 6.4.12 より，

$$\operatorname{ht} P = \operatorname{ht}(a_1, \ldots, a_n) \leq n$$

が得られる．したがって，

$$\dim R \leq \dim_k P/P^2$$

が成り立つ． □

定義 7.4.3 (R, P, k) をネーター局所環とする．$\dim R = \dim_k P/P^2$ が成り立つ局所環を**正則局所環** (regular local ring) という．

命題 7.4.1 より，正則局所環であることは次のように言い換えられる．

命題 7.4.4 (R, P, k) をネーター局所環とする．

R：正則局所環 $\iff$ P の極小底の個数は環 R の次元に等しい．

したがって，R が正則局所環であるとき，その極大イデアル P の極小底は R のパラメーター系である．このパラメーター系を**正則パラメーター系** (regular system of parameters) という． □

正則局所環の簡単な例として次のようなものがある．

例題 7.4.5 整数環 $\mathbb{Z}$ の素イデアルを P とする．このとき，次が成り立つ．

(1) $P \neq (0)$ ならば，$\mathbb{Z}_P$ は次元 1 の正則局所環である．

(2) $P = (0)$ ならば，$\mathbb{Z}_{(0)} = \mathbb{Q}$ は体となり，次元 0 の正則局所環である．

素数 p に対して，局所環 $\mathbb{Z}_{(p)}$ は次元 1 の正則局所環である．ただし，$\mathbb{Z}_{(p)} = \{a/b \mid a, b \in \mathbb{Z}, p \nmid b\}$ である．

（証明）(1) $P \neq (0)$ を $\mathbb{Z}$ の素イデアルとすると，$\mathbb{Z}$ は単項イデアル整域であるから（定理 1.3.15），$P = (p) = p\mathbb{Z}, p \in \mathbb{Z}$ と表される．P は素イデアルであるから，p は素数である（定理 1.3.16）．このとき，$(0) \subsetneq P$ は極大な昇鎖となる．ゆえに，$\operatorname{ht} P = 1$ である．すると命題 7.2.1 と命題 6.4.4 より，

$$\dim \mathbb{Z}_P = \operatorname{ht} P\mathbb{Z}_P = \operatorname{ht} P = 1$$

である．一方，局所環 $\mathbb{Z}_P$ の極大イデアルは $P\mathbb{Z}_P = p\mathbb{Z}_{(p)}$ であり，このイデアルの極小底 $\{p/1\}$ の個数は 1 であるから，$\dim \mathbb{Z}_{(p)}$ は極小底の個数 1 に一致する．ゆえに，局所環 $\mathbb{Z}_P$ は正則局所環である．
(2) $P = (0)$ ならば，$\mathbb{Z}_{(0)} = \mathbb{Q}$ は有理数体となり，体であるから，その極大イデアルは (0) であり，ゆえに，次元は 0 である．一方，極小底の個数は 0 と考えられるので，$\mathbb{Z}_P$ は正則局所環である． □

例題 7.4.6 体 k 上 1 変数の多項式環を $k[X]$ とし，P を $k[X]$ の素イデアルとする．このとき，次が成り立つ．

(1) $P \neq (0)$ ならば，$k[X]_P$ は次元 1 の正則局所環である．

(2) $P = (0)$ ならば，$k[X]_{(0)} = k(X)$ は体となり，次元 0 の正則局所環である．

（証明）(1) $P \neq (0)$ を $k[X]$ の素イデアルとすると，$k[X]$ は単項イデアル整域であるから（定理 1.3.18），$P = (f) = f \cdot k[X], f \in k[X]$ と表される．P は素イデアルであるから，f は既約多項式である（定理 1.3.20）．このとき，$(0) \subsetneq P$ は極大な昇鎖である．ゆえに，$\operatorname{ht} P = 1$ となる．すると命題 7.2.1 と命題 6.4.4 より，

$$\dim k[X]_P = \operatorname{ht} Pk[X]_P = \operatorname{ht} P = 1$$

を得る．一方，局所環 $k[X]_P$ の極大イデアルは $Pk[X]_P = f \cdot k[X]_P$

であり，このイデアルの極小底は $\{f/1\}$ であり，その個数は 1 であるから，クルル次元 $\dim k[X]_P$ は極小底の個数 1 に一致する．ゆえに，局所環 $k[X]_P$ は次元 1 の正則局所環である．
(2) 前命題と同じでなので証明は省略する． □

問 7.3 (R, P, k) をネーター局所環とする．$\dim R = n$ とするとき，極大イデアル P が n 個で生成されるならば，R は正則局所環であることを示せ．

命題 7.4.7 R を正則局所環とするとき，次が成り立つ．

$$\dim R = 0 \iff R \text{ は体である．}$$

（証明）体の極大イデアルは (0) だけであるから（命題 1.3.6,（2)），クルル次元は 0 である．逆に，正則局所環を (R, P) とし，$\dim R = 0$ と仮定する．正則局所環であるから $\dim R = \dim_k P/P^2$ であり，ネーター環であるから，命題 6.2.3 より $\bigcap_{i=1}^{\infty} P^i = (0)$ が成り立つ．すると，定理 3.1.1（中山の補題）の (2) より，

$$\begin{aligned} \dim R = 0 \quad &\Longrightarrow \quad \dim_k P/P^2 = 0 \\ &\Longrightarrow \quad P/P^2 = 0 \\ &\Longrightarrow \quad P = P^2 \\ &\Longrightarrow \quad P = 0. \end{aligned}$$

ゆえに，$P = 0$ を得る．したがって，極大イデアルが (0) であるから（命題 1.3.6,（2)），R は体である． □

R が正則局所環ならば，その極大イデアル P の極小底は R のパラメーター系となる．これを正則パラメーター系といった．定理 7.3.3 より，正則パラメーター系は解析的独立である．この逆が成り立つ，すなわち，極小底が解析的独立ならば，その局所環は正則局所環となることを以下において証明していく．

命題 7.4.8 (R, P) をネーター局所環とする．$a_1, \ldots, a_n$ を P の極小底とする．$a_1, \ldots, a_n$ が解析的独立ならば，次が成り立つ．

$$\alpha \in P^h, \alpha \notin P^{h+1},\ \beta \in P^k, \beta \notin P^{k+1} \implies \alpha\beta \notin P^{h+k+1}.$$

（証明）$\alpha \in P^h = (a_1, \ldots, a_n)^h$ であるから，次数 h の同次式 ϕ が

存在して，

$$\alpha = \phi(a_1, \ldots, a_n) = \phi(a)$$

と表される．このとき，$\alpha \notin P^{h+1}$ であるから，ϕ のある係数は P に属さない．同様にして，次数 k の同次式 ψ が存在して，

$$\beta = \psi(a_1, \ldots, a_n) = \psi(a)$$

と表される．ψ のある係数は P に属さない．

そこで，$\chi = \phi\psi$ とおく．χ は次数 $h+k$ の同次式である．次に，$X_1, \ldots, X_n$ を不定元として，

$$R^* = R[X] = R[X_1, \ldots, X_n], \quad P^* = PR^*$$

とおく．ϕ, ψ のある係数は P に属さないので，命題 1.6.2 より，

$$\phi(X) \notin P^*, \quad \psi(X) \notin P^*.$$

また，P^* は素イデアルであるから（命題 1.6.7），$\chi(X) := \phi(X)\psi(X) \notin P^*$ である[217]．このとき，$\chi(a) = \phi(a)\psi(a) = \alpha\beta$ である．すると，

$$\begin{aligned}
\chi(X) \notin P^* \quad &\Longrightarrow \quad \chi \text{ のある係数は } P \text{ に属さない} \\
&\Longrightarrow \quad \chi(a) \notin P(a_1, \ldots, a_n)^{h+k} = PP^{h+k} = P^{h+k+1} \\
&\qquad (\because\ a_1, \ldots, a_n \text{ は解析的独立である}^{218)}) \\
&\Longrightarrow \quad \alpha\beta = \chi(a) \notin P^{h+k+1}.
\end{aligned}$$

□

217) χ はギリシャ文字であり，カイと読む．

218) 命題 7.3.2.

系 7.4.9 (R, P) をネーター局所環とする．P の極小底 $a_1, \ldots, a_n$ が解析的独立であるとする．このとき，R は整域である．

（証明）$\alpha \neq 0, \beta \neq 0 \Longrightarrow \alpha\beta \neq 0$ を示せばよい．ネーター環であるから，定理 6.2.3 より $\bigcap_{i=1}^{\infty} P^i = (0)$ が成り立つ．すると，

$$\begin{aligned}
\alpha \neq 0, \beta \neq 0 \quad &\Longrightarrow \quad \begin{cases} \exists h \in \mathbb{N}, & \alpha \in P^h \setminus P^{h+1} \\ \exists k \in \mathbb{N}, & \beta \in P^k \setminus P^{k+1} \end{cases} \\
&\Longrightarrow \quad \alpha\beta \notin P^{h+k+1\ 219)} \\
&\Longrightarrow \quad \alpha\beta \neq 0.
\end{aligned}$$

□

219) 命題 7.4.8.

補題 7.4.10 (R, P) をネーター局所環とする．P の極小底

$a_1, \ldots, a_n$ $(n \geq 2)$ が解析的独立であるとする．$\overline{R} = R/(a_1)$，$\overline{P} = P/(a_1)$ として，$\overline{a}_i = a_i + (a_1)$ $(2 \leq i \leq n)$ とおくとき，次が成り立つ．

(1) $\overline{a}_2, \ldots, \overline{a}_n$ は $\overline{P}$ の極小底である．

(2) $\overline{a}_2, \ldots, \overline{a}_n$ は $\overline{R}$ において解析的独立である．

（証明）(1) $P = (a_1, \ldots, a_n)$ より，剰余環 $\overline{R}$ において $\overline{P} = (\overline{a}_2, \ldots, \overline{a}_n)$ となる．ここで，$\overline{a}_2, \ldots, \overline{a}_n$ は $\overline{P}$ の極小底でないと仮定する．このとき定義より，その真部分集合で P を生成することになる．たとえば，$(\overline{a}_2, \ldots, \overline{a}_n) = (\overline{a}_3, \ldots, \overline{a}_n)$ と仮定する．すると，$\overline{a}_2 \in (\overline{a}_3, \ldots, \overline{a}_n)$ であるが，このとき，

$$\begin{aligned}
&\overline{a}_2 \in (\overline{a}_3, \ldots, \overline{a}_n) \\
&\qquad \Longrightarrow \quad a_2 \equiv x_3 a_3 + \cdots + x_n a_n \pmod{(a_1)}, \exists x_i \in R \\
&\qquad \Longrightarrow \quad a_2 - (x_3 a_3 + \cdots + x_n a_n) \in (a_1) \\
&\qquad \Longrightarrow \quad a_2 = x_1 a_1 + x_3 a_3 + \cdots + x_n a_n, \exists x_1 \in R \\
&\qquad \Longrightarrow \quad a_2 \in (a_1, \widehat{a}_2, a_3, \ldots, a_n).
\end{aligned}$$

ただし，記号 $\widehat{a}_i$ は元 a_i を除いていることを意味している．これは $a_1, a_2, \ldots, a_n$ が P の極小底であることに矛盾する．

(2) $\phi^*(X_2, \ldots, X_n) \in \overline{R}[X_2, \ldots, X_n]$ を $\overline{R}$ 係数の次数 s の同次式とし，

$$\phi^*(\overline{a}_2, \ldots, \overline{a}_n) = 0 \implies \phi^* \text{ のすべての係数} \in \overline{P} = P/(a_1)$$

を示せばよい（定義 7.3.1）．そこで，$\pi : R \longrightarrow R/(a_1)$ を標準全射として次のような写像を考える．

$$\pi^* : R[X_2, \ldots, X_n] \longrightarrow R/(a_1)[X_2, \ldots, X_n],$$ [220]

220) π^* は命題 1.6.4 で定義される写像である．$\pi(\beta_{i_2 \ldots i_m}) = \overline{\beta}_{i_2 \ldots i_n}$ である．

$$\begin{aligned}
\alpha(X) = &\sum_{i_2 + \cdots + i_n = s} \beta_{i_2 \ldots i_n} X_2^{i_2} \cdots X_n^{i_n} \\
&\longmapsto \alpha^*(X) = \sum_{i_2 + \cdots + i_n = s} \overline{\beta}_{i_2 \ldots i_n} X_2^{i_2} \cdots X_n^{i_n}.
\end{aligned}$$

$\phi^*(X_2, \ldots, X_n) = \sum_{i_2 + \cdots + i_n = s} \overline{\alpha}_{i_2 \ldots i_n} X_2^{i_2} \cdots X_n^{i_n}$ とする．このとき，

$\phi^*(X_2,\dots,X_n)\in\overline{R}[X_2,\dots,X_n]$ に対して，$\phi(X)=\sum_{i_2+\cdots+i_n=s}\alpha_{i_2\dots i_n}X_2^{i_2}\cdots X_n^{i_n}$ を考えると，$\pi^*(\phi(X))=\phi^*(X)$ となる．ϕ^* は次数 s の同次式であるから，$i_2+\cdots+i_n=s$ であり，

$$\alpha_{i_2\dots i_n}\in R,\quad \overline{\alpha}_{i_2\dots i_n}=\alpha_{i_2\dots i_n}+(a_1)\in R/(a_1)$$

である．このとき，$\phi(X)=\phi(X_2,\dots,X_n)\in R[X_2,\dots,X_n]$ のすべての係数が P に属することを示せばよい．なぜなら，このとき ϕ の係数 $\alpha_{i_2\dots i_n}$ について，

$$\alpha_{i_2\dots i_n}\in P\implies\overline{\alpha}_{i_2\dots i_n}=\alpha_{i_2\dots i_n}+(a_1)\in P/(a_1)=\overline{P}$$

となるからである．すなわち，$\overline{\phi}$ のすべての係数が $\overline{P}$ に属するからである．

そこで以下において，そうではないと仮定して矛盾を導く．すなわち，ϕ のある係数は P に属さないと仮定する．最初に，

$$\phi(a_2,\dots,a_n)=\sum_{i_2+\cdots+i_n=s}\alpha_{i_2\dots i_n}a_2^{i_2}\cdots a_n^{i_n}\in P^s$$

である．しかし，

$$\phi(a_2,\dots,a_n)\notin P^{s+1}$$

である．なぜなら，$\sigma(X_1,X_2,\dots,X_n):=\phi(X_2,\dots,X_n)$ は次数 s の同次式であり，$\sigma(=\phi)$ のある係数は P に属さないから，$a_1,a_2,\dots,a_n$ の解析的独立性により，$\sigma(a_1,a_2,\dots,a_n)\notin P\cdot(a_1,a_2,\dots,a_n)^s=P^{s+1}$, すなわち，$\phi(a_2,\dots,a_n)\notin P^{s+1}$ が成り立つ（命題 7.3.2）．以上より，

$$\phi(a_2,\dots,a_n)\in P^s,\quad \phi(a_2,\dots,a_n)\notin P^{s+1} \qquad ①$$

が成り立つ．このような s は一意的に定まる．

一方，$\overline{R}=R/(a_1)$ において $\phi^*(\overline{a}_2,\dots,\overline{a}_n)=0$ であると仮定している．ここで，

$$\phi^*(\overline{a}_2,\dots,\overline{a}_n)=\sum\overline{\alpha}_{i_2\dots i_n}\overline{a}_2^{i_2}\cdots\overline{a}_n^{i_n}=\overline{\sum\alpha_{i_2\dots i_n}a_2^{i_2}\cdots a_n^{i_n}}$$

であるから，

$$\phi^*(\overline{a}_2,\dots,\overline{a}_n)=0\implies\overline{\sum\alpha_{i_2\dots i_n}a_2^{i_2}\cdots a_n^{i_n}}=0$$

$$\Longrightarrow \quad \sum \alpha_{i_2 \ldots i_n} a_2^{i_2} \cdots a_n^{i_n} \in (a_1)$$
$$\Longrightarrow \quad \phi(a_2, \ldots, a_n) = a_1\alpha, \ \exists \alpha \in R. \qquad ②$$

ここで，$\alpha = 0$ とすると，$\phi(a_2, \ldots, a_n) = 0 \in P^{s+1}$ となり，① に矛盾するから，$\alpha \neq 0$ である．ゆえに，

$$\alpha \neq 0 \quad \Longrightarrow \quad \alpha \notin \bigcap_{i=1}^{\infty} P^i = 0$$
$$\Longrightarrow \quad \exists h \in \mathbb{N}, \ \alpha \in P^h, \ \alpha \notin P^{h+1}. \qquad ③$$

このとき，α は，ある次数 h の同次式 $\psi(X_1, \ldots, X_n) \in R[X_1, \ldots, X_n]$ により $\alpha = \psi(a_1, \ldots, a_n)$ と表される．すると，

ψ のある係数は P に属さない． ④

もし，ψ のすべての係数が P に属すると，$\alpha \in P^{h+1}$ となり ③に矛盾するからである．

③ より，$\alpha \in P^h$ であるから，$a_1\alpha = a_1\psi(a_1, \ldots, a_n) \in P^{h+1}$ である．ところが，$a_1\alpha = a_1\psi(a_1, \ldots, a_n) \notin P^{h+2}$ である．なぜなら，ψ のある係数は P に属さないから，$X_1\psi(X_1, \ldots, X_n)$ のある係数も P に属さない．すると，$a_1, \ldots, a_n$ の解析的独立性により，$a_1\psi(a_1, \ldots, a_n) \notin P \cdot (a_1, \ldots, a_n)^{h+1} = P^{h+2}$ となるからである（命題 7.3.2）．

ここで ②より，$a_1\alpha = \phi(a_2, \ldots, a_n)$ であるから，

$$\phi(a_2, \ldots, a_n) \in P^{h+1}, \quad \phi(a_2, \ldots, a_n) \notin P^{h+2}.$$

ところが，①より，

$$\phi(a_2, \ldots, a_n) \in P^s, \quad \phi(a_2, \ldots, a_n) \notin P^{s+1}$$

であった．このような s は一意的に定まるから，$s = h+1$ であることが分かる．ψ は次数 h の同次式であるから，$X_1\psi(X_1, X_2, \ldots, X_n)$ は次数 s の同次式となる．

次に，

$$\chi(X) = \chi(X_1, \ldots, X_n) = \phi(X_2, \ldots, X_n) - X_1\psi(X_1, X_2, \ldots, X_n)$$

とおけば，$\chi(X)$ は s 次の同次式である．また，ψ のある係数は $\notin P$ であり，ϕ には X_1 が現れないので，$\chi(X)$ のある係数は P に属さない．

すると，$a_1, \ldots, a_n$ は解析的独立であるから，命題 7.3.2 より再び同様にして，

$$\begin{aligned} \chi(X) \text{ のある係数} \notin P \quad &\Longrightarrow \quad \chi(a_1, \ldots, a_n) \notin P \cdot (a_1, \ldots, a_n)^s \\ &\Longrightarrow \quad \chi(a_1, \ldots, a_n) \notin P^{s+1}. \qquad ⑤ \end{aligned}$$

ところが，つくり方より，

$$\begin{aligned} \chi(a_1, \ldots, a_n) &= \phi(a_2, \ldots, a_n) - a_1\psi(a_1, \ldots, a_n) \\ &= a_1\alpha - a_1\psi(a_1, \ldots, a_n) \\ &= a_1\alpha - a_1\alpha = 0 \in P^{s+1}. \end{aligned}$$

ゆえに，$\chi(a) \in P^{s+1}$ となり，これは ⑤ に矛盾する．したがって，ϕ のある係数が P に属さないと仮定していたことがおかしいことになる．

以上より，ϕ のすべての係数は P に属することが示された．これで補題 7.4.10 の証明を終える． □

問 7.4 $\phi(a_2, \ldots, a_n) \in P^s, \phi(a_2, \ldots, a_n) \notin P^{s+1}$ をみたす s は一意的に定まることを証明せよ．

系 7.4.11 (R, P) をネーター局所環とする．P の極小底 $a_1, \ldots, a_n$ が解析的独立であるとする．このとき，イデアル，

$$(0),\ (a_1),\ (a_1, a_2), \ldots, (a_1, a_2, \ldots, a_n)$$

はすべて相異なる素イデアルである．

（証明）(1) 系 7.4.9 より，R は整域となるので，(0) は素イデアルである（命題 1.3.6 参照）．

(2) P の極小底 $a_1, \ldots, a_n$ が解析的独立ならば，補題 7.4.10 より，$\overline{R} = R/(a_1)$ において，$\overline{a}_2, \ldots, \overline{a}_n$ は $\overline{P}$ の極小底であり，$\overline{a}_2, \ldots, \overline{a}_n$ は $\overline{R}$ で解析的独立である．すると，再び系 7.4.9 より，$\overline{R} = R/(a_1)$ は整域となるので，(a_1) は R の素イデアルである．

次に，$\widetilde{R} = \overline{R}/(\overline{a}_2)$，$\widetilde{P} = \overline{P}/(\overline{a}_2)$ とおけば，$\widetilde{R} = \overline{R}/(\overline{a}_2)$ は

$\widetilde{P} = \overline{P}/(\overline{a}_2)$ を極大イデアルとする局所環である．$\widetilde{a}_i = \overline{a}_i + (\overline{a}_2) \in \overline{R}/(\overline{a}_2)$ とおけば，

$$\begin{aligned}\widetilde{P} = \overline{P}/(\overline{a}_2) &= (\overline{a}_2, \overline{a}_3, \ldots, \overline{a}_n)/(\overline{a}_2) \\ &\cong (\widetilde{a}_3, \ldots, \widetilde{a}_n).\end{aligned}$$

ただし，$\widetilde{a}_3$ などはイデアル (a_1, a_2) を法とする剰余類 $\widetilde{a}_3 = a_3 + (a_1, a_2) \in R/(a_1, a_2)$ である．再び，補題 7.4.10 より，$\widetilde{R} = \overline{R}/(\overline{a}_2)$ において，$\widetilde{a}_3, \ldots, \widetilde{a}_n$ は $\widetilde{P}$ の極小底であり，$\widetilde{a}_3, \ldots, \widetilde{a}_n$ は $\widetilde{R}$ で解析的独立である．したがって，$\widetilde{R}$ は整域となる（系 7.4.9）．ところが，

$$\widetilde{R} = \overline{R}/(\overline{a}_2) = R/(a_1) \Big/ (a_1, a_2)/(a_1) \cong R/(a_1, a_2)$$

である．ここで，

$$\begin{aligned}(\overline{a}_2) &= \{\overline{r} \cdot \overline{a}_2 \in R/(a_1) \mid r \in R\} \\ &= \{ra_2 + (a_1) \in R/(a_1) \mid r \in R\} \\ &= (a_1, a_2)/(a_1).\end{aligned}$$

すると，$\widetilde{R}$ が整域であるから，(a_1, a_2) は R の素イデアルとなる．以下同様にして，$(a_1, a_2, \ldots, a_n)$ も素イデアルであることが示される．
(3) $(a_1, \ldots, a_i) \neq (a_1, \ldots, a_{i+1})$ を示す．$(a_1, \ldots, a_i) = (a_1, \ldots, a_{i+1})$ と仮定すると，$P = (a_1, \ldots, a_n) = (a_1, \ldots, \hat{a}_{i+1}, \ldots, a_n)$ となる．これは $a_1, \ldots, a_n$ が P の極小底であることに矛盾する．ただし，$\hat{a}_i$ は a_i を除くことを意味している． □

系 7.4.12 (R, P, k) をネーター局所環とする．R の極大イデアル P の極小底 $a_1, \ldots, a_n$ が解析的独立であるならば，R は正則局所環である．

（証明）命題 7.4.4 より，$\dim R = n$ を示せば十分である．$a_1, \ldots, a_n$ が P の極小底であるから，命題 7.4.1 より，$\dim_k P/P^2 = n$ である．一般に，$\dim R \leq \dim_k P/P^2$ が成り立つ（命題 7.4.2）．

一方，前命題の系 7.4.11 より，素イデアルの鎖，

$$(0) \subsetneq (a_1) \subsetneq (a_1, a_2) \subsetneq \cdots \subsetneq (a_1, a_2, \ldots, a_n)$$

がある．したがって，$n \leq \dim R$ が成り立つから，$\dim R = n$ と

なり，R は正則局所環となる． □

定理 7.4.13 (R, P, k) をネーター局所環とする．P の極小底を $a_1, \ldots, a_n$ とする．このとき，R が正則局所環であるための必要十分条件は，$a_1, \ldots, a_n$ が解析的独立になることである．

（証明）$a_1, \ldots, a_n$ が解析的独立ならば，系 7.4.12 より，R は正則局所環である．

逆に，R が正則局所環ならば，$\dim R = \dim_k P/P^2 = n$ であるから，極小底 $a_1, \ldots, a_n$ は R のパラメーター系である（命題 7.4.4）．ところが，定理 7.3.3 より，パラメーター系は解析的独立である． □

系 7.4.14 正則局所環は整域である．

（証明）(R, P) を正則局所環とすると，R の極大イデアル P の極小底 $a_1, \ldots, a_n$ は解析的独立である（定理 7.4.13）．すると，系 7.4.9 より，R は整域である． □

定理 7.4.15 R を正則局所環，P をその極大イデアルとする．P の極小底を $a_1, \ldots, a_n$ とする．このとき，$i\,(1 \leq i \leq n)$ に対して次が成り立つ．

(1) $(a_1, \ldots, a_i)$ は R の素イデアルである．

(2) $R/(a_1, \ldots, a_i)$ は正則局所環であり，その次元は
$\dim R/(a_1, \ldots, a_i) = \dim R - i$ である．

（証明）(1) R が正則局所環ならば，定理 7.4.13 より，P の極小底 $a_1, \ldots, a_n$ は解析的独立である．すると，系 7.4.11 より，$(a_1, \ldots, a_i)$ は R の素イデアルである．

(2) R は正則局所環であるから，$\dim R = \dim_k P/P^2 = n$ である．ゆえに，P の極小底 $a_1, \ldots, a_n$ は R のパラメーター系である（命題 7.4.4）．すると，命題 7.2.9 より，$\dim R/(a_1, \ldots, a_i) = \dim R - i = n - i$ が成り立つ． □

7.5 整従属と整閉包

正則局所環の例を説明するために，正則局所環と関係の深い正規

環を考察する．最初に正規環を定義するために必要な整従属と整閉包の概念を導入する．

定義 7.5.1　R を環 R' の部分環とし，α を R' の元とする．α が R 係数のモニック多項式の根になるとき，α は R 上整 (integral over R) であるという．すなわち，

$$\alpha^n + a_1\alpha^{n-1} + a_2\alpha^{n-2} + \cdots + a_n = 0 \quad (a_i \in R).$$

R' のすべての元が R 上整であるとき，R' は R **上整**である，あるいは R' は R 上**整拡大** (integral extension) であるという．特に，R の任意の元は R 上整である．また，上の式を**整従属（関係）式** (integral dependence relation) という．

例 7.5.2　$\mathbb{Z}$ 上整である複素数を**代数的整数** (algebraic integer) という．これに対して，$\mathbb{Z}$ の元を有理整数という．$\sqrt{2}$ や $\sqrt[5]{3}$ などは代数的整数である．また，$\mathbb{Q}$ 上代数的な複素数を**代数的数** (algebraic number) という．

R を R' の部分環，$\alpha \in R'$ とする．このとき，通常 $R[\alpha]$ によって環 R と元 α を含む R' の最小の部分環を表す．$R[\alpha]$ の任意の元は，

$$a_0 + a_1\alpha + a_2\alpha^2 + \cdots + a_n\alpha^n \quad (a_i \in R)$$

という形で表される．ゆえに，このような $R[\alpha]$ の元は $R[X]$ の多項式 $f(X) = a_0 + a_1X + a_2X^2 + \cdots + a_nX^n$ に $X = \alpha$ として代入する準同型写像の像として得られる．

$$R[X] \longrightarrow R[\alpha] \subset R'.$$

すなわち，$R[\alpha]$ は次のように表すことができる．

$$R[\alpha] = \{\, f(\alpha) \mid f(X) \in R[X] \,\}.$$

同様にして，同じ状況で $\alpha, \beta \in R'$ とする．このとき，$R[\alpha, \beta]$ によって環 R と元 α, β を含む R' の最小の部分環を表す．$R[\alpha]$ の任意の元は有元和 $\sum a_{ij}\alpha^i\beta^j$, $a_{ij} \in R$ という形で表される．ゆえに，$R[\alpha, \beta]$ は次のように表される．

$$R[\alpha, \beta] = \{ f(\alpha, \beta) \mid f(X, Y) \in R[X, Y] \}.$$

定理 7.5.3 R を環 R' の部分環とし，$\alpha \in R'$ とする．このとき，次の条件は同値である．

(1) α は R 上整である．
(2) $R[\alpha]$ は R 加群として有限生成である．
(3) R' の部分環 T で $R[\alpha]$ を含み，R 加群として有限生成であるものが存在する[221]．

さらに，このとき環 $R[\alpha]$ は R の整拡大である．

221)
R'
|
T
|
$R[\alpha]$
|
R

（証明）(1) $\Longrightarrow$ (2)．α が R 上整であるから，定義 7.5.1 より，次の式が成り立つ．

$$\alpha^d + a_1\alpha^{d-1} + \cdots + a_d = 0 \quad (a_i \in R).$$

$f(X) = X^d + a_1X^{d-1} + \cdots + a_d \in R[X]$ とおけば，$f(\alpha) = 0$ である．$R[\alpha]$ の任意の元は $g(X) \in R[X]$ により，$g(\alpha)$ と表される．$g(X)$ を $f(X)$ で割ると，除法の定理により，

$$g(X) = q(X)f(X) + r(X), \quad \exists q(X), r(X) \in R[X], \deg r(X) < d$$

と表される．α を代入すると，

$$g(\alpha) = r(\alpha) \in R + R\alpha + \cdots + R\alpha^{d-1}.$$

ゆえに，$R[\alpha] = R + R\alpha + \cdots + R\alpha^{d-1}$ となる．これは $R[\alpha]$ が有限生成 R 加群であることを意味している．

(2) $\Longrightarrow$ (3)．$T = R[\alpha]$ とすればよい．

(3) $\Longrightarrow$ (1)．仮定より，T は R 加群として有限生成であるから，$T = x_1R + \cdots + x_nR$ と表せる．$\alpha \in T$ かつ $x_i \in T$ で，T は環であるから，$\alpha x_i \in T$ である．ゆえに，

$$\alpha x_i = \sum_{j=1}^{n} a_{ij}x_j \qquad (i = 1, \ldots, n)$$

をみたす元 $a_{ij} \in R$ が存在する．右辺の元を左辺に移項して次の式を得る．

$$\sum_{j=1}^{n}(\alpha\delta_{ij} - a_{ij})x_j = 0 \qquad (i = 1, \ldots, n).$$

n 次正方行列 $(\alpha\delta_{ij} - a_{ij})$ の行列式を Δ とすれば，クラーメルの公式より，

$$\Delta x_i = 0 \quad (i = 1, \ldots, n)$$

となる．ゆえに，$\Delta T = 0$ を得る．T は R' の部分環であるから，T は単位元 1 を含む．したがって，$\Delta = 0$ となる．すなわち，

$$\Delta = \begin{vmatrix} \alpha - a_{11} & -a_{12} & \cdots & -a_{1n} \\ -a_{21} & \alpha - a_{22} & \cdots & -a_{2n} \\ \vdots & \vdots & \vdots & \vdots \\ -a_{n1} & -a_{n2} & \cdots & \alpha - a_{nn} \end{vmatrix} = 0.$$

この行列式 Δ を展開すると，

$$\alpha^n + a_1\alpha^{n-1} + \cdots + a_n = 0 \quad (\exists a_i \in R).$$

係数 a_i は a_{ij} の加減乗を施して得られる R の元である．これは α が R 上整であることを意味している．

最後に，上の条件 (1),(2),(3) が満足されていると仮定する．$R[\alpha]$ の任意の元 f は $f = \sum a_i\alpha^i$ $(a_i \in R)$ と表される．このとき，$R[f]$ は $R[\alpha]$ の部分環であり，仮定より，$R[\alpha]$ は有限生成 R 加群であるから，上で証明した (1) $\Longleftrightarrow$ (3) より，f は R 上整である．すなわち，$R[\alpha]$ は R の整拡大である． □

問 7.5 $R \subset T \subset R'$ を環の拡大の列とする．R は T の部分環で，T は R' の部分環とする．このとき，T が R 加群として有限生成ならば，T は R 上整であることを証明せよ．

命題 7.5.4 R を環 R' の部分環とする．R 上整である R' の元全体を T とすれば，T は R' の部分環になる[222)]．T を R' における R の**整閉包** (integral closure) という．

222) R' — T — R

（証明）1 は R 上整であるから，$\alpha, \beta \in T$ ならば，$\alpha - \beta, \alpha\beta \in T$ を示せばよい．α と β は R 上整であるから，定理 7.5.3 より，環 $R[\alpha], R[\beta]$ は R 加群として有限生成である．ゆえに，

$$R[\alpha] = x_1R + \cdots + x_nR, \quad R[\beta] = y_1R + \cdots + y_mR$$

と表される．

$f \in R[\alpha, \beta]$ とする．f は $f = \sum a_{rs}\alpha^r\beta^s, a_{rs} \in R$ と表される．このとき，

$$\begin{aligned}
&\alpha^r \in R[\alpha],\ \beta^s \in R[\beta] \\
&\qquad \Longrightarrow \quad \alpha^r \in \sum x_iR,\ \beta^s \in \sum y_jR \\
&\qquad \Longrightarrow \quad \alpha^r\beta^s \in (\sum x_iR)(\sum y_jR) = \sum x_iy_jR \\
&\qquad \Longrightarrow \quad f = \sum a_{rs}\alpha^r\beta^s \in \sum x_iy_jR \\
&\qquad \Longrightarrow \quad f \in \sum x_iy_jR.
\end{aligned}$$

これより，$R[\alpha, \beta] = \sum_{i,j} x_iy_jR$ であることが分かる．すなわち，$R[\alpha, \beta]$ は R 加群として有限生成である．すると，定理 7.5.3 より，そのすべての元は R 上整である．特に，$\alpha - \beta, \alpha\beta$ も R 上整となる．

□

問 7.6　$R \subset R' \subset R''$ を環の拡大の列とする．このとき，R' が R 加群として有限生成であり，かつ R'' が R' 加群として有限生成ならば，R'' が R 加群として有限生成であることを示せ．

命題 7.5.5　R を環 R' の部分環とし，R' は R'' の部分環とする[223]．このとき，R'' が R' 上整であり，R' が R 上整ならば，R'' は R 上整である．

223) R'' | R' | R

（証明）α を R'' の任意の元とする．α は R' 上整であるから，

$$\alpha^n + \beta_1\alpha^{n-1} + \cdots + \beta_n = 0, \quad \beta_i \in R'$$

なる整従属関係式がある．このとき，α は $R[\beta_1, \ldots, \beta_n]$ 上整である．ゆえに，定理 7.5.3 より，$R[\alpha, \beta_1, \ldots, \beta_n]$ は $R[\beta_1, \ldots, \beta_n]$ 加群として有限生成である．

次に，$\beta_1, \ldots, \beta_n$ は R 上整である．再び，定理 7.5.3 より，$R[\beta_1]$ は R 加群として有限生成である．また，β_2 は R 上整であるから，$R[\beta_1]$ 上でも整である．ゆえに，$R[\beta_1, \beta_2]$ は $R[\beta_1]$ 加群として有限生成である．すると，$R[\beta_1, \beta_2]$ は R 加群として有限生成である（問 7.6）．

これを続ければ，$R[\beta_1, \ldots, \beta_n]$ は R 加群として有限生成である

ことが分かる．以上より，$R[\alpha, \beta_1, \ldots, \beta_n]$ は R 加群として有限生成である．再び，定理 7.5.3 より，α は R 上整となる． □

R が R' の部分環であるとき，R の R' における整閉包を T とする．このとき，T の R' における整閉包は T 自身である．これは次のようである．T の R' における整閉包を T^* とすると[224]，$T \subset T^*$ であるが，逆に

$$
\begin{aligned}
\alpha \in T^* &\Longrightarrow \alpha \text{ は } T \text{ 上整} \\
&\Longrightarrow T[\alpha] \text{ は } T \text{ 上整} \text{ }^{225)} \\
&\Longrightarrow T[\alpha] \text{ は } R \text{ 上整} \text{ }^{226)} \\
&\Longrightarrow \alpha \text{ は } R \text{ 上整} \\
&\Longrightarrow \alpha \in T.
\end{aligned}
$$

したがって，$T = T^*$ が成り立つ．

定義 7.5.6 R の R' での整閉包が R 自身であるとき，R は R' で**整閉** (integrally closed in R') であるという．R が整域のとき，その商体を F とする．このとき，R の F 内での整閉包 R^* を単に R の整閉包といい，$R = R^*$ であるとき R は**整閉整域**であるという．整閉整域である環のことを**正規環** (normal ring) ともいう．

定理 7.5.7 一意分解整域 (UFD) は整閉整域（正規環）である[227]．

（証明）一意分解整域 R の商体を F とし，$\alpha \in F$ とする．α が R 上整であるとして，$\alpha \in R$ であることを示せばよい．

α が R 上整であるから，

$$\alpha^n + a_1\alpha^{n-1} + a_2\alpha^{n-2} + \cdots + a_n = 0 \quad (a_i \in R)$$

なる関係式がある．ここで，α は R の商体 F の元であるから，ある $b, c \in R$ により $\alpha = b/c$ と表すことができる．このとき，b と c は共通の素因子をもたないように選べる．

次に整従属式に c^n をかけて分母を払い，移項すると，

$$b^n = -(a_1b^{n-1}c + a_2b^{n-2}c + \cdots + a_nc^{n-1})c$$

を得る．c が単元でないとすると，c を割り切る素元 p が存在する[228]．

224)
R'
|
R^*
|
$T[\alpha]$
|
T
|
R

225) 命題 7.5.3.

226) T は R 上整であるから，命題 7.5.5 より．

227) 一意分解整域 (UFD) については，たとえば拙著『イデアル論入門』，定義 4.7.4 を参照せよ．

228) (p) が素イデアルであるとき，p を素元という．

この式より b^n は p で割り切れる．ゆえに，b は p で割り切れることになり，b と c は共通の素因子をもたないことに矛盾する．したがって，c は R の単元となり，$\alpha = bc^{-1} \in R$ となる． □

例 7.5.8 有理整数環 $\mathbb{Z}$ は一意分解整域 (UFD) であるから，定理 7.5.7 により，$\mathbb{Z}$ の商体である有理数体 $\mathbb{Q}$ において整閉である．すなわち，有理整数環 $\mathbb{Z}$ は整閉整域（正規環）である．

また，体 k 上の多項式環 $k[X_1, \ldots, X_n]$ も一意分解整域 (UFD) であるから，同様にして整閉整域（正規環）である．

7.6 クルル次元 1 の正則局所環

最後に本節では正則局所環の例として，クルル次元 1 のネーター局所環に対して，正則局所環であることと正規環であることは同値であることを示す．

命題 7.6.1 (R, P) をネーター局所環とする．ただし，$\dim R \geq 1$ とする．R が次の条件を満足していると仮定する．

(1) R は正規環（整閉整域）である．

(2) $((a) : P) \supsetneq (a)$ をみたす元 $a \in R$ が少なくとも一つ存在する．

このとき，R は次元 1 の正則局所環となる．

（証明）仮定 $((a) : P) \supsetneq (a)$ より，

$$\exists b \in R,\ \ b \in ((a) : P),\ \ b \notin (a).$$

このとき，当然 $b \neq 0$ である．$\alpha := b/a$ とおく．α は整域 R の商体の元である．$b \in ((a) : P)$ より，$\alpha P \subset R$ である．

このとき，$\alpha P \not\subset P$ であることを示す．

$P = (x_1, \ldots, x_n)$ とおく．$\alpha P \subset P$ と仮定すると，

$$\alpha x_i = \sum_{j=1}^{n} c_{ij} x_j \quad (c_{ij} \in R, i = 1, \ldots, n)$$

ゆえに，

$$\sum_{j=1}^{n}(\alpha\delta_{ij} - c_{ij})x_j = 0 \quad (i = 1, \ldots, n).$$

係数行列式を $\Delta = \det(\alpha\delta_{ij} - c_{ij})$ とおけば，クラーメルの公式より $\Delta x_i = 0$ $(i = 1, \ldots, n)$ となり，ゆえに，$\Delta P = 0$ を得る．

ここで，$\dim R \geq 1$ であるから，$P \neq 0$ であり，P には零でない元 $d \in P$ がある．すると，$\Delta d = 0$ となるが，R は整域であるから，$\Delta = 0$ となる．

次に行列式 Δ を展開すると，定理 7.5.3,(3) $\Longrightarrow$ (1) の証明と同様にして，R 係数の α の整従属式が得られる．すなわち，α は R 上整である．すると仮定より，R は整閉整域であるから，$\alpha \in R$ を得る．すると，

$$\alpha \in R \implies \frac{b}{a} \in R \implies b \in aR = (a).$$

これは $b \notin (a)$ であることに矛盾する．

以上より $\alpha P \not\subset P$ であることが示された．すると，

$$\exists c \in P, \quad \alpha c \notin P.$$

ここで，$u := \alpha c = (bc)/a$ とおく．すると，

$$\begin{aligned} b \in ((a):P), c \in P &\implies bc \in ((a):P)P \subset (a) \\ &\implies u = (bc)/a \in R \\ &\implies u \in R. \end{aligned}$$

ゆえに，$u \in R$ である．また，

$$u = \frac{bc}{a} \implies ua = bc \implies (ua) = (bc).$$

さらに，c の選び方と u の定義より，$u = \alpha c \notin P$ である．すると，

$$\begin{aligned} u \notin P &\implies u \text{ は } R \text{ の単元} \\ &\implies (a) = (ua) = (bc) \subset bP \qquad (c \in P) \\ &\implies (a) \subset bP. \end{aligned}$$

一方，$b \in ((a):P)$ より $bP \subset (a)$ であるから，上の式より $b(c) = bP$ が成り立つ．

ここで，$b \neq 0$ で R は整域であるから，$P = (c)$ が得られる．

したがって，クルルの単項イデアル定理 6.4.8 より，

$$\dim R = \operatorname{ht} P = \operatorname{ht}(c) \leq 1.$$

仮定より，$1 \leq \dim R$ であるから，$\dim R = 1$ を得る．

最後に，$P = (u)$ であるから，P の極小底の個数は 1 である．すなわち，$\dim_k P/P^2 = 1$ である．したがって，$\dim R = \dim_k P/P^2$ が成り立つので，R は 1 次元の正則局所環である． □

次に，1 次元の正則局所環について調べる．1 次元の正則局所環は非常に単純である．なぜなら，これから調べるように，このとき，この環のすべての真のイデアルは極大イデアルのベキとして表されるからである．

命題 7.6.2 (R, P) を正則局所環とし，$\dim R = 1$ とする．このとき，次の性質が成り立つ．

(1) 極大イデアル P は単項イデアルである．その生成元を $p \in P$ とする．すなわち，$P = (p)$ である．

(2) R の任意のイデアル I $(0 \subsetneq I \subsetneq R)$ はすべてある自然数 n が存在して，$I = (p^n)$ と表される．

（証明）(1) R は次元 1 の正則局所環であるから，定義 7.4.3 によりその極大イデアル P の極小底の個数は 1 である．したがって，ある元 $p \in P$ が存在して，$P = (p) = pR$ と表される．

(2) $I \neq (0)$ を R の真のイデアルとする．定理 6.2.3 より，$\bigcap_{i=1}^{\infty} P^i = (0)$ である．$(0) \subsetneq I \subset P$ であるから，

$$I \subset P^n,\ I \not\subset P^{n+1}$$

をみたすある自然数 n が存在する．ゆえに，

$$\exists a \in I,\ a \notin P^{n+1}.$$

$a \in I \subset P^n$ であるから，$a = p^n u, u \in R$，と表される．このとき，$a \notin P^{n+1}$ であるから $u \notin P$ である．すると，u は R の単元である．ゆえに，

$$(p^n) = (a) \subset I \subset (p^n).$$

したがって，$I = (p^n) = (p)^n = P^n$ となる． □

命題 7.6.2 の仮定と同じように，(R, P) を $\dim R = 1$ の正則局所環とする．このとき，極大イデアルは $P = (p), p \in R$ と表される．系 7.4.12 より，R は整域であるから，R の商体 F が存在する．このとき，F の任意の元 α は $\alpha = a/b$ $(a, b \in R)$ と表される．命題 7.6.2 より，イデアル (a) と (b) は，

$$(a) = (p^r),\ r \geq 0, \quad (b) = (p^s),\ s \geq 0$$

と表される．すると，

$$a = u_1 p^r, \quad b = u_2 p^s, \quad u_1 \text{ と } u_2 \text{ は } R \text{ の単元}$$

と表される．このとき，

$$\alpha = \frac{a}{b} = \frac{u_1 p^r}{u_2 p^s} = (u_1 u_2^{-1}) p^{r-s} = u p^t$$

ここで，$u = u_1 u_2^{-1}$ は R の単元であり，整数 $t = r - s$ は正，零，負の値をとる．

定理 7.6.3　(R, P) をネーター局所環とし，$\dim R = 1$ とする．このとき，次は同値である．

(1) R は正則局所環である．

(2) R は正規環（整閉整域）である．

（証明）(1) $\Longrightarrow$ (2)．R は正則局所環であると仮定する．定理 7.6.2 より，R の極大イデアル P は単項イデアルであるから $P = (p)$ とする．また，系 7.4.14 より，R は整域であるからその商体を F とする．

このとき，R は F で整閉であることを示す．すなわち，$\alpha \in F$ が R 上整であると仮定して，$\alpha \in R$ であることを示す．

$\alpha \notin R$ と仮定する．$\alpha \neq 0$ なので，定理 7.6.3 の前で調べたように，F の元 α は，

$$\alpha = u p^r,\ u \text{ は } R \text{ の単元},\ r \in \mathbb{Z}$$

と表される．$\alpha \notin R$ であるから，$r < 0$ である．$s = -r > 0$ と

おく．

$\alpha = up^r$ は R 上整であるから，適当な元 $a_i \in R$ によって，整従属関係式，

$$(up^r)^n + a_1(up^r)^{n-1} + a_2(up^r)^{n-2} + \cdots + a_n = 0$$

が成り立つ．この式の両辺に p^{sn} を掛けると，

$$u^n p^{rn+sn} + a_1 u^{n-1} p^{r(n-1)+sn} + a_2 u^{n-2} p^{r(n-2)+sn} + \cdots + a_n p^{sn} = 0.$$

これより，

$$u^n + a_1 u^{n-1} p^s + a_2 u^{n-2} p^{2s} + \cdots + a_n p^{ns} = 0$$ [229]

を得る．これは $u^n + bp = 0, \exists b \in R$ を意味している．すなわち，$u^n \in P$ となり，$u \in P$ を得る．これは矛盾である[230]．

$(2) \Longrightarrow (1)$．R は局所環である．R は整域で，その商体 F で整閉であると仮定する．R は整域であるから，(0) は素イデアルである（命題 1.3.6）．また，R の極大イデアル P に対して，$\mathrm{ht}\, P = \dim R = 1$ であるから，$P \neq (0)$ である．このとき，$a \in P, a \neq 0$ とすると，$a \in P$ より a は非単元であり，R は整域で $a \neq 0$ であるから a は非零因子である．そして，(a) を含む素イデアルは P だけである[231]．ゆえに，命題 5.2.7 より，(a) は P 準素イデアルである．すると，命題 6.1.13 より[232]，$((a) : P) \neq (a)$ が成り立つ．したがって，定理 7.6.1 より，R_P は次元 1 の正則局所環である． □

229) $r + s = 0$.

230) u は単元．

231) $\mathrm{ht}\, P = 1$.

232) または問 6.3.

第 7 章練習問題

1. R を整域 R' の部分環とし，R' が R 上整であるとする．このとき，次が成り立つことを証明せよ．

$$R \text{ は体である} \iff R' \text{ は体である．}$$

2. 環の拡大 $R \subset R'$ で R' は R 上整であると仮定する．このとき，次が成り立つことを示せ．

   (1) R' のイデアル I' に対して，$I = R \cap I'$ とおくとき，$R/I \subset R'/I'$ は整拡大である．

   (2) S を R の積閉集合とするとき，$S^{-1}R \subset S^{-1}R'$ も整拡大である．

   (3) 整域 R が正規環のとき，$S^{-1}R$ も正規環である．

3. R を整域とする．このとき，次が同値であることを証明せよ．

(1) R は正規環である．
(2) R の任意の素イデアル P に対して R_P は正規環である．
(3) R の任意の極大イデアル P に対して R_P は正規環である．

4. $R \subset R'$ を環の拡大で，R' は R 上整であるとする．P' を R' の素イデアルとし，$P = P' \cap R$ とおく．このとき，P' が環 R' の極大イデアルであるための必要十分条件は，P が環 R の極大イデアルになることである[233]．

5. $R \subset R'$ を環の拡大で，R' は R 上整であるとする．P_1' と P_2' を R' の素イデアルで，$P_1' \subset P_2'$ かつ $P := P_1' \cap R = P_2' \cap R$ をみたすものとする[234]．このとき，$P_1' = P_2'$ となることを示せ．

6. $R \subset R'$ を環の拡大で，R' は R 上整であるとする．P を R の素イデアルとする．このとき，R' の素イデアル P' が存在して $P' \cap R = P$ となることを示せ．

7. R を正則局所環で $\mathfrak{m}$ をその極大イデアルとし，$\dim R = n$ とする．$A = R[X]$ を環 R 上の 1 変数多項式環とする．P を A の素イデアルで $R \cap P = \mathfrak{m}$ とする．このとき，$P = \mathfrak{m}A$ ならば，A_P は $\dim A_P = n$ の正則局所環であることを証明せよ．

8. R はネーター環であり，かつ正規環（整閉整域）であるとする．P を R の素イデアルで $\operatorname{ht} P = 1$ とする．このとき，次を証明せよ．

(1) R の P 準素イデアル Q はすべて P の記号的 s 乗で表される．すなわち，$Q = P^{(s)}$ である．
(2) 元 $a \in P$ が $a \notin P^{(2)}$ ならば，イデアル (a) の P 準素成分は P 自身である．

9. (R, P) をネーター局所環とし，$\dim R = n$ とする．$a_1, \ldots, a_r \in P$ に対して，次の (1),(2) が成り立つことを示せ．

(1) $\operatorname{coht}(a_1, \ldots, a_r) \geq n - r$.
(2) $a_1, \ldots, a_r$ が R のパラメーターの 1 部分である
$\iff \operatorname{coht}(a_1, \ldots, a_r) = n - r$.

10. (R, P) をネーター局所環とし，$\dim R = n$ とする．$a_1, \ldots, a_r$ を R 正則列[235] とするとき，次が成り立つことを示せ．

(1) $\operatorname{coht}(a_1, \ldots, a_r) = n - r$.
(2) $a_{r+1}, \ldots, a_n \in P$ が存在して，$a_1, \ldots, a_r, a_{r+1}, \ldots, a_n$ は局所環 R のパラメーター系になる．

233)

R' P'
| |
R P

234)

R' $P_2' \supset P_1'$
| \ /
R P

235) 第 6 章練習問題 7 で定義した．

問題の略解

第2章の問題

問 2.1 (1) $0x = (0+0)x = 0x + 0x \Longrightarrow 0x = 0_M$.

(2) $a0 = a(0+0) = a0 + a0 \Longrightarrow a0 = 0_M$.

(3) $(-a)x + ax = (-a+a)x = 0x = 0 \Longrightarrow -ax = (-a)x$.

(4) $(a-b)x + bx = \{(a-b)+b\}x = ax$ より分かる.

問 2.2 定義 2.1.1 に従って, $\mathbb{Z}$ 加群の (i) から (iv) を確かめる. $m, n \in \mathbb{Z}$、$x, y \in M$ として,

(i) $n(x+y) = nx + ny$,

(ii) $(n+m)x = nx + mx$,

(iii) $n(mx) = (nm)x$,

(iv) $1x = x$

を確かめればよい. 具体的には m, n を正の数, 負の数に分けて, 帰納法で証明する (たとえば,『群・環・体入門』の定理 2.7 を参照せよ).

問 2.3 簡単のため, $(x_i) = (x_1, \ldots, x_n)$ と表し, $a \in R, (x_i), (y_i) \in R^n$ とする. このとき,

(i) $a((x_i)+(y_i)) = a(x_i+y_i) = (a(x_i+y_i)) = ((ax_i)+(ay_i)) = (ax_i)+(ay_i) = a(x_i)+a(y_i)$.

(ii) $(a+b)(x_i) = ((a+b)x_i) = (ax_i + bx_i) = (ax_i) + (bx_i)$.

(iii) $a(b(x_i)) = a(bx_i) = (a(bx_i)) = ((ab)x_i) = (ab)(x_i)$.

(iv) $1(x_i) = (1x_i) = (x_i)$.

問 2.4 (i),(ii) $\Longrightarrow$ (i′),(ii) を示す. (i′) を示せばよい. $x, y \in N$ とする. (ii) より, $-1 \in R, y \in N \Longrightarrow -y \in N$. また, (i) より, $x \in N, -y \in N \Longrightarrow x - y \in N$.
(i′),(ii) $\Longrightarrow$ (i),(ii) を示す. (i) を示せばよい. $-1 \in R, y \in N \Longrightarrow -y \in N$, また (i′) より $x \in N, -y \in N \Longrightarrow x-(-y) = x+y \in N$.

問 2.5 $x \in N + M_1 \Longrightarrow x = x_1 + x_2, \exists x_1 \in N, \exists x_2 \in M_1$. ここで, 仮定より $x_1 \in N \subset M_1$ であるから, $x_1 \in M_1, x_2 \in M_1 \Longrightarrow x = x_1 + x_2 \in M_1 \Longrightarrow x \in M_1$. ゆえに, $N + M_1 \subset M_1$ を得る. 逆の包含関係は明らかであるから, $N + M_1 = M_1$ が成り立つ.

問 2.6 ($\Longrightarrow$) $x \neq 0$ とする. $x \neq 0 \Longrightarrow 0 \subsetneq Rx \subset M \Longrightarrow Rx = M$.
($\Longleftarrow$) $0 \subsetneq N \subset M$ とする. $0 \subsetneq N \subset M \Longrightarrow \exists x \in N, x \neq 0 \Longrightarrow Rx = M$. すると, $Rx \subset N \subset M \Longrightarrow N = M$.

問 2.7　R 部分加群の条件を確かめる．(i) $x, y \in IM \Longrightarrow x = \sum_{i=1}^{r} a_i x_i \ (a_i \in I, x_i \in M), y = \sum_{i=1}^{r} b_i y_i \ (b_i \in I, y_i \in M) \Longrightarrow x + y = \sum a_i x_i + \sum b_i y_i \in IM$.
(ii) $a \in R, x \in IM \Longrightarrow ax = a \sum a_i x_i = \sum (aa_i) x_i \in IM$．ここで，$aa_i \in I$ である．

問 2.8　$0 \in \mathrm{Ann}_R(M)$ であるから，$\mathrm{Ann}_R(M) \neq \emptyset$ である．

(i) $a, b \in \mathrm{Ann}_R(M)$ とする．すると，$(a+b)M = aM + bM = 0$ より $a + b \in \mathrm{Ann}_R(M)$ が得られる．
(ii) $r \in R, a \in \mathrm{Ann}_R(M)$ とする．すると，$(ra)M = r(aM) = r0 = 0$ である．ゆえに，$ra \in \mathrm{Ann}_R(M)$ を得る．

以上，(i),(ii) より $\mathrm{Ann}_R(M)$ は R のイデアルである．

問 2.9　$0 \in (L : N) \Longrightarrow (L : N) \neq \emptyset$.

(i) $a, b \in (L : N) \Longrightarrow aN \subset L, bN \subset L \Longrightarrow (a + b)N \subset aN + bN \subset L$.
(ii) $r \in R, a \in (L : N) \Longrightarrow r \in R, aN \subset L \Longrightarrow (ra)N = r(aN) \subset L$.

問 2.10　$M/N = 0 \Longrightarrow M = N$:　$x \in M \Longrightarrow x + N \in M/N = 0 \Longrightarrow x + N = N \Longrightarrow x \in N$. ゆえに，$M \subset N$．逆の包含関係は明らか．
$M/N = 0 \Longleftarrow M = N$:　M/N の任意の元は $\bar{x} = x + N (x \in M)$ と表される．$M = N$ とすると，$\bar{x} = x + N = x + M = M = N = \bar{0}$.

問 2.11　(i) $(g \circ f)(x+y) = g(f(x+y)) = g(f(x)+f(y)) = g(f(x))+g(f(y)) = (g \circ f)(x)+(g \circ f)(y)$．$(g \circ f)(ax) = g(f(ax)) = g(af(x)) = ag(f(x)) = a(g \circ f)(x) = [a(g \circ f)](x)$.

問 2.12　$f(0) = f(0+0) = f(0)+f(0) \Longrightarrow f(0) = 0$. $f(x)+f(-x) = f(x+(-x)) = f(0) = 0$. ゆえに，$-f(x) = f(-x)$.

問 2.13　(1) $\forall z \in N, \exists y \in M, g(y) = z$．さらに，$\exists x \in L, f(x) = y$．すると，$(g \circ f)(x) = g(f(x)) = g(y) = z$.
(2) $\mathrm{Ker}\,(g \circ f) = 0$ を示す．$x \in \mathrm{Ker}\,(g \circ f) \Longrightarrow (g \circ f)(x) = 0 \Longrightarrow g(f(x)) = 0 \Longrightarrow f(x) = 0 \Longrightarrow x = 0$.
(3) 問 2.11 より，$g \circ f$ は準同型写像であり，(1) と (2) より $g \circ f$ は全単射である．ゆえに，$g \circ f$ は同型写像である．
(4) f は同型写像であるから，f は全単射，ゆえに逆写像 f^{-1} が存在する．よって，f^{-1} が準同型写像であることを示せばよい．

f の逆写像を g として，$x', y' \in M$ に対して $g(x'+y') = g(x')+g(y'), g(ax') = ag(x')$ を示す．最初に，$f \circ g = \mathrm{id}_M$ より $f(g(x'+y')) = x'+y'$ である．一方，$f(g(x')+g(y')) = f(g(x')) + f(g(y')) = x' + y'$．$f$ は単射であるから，$g(x' + y') = g(x') + g(y')$ が成り立つ．同様にして，もう一つの式も証明できる．

問 2.14　(1) $f(x) = 0 \Longrightarrow g(f(x)) = 0 \Longrightarrow (g \circ f)(x) = 0 \Longrightarrow x = 0$.
(2) $z \in L$ とする．$(g \circ f)$: 全射 $\Longrightarrow \exists x \in M, (g \circ f)(x) = z \Longrightarrow \exists f(x) \in N, g(f(x)) = z$.
(3) (a) $(g \circ f) = \mathrm{id}_M \Longrightarrow g \circ f$: 単射 $\Longrightarrow f$: 単射.
(b) $(g \circ f) = \mathrm{id}_M \Longrightarrow g \circ f$: 全射 $\Longrightarrow g$: 全射.

問 2.15 $M = M_1 \dot{\oplus} \cdots \dot{\oplus} M_n$ と仮定する．$x \in M_i \cap \sum_{j \neq i} M_j = 0$ とする．すると，$x \in M_i, x \in \sum_{j \neq i} M_j$．ゆえに，$x = \sum_{j \neq i} x_j, x_j \in M_j$ と表される．ゆえに，表現の一意性により，$x = 0$ となる．
逆に，$M_i \cap \sum_{j \neq i} M_j = 0$ と仮定して，0 の表現の一意性を示せば十分である．$\sum_{i=1}^n x_i = 0, x_i \in M_i$ とする．このとき，各 i に対して $x_i = -\sum_{j \neq i}^n x_j \in M_i \cap \sum_{j \neq i} M_j = 0$．ゆえに，$x_i = 0$ を得る．

問 2.16 ϕ が R 準同型写像であることを示す．$a \in R, (x_i) \in \bigoplus_{i=1}^n M_i$ とする．$\phi((x_i) + (y_i)) = \phi((x_i + y_i)) = \sum(x_i + y_i) = \sum x_i + \sum y_i = \phi((x_i)) + \phi((y_i))$．$\phi(a(x_i)) = a\phi((x_i))$ も同様である．
ϕ が全射であること：M の任意の元 x は $x = \sum x_i, x_i \in M_i$ と表される．このとき，$(x_i) \in \bigoplus M_i$ とすれば，定義より $\phi((x_i)) = \sum x_i = x$ となる．
ϕ が単射であること：$(x_i) \in \operatorname{Ker}\phi \Longrightarrow \phi((x_i)) = 0 \Longrightarrow \sum x_i = 0$．$M$ が M_i の内部直和であることより，$\forall i, x_i = 0$ となり，$(x_i) = (0)$ を得る．

問 2.17 (1) $\Longrightarrow$ (2)．辺々引き算して，(1) を使う．
(2) $\Longrightarrow$ (1)．0 の一つの表現は $0 = 0x_1 + \cdots + 0x_n$ である．

問 2.18 (1) $\Longrightarrow$ (2) の場合．$\alpha((a_i) + (b_i)) = \alpha((a_i + b_i)) = \sum(a_i + b_i)x_i = \sum(a_i x_i + b_i x_i) = \sum a_i x_i + \sum b_i x_i = \alpha((a_i)) + \alpha((b_i))$．$\alpha(a(a_i)) = \alpha((aa_i)) = \sum(aa_i)x_i = a\sum a_i x_i = a\alpha((a_i))$．
(2) $\Longrightarrow$ (1) の場合．$f : R^n/N \longrightarrow M$ を同型写像とすると，$\beta = f \circ \pi$ と表される．f と π が全射 R 準同型写像であるから，その合成写像 β も全射 R 準同型写像である（問 2.11）．

問 2.19 β が R 準同型写像であるのは命題 2.5.11 と同様である．f について：α は同型写像であるから，その逆写像 α^{-1} も同型写像である（問 2.11）．よって，その合成写像 $f = \beta \circ \alpha^{-1}$ も R 準同型写像である．

問 2.20 $\mathbb{Q}$ が $\mathbb{Z}$ 加群として自由加群であると仮定する．このとき，この自由加群の基底の濃度が 1 ということはあり得ない．なぜなら，このとき $\mathbb{Q} = x\mathbb{Z}, x \in \mathbb{Q}$ と表されるが，これは実数の稠密性により成り立たない．基底の濃度が 2 以上とする．このとき，基底の任意の二つの元を $x, y \in \mathbb{Q}$ とする．すると，ある 0 でない整数 a と b が存在して，$ax + by = 0$ なる式をみたす．これより，x と y は $\mathbb{Z}$ 上 1 次従属となり矛盾である．

第 2 章の練習問題

1. (1) $x \in ((N_1 \cap N_2) : L) \Longleftrightarrow xL \subset N_1, xL \subset N_2 \Longleftrightarrow x \in (N_1 : L), x \in (N_2 : L) \Longleftrightarrow x \in (N_1 : L) \cap (N_2 : L)$．
他も同様である．

2. $\mathscr{A} = \{M' \mid M'$ は M の部分加群, $N \subset M' \subsetneq M\}$ とする．$\mathscr{A}$ は包含関係に関して順序集合をつくる．$N \in \mathscr{A}$ より $\mathscr{A} \neq \emptyset$．$\mathscr{A}$ が帰納的であることを示す．$\mathscr{A}$ の全順序部分集合を $\{M_\lambda \mid \lambda \in \Lambda\}$ とする．このとき，$\bigcup_{\lambda \in \Lambda} M_\lambda$ が $\{M_\lambda \mid \lambda \in \Lambda\}$ の上界になる．従って，ツォルンの補題より，$\mathscr{A}$ に極大元 M_0 が存在する．M_0 は N を含む M の極大部分加群である．

3. $f, g \in \operatorname{Hom}_R(M, N)$ と $a \in R$ に対して，$f + g, af \in \operatorname{Hom}_R(M, N)$ であることを示す．次に，$\operatorname{Hom}_R(M, N)$ が R 加群であるための条件，定義 2.1.1,(i) $\sim$ (iv) が成り立つことを確かめ

ればよい．

4. f_Y が R 準同型写像であること：$a \in R, h, h_i \in \mathrm{Hom}_R(N, Y)$ として $f_Y(h_1 + h_2) = f_Y(h_1) + f_Y(h_2), f_Y(ah) = af_Y(h)$ を示せばよい．これはたとえば次のようである．$x \in M$ として，$f_Y(h_1 + h_2)(x) = \{(h_1 + h_2) \circ f\}(x) = (h_1 + h_2)(f(x)) = h_1 f(x) + h_2 f(x) = (h_1 \circ f)(x) + (h_2 \circ f)(x) = \big(f_Y(h_1) + f_Y(h_2)\big)(x)$.
f^X についても同様である．

5. $f \in \mathrm{Hom}_R(R, M)$ に対して，$\sigma(f) = f(1)$ と定義する．$\sigma : \mathrm{Hom}_R(R, M) \longrightarrow M$ は R 準同型写像になることは容易に確かめられる．σ が単射であること：$f \in \mathrm{Ker}\,\sigma \Longrightarrow \sigma(f) = 0 \Longrightarrow f(1) = 0$. すると，任意の元 $a \in R$ に対して $f(a) = f(a \cdot 1) = af(1) = 0$.
　σ が全射であること：$x \in M$ とする．$a \in R$ に対して，$f(a) := ax$ と定義する．f は R 準同型写像になることは容易に確かめられる．このとき，$\sigma(f) = f(1) = 1 \cdot x = x$.

6. F は R 自由加群であるから，1 次独立な生成系 $\{x_\lambda\}_{\lambda \in \Lambda}$ をもつ．すなわち，$F = \oplus_{\lambda \in \Lambda} R x_\lambda$ と表される．仮定より f は全射であるから，$\forall \lambda \in \Lambda, \exists y_\lambda \in M, f(y_\lambda) = g(x_\lambda)$. このとき，$h(\sum a_\lambda x_\lambda) := \sum a_\lambda y_\lambda$（和は有限和）により，写像 $h : F \longrightarrow M$ が定義される．h は R 準同型写像となり，$f \circ h = g$ となる．

7. k が体であるとき，k 加群とは k ベクトル空間のことである．また，k 準同型写像とは k 線形写像のことである．$f(L)$ はベクトル空間 M の部分空間であるから，M の部分空間 L_2 が存在して $M = f(L) \oplus L_2$ と直和に表される．このとき，$x \in M = f(L) \oplus L_2$ は $x = f(x_1) + x_2, x_1 \in L, x_2 \in L_2$ と表される．このとき，f が単射であるから x_1 は x に対して一意的に定まる．そこで，$h(x) := g(x_1)$ として，写像 $h : M \longrightarrow N$ を定義できる．h は k 準同型写像であり，$h \circ f = g$ をみたす．

8. (1) 双線形写像 f は線形性により $\overline{f} : F(M, N) \longrightarrow P$ に拡張できる．すなわち，$\overline{f}(\sum a_i(x_i, y_i)) = \sum a_i f(x_i, y_i)$ である．この R 準同型写像 $\bar{f}$ は $\bar{f}(F_0(M, N)) = 0$ をみたす．したがって，準同型定理 2.3.13 により，R 準同型写像 $f' : T = F(M, N)/F_0(M, N) \longrightarrow P$ が引き起こされる．合成写像 φ は R 双線形写像である．このとき，$f' \circ \varphi = f$ をみたすことも分かる．また，この条件により f' は f により一意的に定まる．
   (2) 双線形写像 φ' に対して，(1) より，$h_1 : T \to T'$ が存在して，$\varphi' = h_1 \circ \varphi$ をみたす．同様にして，(1) より，$h_2 : T' \to T$ が存在して，$\varphi = h_2 \circ \varphi'$ をみたす．これより，$\varphi' = (h_1 h_2)\varphi'$ と $\varphi = (h_2 h_1)\varphi$ が成り立つ．すると，$\varphi' = \mathrm{id}_{T'} \circ \varphi'$ なる式と (1) により，$h_1 h_2 = \mathrm{id}_{T'}$ が得られる．同様にして，$h_2 h_1 = \mathrm{id}_T$ が得られる．

9. (x, y) に $f(x) \otimes g(y)$ を対応させることにより，写像 $h : M \times N \longrightarrow M' \otimes N'$ が定義される．h は双線形写像である．すると，$(M \otimes N, \varphi)$ の普遍的な性質により R 準同型写像 $h' : M \otimes_R N \longrightarrow M' \otimes_R N'$ が存在して，$h = h' \circ \varphi$ をみたすものは唯一つである．

10. (1) $f_1(a, x) = ax$ により定まる写像 $f_1 : R \times M \longrightarrow M$ は R 双線形写像である．$R \otimes_R M$ の普遍性により，$f_1 = f \circ \varphi$ をみたす写像 $f : R \otimes M \longrightarrow M$ が存在する．逆に，$g(x) = 1 \otimes x$ により定義される写像 $g : M \longrightarrow R \otimes M$ が定義される．このとき，$f \circ g = \mathrm{id}_M, g \circ f = \mathrm{id}_{R \otimes M}$ が成り立つ．
   (2) $f_1(x, y) = y \otimes x$ により，R 双線形写像 $f_1 : M \times N \longrightarrow N \otimes M$ が定義される．するとテンソル積の普遍性によって，$f_1 = f \circ \varphi$ をみたす R 準同型写像 $f : M \otimes N \longrightarrow N \otimes M$ が存在

する．このとき，$f(x \otimes y) = y \otimes x$ である．同様にして，$g(y \otimes x) = x \otimes y$ をみたす R 準同型写像 $g: M \otimes N \longrightarrow N \otimes M$ が存在する．したがって，$f \circ g = \mathrm{id}_{N \otimes M}, g \circ f = \mathrm{id}_{M \otimes N}$ が成り立つ．

(3) (a) $f: (M \oplus N) \otimes P \longrightarrow (M \otimes P) \oplus (N \otimes P)$, $f((x,y) \otimes z) = (x \otimes z, y \otimes z)$ が存在すること，

(b) $g: (M \otimes P) \oplus (N \otimes P) \longrightarrow (M \oplus N) \otimes P$, $g(x \otimes z_1, y \otimes z_2) = (x, 0) \otimes z_1 + (0, y) \otimes z_2$ が存在することを示して，

$f \circ g(x \otimes z_1, y \otimes z_2) = (x \otimes z_1, y \otimes z_2), g \circ f((x,y) \otimes z) = (x,y) \otimes z$ が成り立つことを示せば，f と g は互いに逆写像になることが分かる．

(a) のみ示す．$f_1((x,y),z) = (x \otimes z, y \otimes z)$ により，R 双線形写像 $f_1 : (M \oplus N) \times P \longrightarrow (M \otimes P) \oplus (N \otimes P)$ が定義される．テンソル積の普遍性により，R 線形写像 $f: (M \oplus N) \otimes P \longrightarrow (M \otimes P) \oplus (N \otimes P)$ が定義される．

第3章の問題

問 3.1　加群の公理 (i) から (iv) を確かめる．$a, b \in R, x, y \in M$ とする．

(i) $\bar{a}(x+y) = a(x+y) = ax + ay = \bar{a}x + \bar{a}y$.

(ii) $(\bar{a} + \bar{b})x = \overline{a+b} \cdot x = (a+b)x = ax + bx = \bar{a}x + \bar{b}x$.

(iii) $\bar{a}(\bar{b}x) = \bar{a}(bx) = a(bx) = (ab)x = \overline{ab}x = (\bar{a}\bar{b})x$.

(iv) $\bar{1}x = x$.

問 3.2　(1) $g: M \longrightarrow L$ とし，$z \in L$ とする．g が全射であるから，$\exists y \in M, g(y) = z$．さらに，$f$ が全射であるから，$\exists x \in N, f(x) = y$．すると，完全系列であるから，$g \circ f = 0$ である．ゆえに，$z = g(y) = g(f(x)) = (g \circ f)(x) = 0(x) = 0$.

(2) g：単射 $\Longrightarrow \mathrm{Ker}\, g = 0 \Longrightarrow \mathrm{Im}\, f = \mathrm{Ker}\, g = 0 \Longrightarrow \mathrm{Im}\, f = 0$．すると，$x \in N \Longrightarrow f(x) \in \mathrm{Im}\, f = 0 \Longrightarrow f(x) = 0 \Longrightarrow x = 0$（$f$ は単射であるから）．以上より，$N = 0$.

問 3.3　$x, y \in N$ とする．すると，$x \in N_i, y \in N_j, \exists i, j \in \mathbb{N}$．$\{N_i\}$ は線形順序であるから，$N_i \subset N_j$ または $N_i \supset N_j$ である．$N_i \subset N_j$ としてよい．このとき，$x, y \in N_j$ であるから，$x + y \in N_j \subset N$ となる．

$a \in R, x \in N$ とする．(i) と同じ表現を使えば，「$x \in N_i \Longrightarrow ax \in N_i \subset N$」を得る．

問 3.4　$L = N^* \Longrightarrow N^* + Ry = N^* \Longrightarrow y \in N^*$．これは仮定に矛盾する．

問 3.5　命題 3.3.3 と同様にすればよい．$\mathscr{A}$ を R 加群 M の部分加群の族で $M \neq \emptyset$ とする．$\mathscr{A}$ が極小元をもたないと仮定する．$\mathscr{A} \neq \emptyset \Longrightarrow \exists N_1 \in \mathscr{A}$．$N_1$ は極小元ではないので，$\exists N_2 \in \mathscr{A}, N_1 \supsetneq N_2$．$N_2$ も極小元ではないので，$\exists N_3 \in \mathscr{A}, N_2 \supsetneq N_3$．これを続ければ，$M$ の R 部分加群の無限の降鎖 $N_1 \supsetneq N_2 \supsetneq \cdots$ が存在する．これは矛盾である．

問 3.6　M' と M'' がアルティン加群であると仮定し，($\Longleftarrow$) のみ示す．M がアルティン加群であることを示す．

$L_1 \supset L_2 \supset \cdots$ を M の部分加群の降鎖とする．仮定より，定理の証明と同様にしてある番号 n が存在して $m \geq n$ に対して，$\alpha^{-1}(L_m) = \alpha^{-1}(L_n), \beta(L_m) = \beta(L_n)$ が成り立

つ．このとき，$\forall m \geq n, L_n = L_m$ が成り立つことを示す．逆の包含関係は明らかなので $L_n \subset L_m$ を示す．$x \in L_n \Longrightarrow \beta(x) \in \beta(L_n) = \beta(L_m) \Longrightarrow \beta(x) = \beta(y), \exists y \in L_m \Longrightarrow \beta(x-y) = 0 \Longrightarrow x - y \in \operatorname{Ker}\beta = \operatorname{Im}\alpha \Longrightarrow x - y = \alpha(z), \exists z \in M' \Longrightarrow \alpha(z) = x - y \in L_n \Longrightarrow z \in \alpha^{-1}(L_n) = \alpha^{-1}(L_m) \Longrightarrow \alpha(z) \in L_m \Longrightarrow x = y + \alpha(z) \in L_m$.

問 3.7 $\operatorname{Im}\alpha \subset \operatorname{Ker}\beta$： $x \in M_1 \oplus M_2$ は $x = (x_1, x_2), x_i \in M_i$ と表される．$x \in \operatorname{Im}\alpha \Longrightarrow x = \alpha(y_1), \exists y_1 \in M_1 \Longrightarrow (x_1, x_2) = (y_1, 0) \Longrightarrow x_1 = y_1, x_2 = 0 \Longrightarrow \beta(x) = \beta(x_1, 0) = 0 \Longrightarrow x \in \operatorname{Ker}\beta$.
$\operatorname{Ker}\beta \subset \operatorname{Im}\alpha$： $x = (x_1, x_2) \in \operatorname{Ker}\beta \Longrightarrow \beta(x) = 0 \Longrightarrow x_2 = 0 \Longrightarrow x = (x_1, 0)$．すると，$\alpha(x_1) = (x_1, 0) = x$．ゆえに，$x \in \operatorname{Im}\alpha$.

問 3.8 簡単のため埋め込み写像を $\iota : N_{i-1} \longrightarrow M_{i-1}$ とする．$\iota(N_i) = N_i \subset M_i$ であるから，定理 2.3.13 より誘導された準同型写像 $\bar{\iota} : N_{i-1}/N_i \longrightarrow M_{i-1}/M_i$ がある．元の対応は $x \in N_{i-1}$ として，$\bar{\iota}(\bar{x}) = \iota(x) + M_i = x + M_i$ である．このとき，$\bar{\iota}$ が単射であること，すなわち，$\operatorname{Ker}\bar{\iota} = \{\bar{0}\}$ を示せばよい．
$\bar{x} \in N_{i-1}/N_i$ $(x \in N_{i-1})$ とする．$\bar{x} \in \operatorname{Ker}\bar{\iota} \Longleftrightarrow \bar{\iota}(\bar{x}) = \bar{0} \Longleftrightarrow x + M_i = M_i \Longleftrightarrow x \in M_i \Longleftrightarrow x \in M_i \cap N_{i-1} = N_i \Longleftrightarrow x \in N_i \Longleftrightarrow \bar{x} = \bar{0} \in N_{i-1}/N_i$.

第 3 章の練習問題

1. $\operatorname{Ker} f \subset \operatorname{Ker} f^2 \subset \cdots \subset \operatorname{Ker} f^{i-1} \subset \operatorname{Ker} f^i \subset \cdots$．$M$ はネーター R 加群であるから，$\exists n_0 \in \mathrm{N}, \forall n \geq n_0, \operatorname{Ker} f^n = \operatorname{Ker} f^{n+1} = \cdots$．このとき，$f$ は単射となることが次のようにして分かる．
$x \in \operatorname{Ker} f$ と仮定する．ゆえに，$f(x) = 0$．一方，f：全射 $\Longrightarrow f^n$：全射．
$\operatorname{Im} f^n = M \Longrightarrow \exists y \in M, f^n(y) = x \Longrightarrow f(x) = f^{n+1}(y) \Longrightarrow f^{n+1}(y) = 0 \Longrightarrow y \in \operatorname{Ker} f^{n+1} = \operatorname{Ker} f^n \Longrightarrow f^n(y) = 0 \Longrightarrow x = 0$.
以上より，$\operatorname{Ker} f = 0$.

2. $\operatorname{Im} f \supset \operatorname{Im} f^2 \supset \cdots \supset \operatorname{Im} f^{i-1} \supset \operatorname{Im} f^i \supset \cdots$．$M$ はアルティン R 加群であるから，$\exists n_0 \in \mathrm{N}, \forall n \geq n_0, \operatorname{Im} f^n = \operatorname{Im} f^{n+1} = \cdots$．このとき，$f$ は全射となることが次のようにして分かる．$x \in M$ とする．
$f^n(x) \in \operatorname{Im} f^n = \operatorname{Im} f^{n+1} \Longrightarrow \exists y \in M, f^{n+1}(y) = f^n(x) \Longrightarrow \exists y \in M, f^n(f(y) - x) = 0$.
仮定より，f は単射である．すると，f^n も単射であるから，$f(y) = x$ を得る．

3. M がネーター R 加群でないと仮定する．すると，有限生成でない M の部分 R 加群 N が存在する．x_1 を N の任意の元とする．$Rx_1 \subsetneq N$ であるから，$x_2 \in N \setminus Rx_1$ が存在する．これを続けて，$N_i = Rx_1 + \cdots + Rx_i$ とする．$N_i \subsetneq N$ であるから，$\exists x_{i+1} \in N, x_{i+1} \notin N_i$．このようにして，$\{N_i\}_{i \in \mathbb{N}}$ は極大元をもたない有限生成 R 部分加群の集合である．

4. $L := M/N_1 \oplus M/N_2$ は仮定よりネーター R 加群である（命題 3.3.10）．$f(x) := (x \mod N_1, x \mod N_2)$ によって，R 準同型写像 $f : M \longrightarrow L$ を定義する．第 1 同型定理 2.3.14 より，単射準同型写像 $\bar{f} : M/(N_1 \cap N_2) \longrightarrow L$ が定義される．したがって，$M/(N_1 \cap N_2)$ はネーター R 加群 L の部分加群に同型であるから，ネーター R 加群である．

5. $M = Rx_1 + \cdots + Rx_n$ と表される．$f(a) := (ax_1, \ldots, ax_n)$ により，R 準同型写像 $f : R \longrightarrow L := \oplus_{i=1}^n M$ が定義される．このとき，$I := \operatorname{Ker} f = \operatorname{Ann}(M)$ が成り立つ．

$I = \mathrm{Ann}(M)$ であるから，M は R/I 加群とみることができる（命題 3.1.3）．L はネーター R/I 加群である（命題 3.3.10）．第 1 同型定理 2.3.14 より，単射準同型写像 $\bar{f} : R/I \longrightarrow L$ が定義される．したがって，R/I はネーター R/I 加群である（定理 3.3.9）．すなわち，R/I はネーター環である．

6. $k = R/P$ として，M/PM は k ベクトル空間である．$y_j = \sum a_{ij}x_j$ より，$\overline{M} = M/PM$ において $\bar{y}_j = \sum \bar{a}_{ij}\bar{x}_j$．命題 3.1.6 より，$\{x_1, \ldots, x_n\}$ と $\{y_1, \ldots, y_n\}$ は k ベクトル空間 $\overline{M}$ の基底である．(a_{ij}) はベクトル空間 $\overline{M}$ の基底変換行列であるから，$\det(\bar{a}_{ij}) \neq 0$ である．ゆえに，$\det(a_{ij}) \notin P$ で，$\det(a_{ij})$ は R の単元となる．したがって，$\det(a_{ij})$ の逆行列が存在する．

7. (1) g_N が単射であること：$\mathrm{Ker}\, g_N = 0$ を示す．$\alpha_3 \in \mathrm{Hom}_R(M_3, N)$ に対して，$g_N(\alpha_3) = 0$ と仮定する．ゆえに，$\alpha_3 \circ g = 0$ である．g が全射であるから，$\forall x_3 \in M_3, \exists x_2 \in M_2, x_3 = g(x_2)$．すると，$\alpha_3(x_3) = \alpha_3 \circ g(x_2) = 0$．$x_3$ は任意であったから，$\alpha_3 = 0$ となる．
   (2) $\mathrm{Im}\, g_N = \mathrm{Ker}\, f_N$ を示す．
   $\mathrm{Im}\, g_N \subset \mathrm{Ker}\, f_N$ であること：$\alpha_2 \in \mathrm{Im}\, g_N \Longrightarrow \exists \alpha_3 \in \mathrm{Hom}_R(M_3, N), g_N(\alpha_3) = \alpha_2 \Longrightarrow \alpha_3 \circ g = \alpha_2 \Longrightarrow f_N(\alpha_2) = \alpha_2 \circ f = (\alpha_3 \circ g) \circ f = 0 \Longrightarrow \alpha_2 \in \mathrm{Ker}\, f_N$．
   $\mathrm{Im}\, g_N \supset \mathrm{Ker}\, f_N$ であること：$\alpha_2 \in \mathrm{Ker}\, f_N$ とする．$\alpha_2 \in \mathrm{Ker}\, f_N \Longrightarrow f_N(\alpha_2) = 0 \Longrightarrow \alpha_2 \circ f = 0$．$g$ が全射であるから，$\forall x_3 \in M_3, \exists x_2 \in M_2, x_3 = g(x_2)$．このとき，$x_2 \in M_2$ の選び方に依存せず $\alpha_3(x_3) = \alpha_2(x_2)$ として $\alpha_3 \in \mathrm{Hom}_R(M_3, N)$ を定義できる．すると，$g_N(\alpha_3) = \alpha_2$ となる．

8. (1) f^M が単射であること：$\beta_1 \in \mathrm{Hom}_R(M, N_1)$ として，$f^M(\beta_1) = 0 \Longrightarrow \beta_1 = 0$ を示す．これは f が単射であることより分かる．
   (2) $\mathrm{Im}\, f^M = \mathrm{Ker}\, g^M$ を示す．
   $\mathrm{Im}\, f^M \subset \mathrm{Ker}\, g^M$ であること：仮定の完全系列より，$g \circ f = 0$ である．$\beta_2 \in \mathrm{Im}\, f^M \Longrightarrow \beta_2 = f^M(\beta_1), \exists \beta_1 \in \mathrm{Hom}_R(M, N_1) \Longrightarrow \beta_2 = f \circ \beta_1 \Longrightarrow g \circ \beta_2 = g \circ (f \circ \beta_1) = 0 \Longrightarrow g^M(\beta_2) = 0 \Longrightarrow \beta_2 \in \mathrm{Ker}\, g^M$．
   $\mathrm{Im}\, f^M \supset \mathrm{Ker}\, g^M$ であること：
   $\beta_2 \in \mathrm{Ker}\, g^M$ とする．このとき，$g \circ \beta_2 = 0$ である．$x \in M$ とすると，$g \circ \beta_2 = 0 \Longrightarrow g \circ \beta_2(x) = 0 \Longrightarrow \beta_2(x) \in \mathrm{Ker}\, g = \mathrm{Im}\, f \Longrightarrow \exists y_1 \in N_1, f(y_1) = \beta_2(x)$．$f$ の単射性より，このような $y_1 \in N_1$ は唯一つ定まる．そこで，$\beta_1(x) = y_1$ として，R 準同型写像 $\beta_1 \in \mathrm{Hom}_R(M, N_1)$ が定まる．このとき，$f \circ \beta_1 = \beta_2$．すなわち，$f^M(\beta_1) = \beta_2$ が成り立つ．

9. h_1 と h_3 が同型であるとして，h_2 が同型であることを示す．
   (1) h_2 が単射であることを示す．$x_2 \in M_2$ として $h_2(x_2) = 0$ と仮定する．
   $g_2 \circ h_2(x_2) = h_3 \circ f_2(x_2) = 0 \Longrightarrow f_2(x_2) = 0 \Longrightarrow x_2 \in \mathrm{Ker}\, f_2 = \mathrm{Im}\, f_1 \Longrightarrow \exists x_1 \in M_1, f_1(x_1) = x_2 \Longrightarrow h_2 \circ f_1(x_1) = h_2(x_2) = 0 \Longrightarrow h_2 \circ f_1(x_1) = 0 \Longrightarrow g_1 \circ h_1(x_1) = 0 \Longrightarrow h_1(x_1) = 0 \Longrightarrow x_1 = 0 \Longrightarrow x_2 = f_1(x_1) = f_1(0) = 0 \Longrightarrow x_2 = 0$．
   (2) h_2 が全射であることを示す．$y_2 \in N_2$ とする．
   $y_2 \in N_2 \Longrightarrow y_3 := g_2(y_2) \in N_3 \Longrightarrow \exists x_3 \in M_3, h_3(x_3) = y_3 \Longrightarrow \exists x_2 \in M_2, f_2(x_2) = x_3$．このとき，$h_2(x_2) = y_2$ となるとは限らないので，$y_2 - h_2(x_2) \in N_2$ を考える．すると，$g_2(y_2 - h_2(x_2)) = g_2(y_2) - g_2 \circ h_2(x_2) = g_2(y_2) - h_3 \circ f_2(x_2) = y_3 - h_3(x_3) = y_3 - y_3 = 0$．下の列が完全系列なので，$\exists y_1 \in N_1, g_1(y_1) = y_2 - h_2(x_2)$．$h_1$ は

同型であるから，$\exists x_1 \in M_1, h_1(x_1) = y_1$．ここで，$f_1(x_1) + x_2 \in M_2$ を考える．$h_2(f_1(x_1) + x_2) = h_2 \circ f_1(x_1) + h_2(x_2) = g_1 \circ h_1(x_1) + h_2(x_2) = g_1(y_1) + h_2(x_2) = y_2 - h_2(x_2) + h_2(x_2) = y_2$．

10. h_3 が単射であること：$x_3 \in M_3$ として，$h_3(x_3) = 0$ とする．$h_3(x_3) = 0 \Longrightarrow h_4 \circ f_3(x_3) = 0 \Longrightarrow f_3(x_3) = 0 \Longrightarrow \exists x_2 \in M_2, f_2(x_2) = x_3 \Longrightarrow g_2 \circ h_2(x_2) = 0 \Longrightarrow \exists y_1 \in N_1, g_1(y_1) = h_2(x_2) \Longrightarrow \exists x_1 \in M_1, h_1(x_1) = y_1 \Longrightarrow h_2 \circ f_1(x_1) = g_1(y_1) \Longrightarrow h_2(x_2) = h_2(f_1(x_1)) \Longrightarrow x_2 = f_1(x_1) \Longrightarrow x_3 = f_2(x_2) = 0 \Longrightarrow x_3 = 0$.
h_3 が全射であること：$y_3 \in N_3$ とする．$y_4 := g_3(y_3) \in N_4 \Longrightarrow \exists x_4 \in M_4, h_4(x_4) = y_4 \Longrightarrow h_5 \circ f_4(x_4) = g_4 \circ h_4(x_4) = g_4(y_4) = 0 \Longrightarrow f_4(x_4) = 0 \Longrightarrow \exists x_3 \in M_3, f_3(x_3) = x_4$ である．$y_3' := h_3(x_3)$ とおけば，$g_3(y_3 - y_3') = 0$. すると，$g_3(y_3 - y_3') = 0 \Longrightarrow \exists y_2 \in N_2, g_2(y_2) = y_3 - y_3' \Longrightarrow \exists x_2 \in M_2, g_2(x_2) = y_2 \Longrightarrow h_3 \circ f_2(x_2) = y_3 - y_3'$. ここで，$x_3' = f_2(x_2) \in M_3$ とおけば，$h_3(x_3') = g_2(y_2) = y_3 - y_3'$ となり，$h_3(x_3 + x_3') = y_3$ を得る．以上より，$x_3 + x_3'$ は y_3 の原像の 1 つである．
注意　練習問題 9 と 10 は可換図式を見ながら，推論するように．

第 4 章の問題

問 4.1　R が整域である場合に同値関係であることは容易に確かめられる．R が整域でない場合には，推移律が成り立つとは限らない．これは次のようである．
$(a, s) \sim (b, t), (b, t) \sim (c, u) \Longrightarrow at = bs, bu = ct \Longrightarrow atu = bsu, bus = cts \Longrightarrow (au - cs)t = 0$. ここで，$R$ が整域でない場合には，必ずしも $au - cs = 0$ が導き出せない．

問 4.2　S が積閉集合であること：$s, t \in S \Longrightarrow s \neq 0, t \neq 0 \Longrightarrow st \neq 0 \Longrightarrow st \in S$.
$S^{-1}R$ は定理 4.1.3 により，環になるので，体であることを示せばよい．
$a/s \in S^{-1}R$ として，$a/s \neq 0$ のとき，a/s が $S^{-1}R$ で単元であることを示せばよい．
$a/s \neq 0 \Longleftrightarrow a \neq 0 \Longrightarrow a \in S = R \setminus \{0\} \Longrightarrow s/a \in S^{-1}R$. このとき，$(a/s)(s/a) = 1/1$ であるから，a/s は $S^{-1}R$ で単元である．

問 4.3　(1) S が積閉集合であること：1 は非零因子であるから，$1 \in S$ は明らかである．$s, t \in S \Longrightarrow st \in S$ を示す．$(st)a = 0 \Longrightarrow s(ta) = 0 \Longrightarrow ta = 0 \Longrightarrow a = 0$.
(2) 標準的写像が単射であること：$\varphi(a) = 0, a \in R$ とする．すると，$\varphi(a) = 0 \Longrightarrow a/1 = 0 \Longrightarrow \exists s \in S, sa = 0$. ここで，$S$ は非零因子の集合であるから，$a = 0$ となる．

問 4.4　$a/s = b/t \Longleftrightarrow \exists u \in S, atu = bsu$ である．このとき，$su \in S$ であるから，$su \notin P$ である．ゆえに，$a \in P \Longrightarrow bsu \in P \Longrightarrow b \in P$ を得る．ゆえに，$a \in P \Longrightarrow b \in P$ が示された．逆も同様である．

問 4.5　$\mathfrak{m} \subset PR_P$: $x \in \mathfrak{m} \Longrightarrow x = a/s (a \in P, s \notin P) \Longrightarrow x = (a/1)(1/s) \in PR_P$.
$\mathfrak{m} \supset PR_P$: $x \in PR_P \Longrightarrow x = \sum(p_i/1)(a_i/s_i) = \sum(p_i a_i s_i')/s = (1/s)(\sum p_i b_i) \in \mathfrak{m}$.
ただし，$p_i \in P, b_i = a_i s_i', s = \prod_{i=1}^n s_i, s_i' = \prod_{j \neq i} s_j$.

問 4.6　命題 4.1.2 と同様である．推移律のみ示す．$(x, s) \sim (y, t), (y, t) \sim (z, u) \Longrightarrow (x, s) \sim (z, u)$ を示す．$(x, s) \sim (y, t), (y, t) \sim (z, u) \Longrightarrow \exists v, w \in S, xtv = ysv, yuw = ztw \Longrightarrow xtv(uw) = ysv(uw), yuw(sv) = ztw(sv) \Longrightarrow xtvuw = ztwsv \Longrightarrow (xu - zs)tvw =$

$0 \Longrightarrow (x,s) \sim (z,u)$.

問 4.7　加群の条件 (i) から (iv) を確かめる．(i) $(a/u)((x/s)+(y/t)) = (a/u)((tx+sy)/st) = a(tx+sy)/ust = atx/ust + asy/ust = (a/u)(x/s) + (a/u)(y/t)$．他も同様である．

問 4.8　$\mathrm{Im}\, f \subset \mathrm{Ker}\, g \Longrightarrow g \circ f = 0$:　$x' \in M'$ とする．$f(x') \in \mathrm{Im}\, f = \mathrm{Ker}\, g$ であるから，$(g \circ f)(x') = g(f(x')) = 0$．ゆえに，$\forall x \in M', g \circ f(x') = 0$．すなわち，$g \circ f = 0$ である．

$\mathrm{Im}\, f \subset \mathrm{Ker}\, g \Longleftarrow g \circ f = 0$:　$x \in \mathrm{Im}\, f \Longrightarrow x = f(x'), \exists x' \in M' \Longrightarrow g(x) = g(f(x')) = (g \circ f)(x') = 0(x') = 0$．ゆえに，$x \in \mathrm{Im}\, f \Longrightarrow x \in \mathrm{Ker}\, g$．すなわち，$\mathrm{Im}\, f \subset \mathrm{Ker}\, g$ が示された．

問 4.9　(1) 始めに $\bar{s} \notin P/Q \Longleftrightarrow s \notin P$ であることを示す．($\Longrightarrow$): $s \in P \Longrightarrow \pi(s) \in P/Q$ は明らかである．ただし，$\pi : R \longrightarrow R/Q$ は標準全射である．

($\Longleftarrow$): $\pi(s) \in P/Q \Longrightarrow \pi(s) = \pi(t), \exists t \in P \Longrightarrow s - t \in Q \subset P \Longrightarrow s \in P$.

(2) $\pi(S) = \{\pi(s) \in R/Q \mid s \in S\} = \{\pi(s) \in R/Q \mid s \notin P\} = \{\pi(s) \in R/Q \mid \pi(s) \notin P/Q\} = R/Q \setminus P/Q$.

問 4.10　$\mathrm{Ann}_R(R/I) \supset I$ であることは明らかであるから，$\mathrm{Ann}_R(R/I) \subset I$ を示す．$a \in \mathrm{Ann}_R(R/I) \Longrightarrow a(R/I) = \overline{0} \Longrightarrow a \cdot \overline{1} = \overline{0} \Longrightarrow \overline{a} = \overline{0} \Longrightarrow a \in I$.

第 4 章の練習問題

1. $M \neq 0$ と仮定する．$x \in M, x \neq 0$ として，$I = \mathrm{Ann}_R(x)$ とおく．$I \neq (1)$ である．すると，$I \subset P$ をみたす極大イデアル P がある（定理 1.3.7）．このとき，$x/1 \in M_P = 0$．これより，$x/1 = 0 \Longrightarrow \exists s \notin P, sx = 0 \Longrightarrow s \notin P, s \in \mathrm{Ann}_R(x) = I \subset P \Longrightarrow s \notin P, s \in P$．これは矛盾である．

2. (1) $M' = \mathrm{Ker}\, f$ とおき，完全系列 $0 \longrightarrow M' \xrightarrow{\iota} M \xrightarrow{f} N$ を考える．定理 4.2.3 より，$\forall P \in \mathrm{Max}(R)$ に対して，$0 \longrightarrow M'_P \longrightarrow M_P \xrightarrow{f_P} N_P$ が完全系列になる．仮定より f_P は単射であるから，$\mathrm{Ker}\, f_P = 0$ である．したがって，$M'_P = 0$ となる（問 3.2）．P は R の任意の極大イデアルであるから，練習問題 1 より，$M' = 0$ を得る．

   (2) $N' = N/\mathrm{Im}\, f$ とおき，完全系列 $M \xrightarrow{f} N \xrightarrow{\pi} N' \longrightarrow 0$ を考える．$\forall P \in \mathrm{Max}(R)$ に対して，命題 4.2.3 より，$M_P \xrightarrow{f_P} N_P \xrightarrow{\pi_P} N'_P \longrightarrow 0$ が完全系列になる．仮定より f_P は全射であるから，$N'_P = 0$ となる（問 3.2）．P は R の任意の極大イデアルであるから，練習問題 1 より，$N' = 0$ を得る．

3. R は整域であるから，$P \in \mathrm{Max}(R)$ に対して，$R \subset R_P$ である．ゆえに，$R \subset \bigcap_{P \in \mathrm{Max}(R)} R_P$ である．

   $R \supset \bigcap_{P \in \mathrm{Max}(R)} R_P$ を示す．$x \in \bigcap_{P \in \mathrm{Max}(R)} R_P$ とする．このとき，イデアル $I_x := \{a \in R \mid ax \in R\}$ を考える．$\forall P \in \mathrm{Max}(R), I_x \not\subset P$ であることを示せばよい．これが示されると，定理 1.3.7 より $I_x = R$ となり，$I_x = R \Longrightarrow 1 \in I_x \Longrightarrow 1 \cdot x \in R \Longrightarrow x \in R$．ゆえに，逆の包含関係が示される．

   そこで，$\exists P \in \mathrm{Max}(R), I_x \subset P$ と仮定する．$x \in R_P$ であるから，$x = b/c, b \in R, c \notin P$ と

表される．ここで，仮定 $I_x \subset P$ であるから，$cx = b \in R \Longrightarrow c \in I_x \Longrightarrow c \in P$ となる．これは矛盾である．

4. $M = \sum_{i=1}^{n} Rx_i$ とし，$S^{-1}M = 0$ と仮定する．このとき，$x_i \in M \Longrightarrow x_i/1 \in S^{-1}M = 0 \Longrightarrow \exists s_i \in S, s_i x_i = 0$. そこで，$s := \prod s_i \in S$ とおけば，任意の $x \in M$ に対して，$sx = 0$ となる．ゆえに $sM = 0$.
逆は明らかである．

5. (1) $S^{-1}(\bigcap_{P \in \mathscr{A}} P) \subset \bigcap_{P \in \mathscr{A}} S^{-1}P$ は容易に分かるので，逆の包含関係を示す．$\xi \in \bigcap_{P \in \mathscr{A}} S^{-1}P$ とする．$\xi \in S^{-1}R$ は $\xi = a/s, a \in R, s \in S$ と表される．そこで，命題 4.3.2 に注意すると $\xi \in \bigcap_{P \in \mathscr{A}} S^{-1}P \Longrightarrow \xi \in S^{-1}P, \forall P \in \mathscr{A} \Longrightarrow a/s \in S^{-1}P, \forall P \in \mathscr{A} \Longrightarrow a \in P, \forall P \in \mathscr{A} \Longrightarrow a/s \in S^{-1}(\bigcap_{P \in \mathscr{A}} P)$.
(2) 命題 1.4.6 より，$\mathrm{nil}(R) = \bigcap_{P \in \mathrm{Spec}(R)} P$ である．すると，(1) より $S^{-1}\mathrm{nil}(R) = S^{-1}(\bigcap_{P \in \mathrm{Spec}(R)} P) = \bigcap_{P \in \mathrm{Spec}(R)} S^{-1}P$. ここで，$P \cap S \neq \emptyset$ ならば $S^{-1}P = (1)$ となる．また，定理 4.3.6 より，S と共通部分をもたない R の素イデアルの集合（これを $\mathscr{A}$ で表す）と，$S^{-1}R$ の素イデアルは 1 対 1 に対応する．
ゆえに，$\bigcap_{P \in \mathrm{Spec}(R)} S^{-1}P = \bigcap_{P \in \mathscr{A}} S^{-1}P = \bigcap_{P' \in \mathrm{Spec}(S^{-1}R)} P' = \mathrm{nil}(S^{-1}R)$.
(3) R の任意の極大イデアル P に対して，$(\mathrm{nil}(R))_P = \mathrm{nil}(R_P) = 0$. すると，練習問題 1 より $\mathrm{nil}(R) = 0$ となる．

6. $A_S \cong B_T$ を証明する．他も同様である．命題 4.1.9 より，g は $B \longrightarrow B_T \xrightarrow{\alpha} A_S$ と分解される．$\alpha(b/t) = g(b)/g(t)$ である．一方，$f(S) \subset T$ であるから，$A \longrightarrow B \longrightarrow B_T$ の合成写像は $A \xrightarrow{\varphi} A_S \xrightarrow{\beta} B_T$ と分解される．このとき，$\beta(a/s) = f(a)/f(s)$ である．さらに，計算すると $\alpha \circ \beta(a/s) = a/s$ であることが分かる．ゆえに，β は単射である．
次に，β が全射であることを示す．$b/t \in B_T$ とする．仮定 (2) より $b \in B \Longrightarrow \exists s \in S, \exists a \in A, f(s)b = f(a) \Longrightarrow \beta(a/s) = b/1$. ゆえに，$t/1 \in B_T$ に対して，$\exists u \in A_S, \beta(u) = t/1$ となる．すると，$u = \alpha \circ \beta(u) = \alpha(t/1) = g(t)$ が成り立つ．$t \in T$ であるから，$u = g(t)$ は A_S の単元である．したがって，$\beta(u^{-1} \cdot (a/s)) = b/t$ が得られる．これより，β は全射である．

7. 練習問題 6 を使う．そこで，B を A_S とし，A_S を A_T と置き換えて考える．このとき，(1),(2) の条件が成り立つのは容易に分かる．練習問題 6 の結果より，$A_T \cong (A_S)_{\varphi(T)}$ が成り立つ．ここで，$\varphi(T) = T'$ であるから，$A_T \cong (A_S)_{T'}$ を得る．

8. (1) $T := A \setminus P$ とおくと，$P \cap S = \emptyset$ であるから，$S \subset T$ となっている．そこで，練習問題 7 を使うと，$(A_S)_{T'} \cong A_T$ が成り立つ．ここで，$A_T = A_P$ である．一方，$(A_S)_{T'} = (A_S)_{\varphi(T)} = (A_S)_{A_S \setminus PA_S} = (A_S)_{PA_S}$ である．ゆえに，$(A_S)_{PA_S} = A_P$ を得る．
(2) $S := A \setminus Q$ とおけば，$P \subset Q$ より $T \supset S$ である．すると，(1) の結果より $(A_S)_{PA_S} = A_P$ が成り立つ．ここで，$S = A \setminus Q$ であるから，$A_S = A_Q$ である．ゆえに，$(A_Q)_{PA_Q} = A_P$ を得る．

9. (1) ($\Longrightarrow$) $f(a) = ax$ により，加群の準同型写像 $f : R \longrightarrow M$ が定義される．このとき，$\mathrm{Ker}\, f = \mathrm{Ann}_R(x) = P$ であるから，$R/P \cong Rx \subset M$ を得る．
($\Longleftarrow$) M が R/P と同型な部分 R 加群を含んでいると仮定する．このとき，R 加群の単射準同型写像 $f : R/P \longrightarrow M$ が存在する．$x := f(\bar{1}) \in M, \bar{1} = 1 + P \in R/P$ とおく．こ

のとき，任意の $\bar{a}=a+P\in R/P$ に対して $f(\bar{a})=ax$ が成り立つ．また，$\mathrm{Ker}\, f=\{\bar{a}\mid a\in \mathrm{Ann}_R(x)\}$ が成り立つ．仮定より，$\mathrm{Ker}\, f=\bar{0}$ であるから，$\mathrm{Ann}_R(x)\subset P$ である．一方，$a\in P\Longrightarrow \bar{a}=\bar{0}\in R/P\Longrightarrow f(\bar{a})=0\in M\Longrightarrow ax=0\Longrightarrow a\in \mathrm{Ann}_R(x)$．ゆえに，$P=\mathrm{Ann}_R(x)$ となり，$P\in \mathrm{Ass}(x)$ であることが分かる．

(2) $y\in Rx\Longrightarrow \exists a\in R, y=ax$．このとき，$P=\mathrm{Ann}_R(x)\subset \mathrm{Ann}_R(y)$ である．逆に，$a\notin P$ に注意すると $b\in \mathrm{Ann}_R(ax)\Longrightarrow bax=0\Longrightarrow ab\in \mathrm{Ann}_R(x)=P\Longrightarrow b\in P$ を得る．ゆえに，$\mathrm{Ann}_R(y)\subset \mathrm{Ann}_R(x)=P$ を得る．
$Q\in \mathrm{Ass}(R/P)$ とすると，$Q=\mathrm{Ann}_R(\bar{a}),\exists\bar{a}\in R/P$．ここで，$a\notin P$ である．すると，$b\in \mathrm{Ann}_R(\bar{a})\Longleftrightarrow b\bar{a}=0\Longleftrightarrow \overline{ab}=0\Longleftrightarrow ab\in P\Longleftrightarrow b\in P$．したがって，$Q=\mathrm{Ann}_R(\bar{a})=P$．

(3) 極大元を $\mathrm{Ann}_R(x)$ とし，これが素イデアルであることを示せばよい．$ab\in \mathrm{Ann}_R(x), b\notin \mathrm{Ann}_R(x)$ と仮定する．このとき，$\mathrm{Ann}_R(x)\subset \mathrm{Ann}_R(bx)\subsetneq R$ である．$\mathrm{Ann}_R(x)$ の極大性により，$\mathrm{Ann}_R(x)=\mathrm{Ann}_R(bx)$ となる．これより，$a\in \mathrm{Ann}_R(x)$ を得る．

(4) $M\neq 0\Longrightarrow \exists x\neq 0\Longrightarrow \mathrm{Ann}_R(x)\subsetneq R$．ここで，(3) を使う．

10. a：M の零因子 $\Longrightarrow \exists x\in M, x\neq 0, ax=0\Longrightarrow a\in \mathrm{Ann}_R(x)\subsetneq R$．練習問題 9,(3) より，$\mathrm{Ann}_R(x)$ を含む随伴素イデアル P が存在する．
逆に，$P\in \mathrm{Ass}(M)$ として，$a\in P=\mathrm{Ann}_R(x), x\neq 0\Longrightarrow ax=0, x\neq 0$．ゆえに，$a$ は M の零因子である．

第5章の問題

問 5.1 (1) $(X,Y^2)\subset (X,Y)\Longrightarrow \sqrt{(X,Y^2)}\subset \sqrt{(X,Y)}=(X,Y)$（命題 1.3.22，命題 1.4.2, (2)）．逆に，$X\in\sqrt{(X,Y^2)}$ であり，$Y^2\in (X,Y^2)$ より $Y\in\sqrt{(X,Y^2)}$ である．ゆえに，$(X,Y)\subset\sqrt{X,Y^2}$ である．

(2) $R=k[Y]/(Y^2)=k[y], y=\overline{Y}$ と表され，R は k 上 $\{1,y\}$ を基底とする 2 次元のベクトル空間と考えられる．$\bar{f}$ が R の零因子ならば，ある元 $\bar{g}\neq\bar{0}$ が存在して，$\bar{f}\bar{g}=\bar{0}$ である．$\bar{f}=a_0+a_1y, \bar{g}=b_0+b_1y, a_i\in k, b_i\in k$ と表す．すると，$\bar{g}\neq\bar{0}, \bar{f}\bar{g}=\bar{0}$ より，$(b_0,b_1)\neq(0,0), a_0b_0=0, a_0b_1+a_1b_0=0$ が得られる．このとき，$a_0=0$ となる．したがって，$\bar{f}=a_1y$ を得る．

問 5.2 合成写像 $\pi\circ f : R\xrightarrow{f} R'\xrightarrow{\pi} R'/f(Q)$ を考える．これは全射である．核は $\mathrm{Ker}\,(\pi\circ f)=Q$ となる．なぜなら，$a\in \mathrm{Ker}\,(\pi\circ f)\Longleftrightarrow (\pi\circ f)(a)=\bar{0}\Longleftrightarrow f(a)+f(Q)=f(Q)\Longleftrightarrow f(a)\in f(Q)\Longleftrightarrow a\in f^{-1}f(Q)\Longleftrightarrow a\in Q$．最後の部分は，定理 2.3.8 より，$f^{-1}f(Q)=Q+\mathrm{Ker}\, f=Q$ である．すると，第一同型定理 2.3.14 より，$R/Q\cong R'/f(Q)$ を得る．

問 5.3 標準全射を $\pi : R\longrightarrow R/I$ とする．$\pi(Q)=Q/I, \pi(P)=P/I$ であるから，(1) と (2) が同値であることは命題 5.1.15 より得られる．

問 5.4 P_k が素因子 $P_1,\ldots,P_n$ の中で極小とする．そこで，P を $I\subset P\subset P_k$ をみたす素イデアルとする．定理 1.3.11 を使うと，$I\subset P$ より，$\exists Q_i\subset P$ となる．すると，$P_i\subset P\subset P_k$ となり，P_k の極小性により $P_i=P_k$ となる．すなわち，$P=P_k$ である．これは P_k が I の極小イデアルであることを示している．

問 5.5 (1) ($\Longrightarrow$) は $Q \subset P$ であるから明らかである．逆の主張 ($\Longleftarrow$) は対偶により示すと次のようである．$P \cap S \neq \emptyset$ と仮定する．$P \cap S \neq \emptyset \Longrightarrow \exists s \in P \cap S \Longrightarrow \exists n \in \mathbb{N}, s^n \in Q$，$s \in S \Longrightarrow s^n \in Q$，$s^n \in S \Longrightarrow s^n \in Q \cap S \Longrightarrow Q \cap S \neq \emptyset$.

(2) 証明は命題 4.3.2 と同様である．

問 5.6 命題 5.3.4 より，$S(0) = \{a \in R \mid sa = 0, \exists s \in S\}$．すると，$a \in S(0) \Longrightarrow \exists s \in S, sa = 0 \Longrightarrow s \neq 0, sa = 0 \Longrightarrow a = 0$.

問 5.7 $I = \bigcap_{j=1}^{n} Q'_j$ を別の無駄のない分解とする．Q'_j は P_i 準素イデアルである．定理 5.3.7 の証明のように，命題 5.3.5 より，それぞれの無駄のない分解に対して $S(I) = S^{-1}I \cap R = Q_{i_1} \cap \cdots \cap Q_{i_m}$, $S(I) = S^{-1}I \cap R = Q'_{i_1} \cap \cdots \cap Q'_{i_m}$ より，$Q_{i_1} \cap \cdots \cap Q_{i_m} = Q'_{i_1} \cap \cdots \cap Q'_{i_m}$ を得る．

第 5 章の練習問題

1. (1) $k[X, Y, Z]/(X, Y, Z) \cong k$ より P は極大イデアルである．
   (2) $P^2 \subset I_i \subset P$ より，$\sqrt{I_i} = P$．P は極大イデアルであるから，命題 5.1.17 より，P_i は P 準素イデアルである．
   (3) $I = P^2 \subset I_i$ より，$I \subset I_1 \cap I_2$ である．$f \in I_1 \cap I_2$ とすると，$f = Xg_1 + Y^2g_2 + YZg_3 + Z^2g_4 = Yh_1 + X^2h_2 + XZh_3 + Z^2h_4, g_i, h_i \in R$ と表される．$f \notin P^2$ とすると，一方の表現より $g_1 \neq 0$ で，かつ g_1 には 0 でない定数項がある．しかし，もう一方の表現より，これはありえない．したがって，$I = I_1 \cap I_2$ が示された．他も同様である．

2. $(9, 3X) = (9, X) \cap (3)$ が準素分解で，これは無駄のない準素分解である．ここで，$\mathbb{Z}[X]/(3) = \mathbb{Z}_3[X]$ より，(3) は $\mathbb{Z}[X]$ の素イデアルである（例 1.6.6）．$(9, X)$ は $(3, X)$ 準素イデアルであるが，これを示すには，命題 5.1.12 を使う．すなわち，$\sqrt{(9, x)} = (3, X)$ を示し，$fg \in (9, X), g \notin (9, X) \Longrightarrow f \in (3, X)$ を示せばよい．

3. $k[X, Y]/(X) \cong k[Y]$ は整域，$k[X, Y]/(X, Y) \cong k$ は体であることより $P_1 = (X)$ は素イデアルであり，$P_2 = (X, Y)$ は極大イデアルである（定理 1.3.3 と定理 1.3.4）．

   (1) $XY = X(Y + aX) - aX^2 \in (Y + aX, X^2)$ より，$(X^2, XY) \subset (Y + aX, X^2)$．$f \in (X) \cap (Y + aX, X^2)$ とする．$f \in (X)$ より $f = Xg = X(b + g_1), g_1 \in (X, Y)$ と表し，$f \in (Y + aX, X^2)$ より，$b = 0$ を導く．
   (2) P_2 は極大イデアルであるから，$P_2^2 \subset (Y + aX, X^2) \subset P_2$ より $(Y + aX, X^2)$ は P_2 準素イデアルとなる．

   (1),(2) より (3),(4) は分かる．

4. $r_M(N) = \sqrt{(N : M)}$ であること：$a \in r_M(N) \Longleftrightarrow \exists n \in \mathrm{N}, a^n M \subset N \Longleftrightarrow \exists n \in \mathrm{N}, a^n \in (N : M) \Longleftrightarrow a \in \sqrt{(N : M)}$．一方，問 2.9 より，$(N : M) = \mathrm{Ann}_R(M/N)$ であるから，$r_M(N) = \sqrt{(N : M)} = \sqrt{\mathrm{Ann}_R(M/N)}$.

5. (1) $N \subset L \Longrightarrow (N : M) \subset (L : M) \Longrightarrow \sqrt{(N : M)} \subset \sqrt{(L : M)} \Longrightarrow r_M(N) \subset r_M(L)$.
   (2) $\sqrt{r_M(N)} = \sqrt{\sqrt{(N : M)}} = \sqrt{(N : M)} = r_M(N)$.（命題 1.4.2, (3)）.
   (3) $r_M(N \cap L) = \sqrt{((N \cap L) : M)} = \sqrt{(N : M) \cap (L : M)} = \sqrt{(N : M)} \cap \sqrt{(L : M)} =$

$r_M(N) \cap r_M(L)$.（命題 1.2.4, (1)，命題 1.4.2, (4)）.

(4) $r_M(N) = (1) \Longleftrightarrow \sqrt{(N:M)} = (1) \Longleftrightarrow 1 \in (N:M) \Longleftrightarrow M \subset N \Longleftrightarrow M = N$.（命題 1.4.2, (5)）.

6. N が M の準素部分加群であるとき，$Q := (N : M)$ が R の準素イデアルであることを示す．$Q \neq (1)$ は明らかである．そこで，$ab \in Q, b \notin Q \Longrightarrow a \in \sqrt{Q}$ を示す．$ab \in Q, b \notin Q \Longrightarrow ab \in (N:M), b \notin (N:M) \Longrightarrow abM \subset N, bM \not\subset N$．ここで，$bM \not\subset N \Longrightarrow \exists x \in M, x \in bM, x \notin N$．このとき，$ax \in a(bM) \subset N$ であるから，$ax \in N, x \notin N \Longrightarrow \exists n \in \mathbb{N}, a^nM \subset N \Longrightarrow \exists n \in \mathbb{N}, a^n \in (M:N) = Q \Longrightarrow a \in \sqrt{Q}$.

7. $n=2$ の場合を示す．はじめに，N_i が P 準素部分加群であるから，$P = \sqrt{(N_i : M)}$ である．$((N_1 \cap N_2) : M) = (N_1 : M) \cap (N_2 : M)$ を確かめる．これより，$\sqrt{((N_1 \cap N_2) : M)} = \sqrt{(N_1 : M) \cap (N_2 : M)} = \sqrt{(N_1 : M)} \cap \sqrt{(N_2 : M)} = P \cap P = P$．ここで, $\exists n \in \mathbb{N}, a^nM \subset (N_1 \cap N_2) \Longleftrightarrow a \in P$ であるから，$ax \in (N_1 \cap N_2), x \notin (N_1 \cap N_2) \Longrightarrow a \in P$ を示せばよい．$x \notin (N_1 \cap N_2) \Longrightarrow x \notin N_1$ または $x \notin N_2$．いま $x_1 \notin N_1$ とすると，準素部分加群の定義により，$ax \in N_1, x \notin N_1 \Longrightarrow a \in \sqrt{(N_1 : M)} = P$ を得る．$x_2 \notin N_2$ の場合も同様である．

8. (2) N が P 準素部分加群であるとは，$P = \sqrt{(N:M)}$ とおけば，練習問題 6 より，$N \neq M$ であり，「$ax \in N, x \notin N \Longrightarrow a \in P$」を満たすことである．$x \notin N$ として，$(N:x)$ が P 準素イデアルであることを示す．$(N:x) \neq (1)$ である．命題 5.1.12 を用いて，以下の (i),(ii) を示せばよい．

(i) $P = \sqrt{(N:x)}$ を示す．このために，$(N:x) \subset P \subset \sqrt{(N:x)}$ であることを示す．
最初の包含関係：$a \in (N:x) \Longrightarrow ax \in N \Longrightarrow a \in P$.
後半の包含関係：$x \in M \Longrightarrow (N:x) \supset (N:M) \Longrightarrow \sqrt{(N:x)} \supset \sqrt{(N:M)} = P$.

(ii) $ab \in (N:x), b \notin (N:x) \Longrightarrow abx \in N, bx \notin N \Longrightarrow a \in P \Longrightarrow a \in \sqrt{(N:x)}$.

9. 定理 5.2.4 と同様に推論できる．第 2 章練習問題 1 を使うと，$(N:x) = \bigcap_{i=1}^{n}(N_i : x)$ が成り立ち，さらに，練習問題 8 より，$\sqrt{(N:x)} = \sqrt{\bigcap_{i=1}^{n}(N_i:x)} = \bigcap_{x \notin N_j} P_j$ が得られる．これを用いて，$\{P_1, \ldots, P_n\} = \{\sqrt{(N:x)} \in \mathrm{Spec}(R) \mid x \in M\}$ を同様に証明できる．

10. $P \in \mathrm{Ass}(M/N)$ とすると，$P = \mathrm{Ass}(\bar{x}), \bar{x} \in M/N, \bar{x} \neq 0$ と表される．$a \in P$ とする．$a \in P \Longrightarrow a\bar{x} = 0, \bar{x} \neq 0 \Longrightarrow a \in \sqrt{\mathrm{Ann}_R(M/N)} = \sqrt{Q}$．ゆえに，$P \subset \sqrt{Q}$．逆に，$\bar{x} \in M/N \Longrightarrow \mathrm{Ann}_R(\bar{x}) \supset \mathrm{Ann}_R(M/N) = Q \Longrightarrow P \supset Q$．ゆえに，$\sqrt{Q} \subset P$ となり，$P = \sqrt{Q}$ が得られる．以上より，$\mathrm{Ass}(M/N) = \{\sqrt{Q}\}$ が示された．

第 6 章の問題

問 6.1 $a \in \mathrm{Ann}_R(x^i) \Longrightarrow ax^i = 0 \Longrightarrow ax^{i+1} = 0 \Longrightarrow a \in \mathrm{Ann}_R(x^{i+1})$.

問 6.2 はじめに，$\bar{a} \in J/I \Longleftrightarrow a \in J$ が成り立つ．なぜなら，$\bar{a} \in J/I \Longrightarrow \bar{a} = \bar{b}, \exists b \in J \Longrightarrow a - b \in I \subset J \Longrightarrow a \in b + I \subset J + I \subset J \Longrightarrow a \in J$．逆は明らかである．
$J \cap K \subset J, K$ より，$(J \cap K)/I \subset (J/I) \cap (K/I)$．逆に，$\bar{a} \in (J/I) \cap (K/I) \Longrightarrow \bar{a} \in (J/I), \bar{a} \in (K/I) \Longrightarrow a \in J, a \in K \Longrightarrow a \in J \cap K \Longrightarrow \bar{a} \in (J \cap K)/I$.

問 6.3　定理 6.1.13 を使うと，$P \subset P$ であるから，$I \subsetneq (I : P)$ を得る．

問 6.4　命題 4.3.7 より，$P^{(1)} = PR_P \cap R = P$．また，$P^{(i)} = P^i R_P \cap R \supset P^{i+1} R_P \cap R = P^{(i+1)}$．

問 6.5　定理 1.3.11 より，$P' \in \mathrm{Spec}(R), P^n \subset P' \Longrightarrow P \subset P'$．ゆえに P^n を含む素イデアルは必ず P を含むので，P は P^n を含む素イデアルの中で最小のものである．

問 6.6　$1 = 1 - 0 \in 1 - I = S$．$1 - a \in S, 1 - b \in S$ とすると，$(1-a)(1-b) = 1 - a - b + ab = 1 - (a + b - ab) \in 1 - I = S$．

問 6.7　(1) $P' \in \mathrm{Spec}\, R$ とする．命題 6.4.7 より，$I \subset P' \subset P \Longrightarrow \mathrm{ht}\, I \leq \mathrm{ht}\, P' \leq \mathrm{ht}\, P \Longrightarrow \mathrm{ht}\, I = \mathrm{ht}\, P' = \mathrm{ht}\, P \Longrightarrow P' = P$．$P$ は I の極小素イデアルであるから，命題 5.2.9 より P は I の極小素因子である．

(2) P' を I の素因子とする．(R, P) は局所環であるから，$I \subset P' \subset P$ となる．すると，(1) より，$P' = P$ を得る．よって，I の素因子は唯一つ P だけである．ゆえに，命題 5.2.7 より，I は P 準素イデアルである．

第 6 章の練習問題

1. $\varphi : R \longrightarrow R_P$ とすると，定義 6.1.15 より $P^{(i)} = \varphi^{-1}(P^i R_P)$ である．すると，$P = P^{(2)} \Longrightarrow P = \varphi^{-1}(P^2 R_P) \Longrightarrow \varphi(P) = \varphi\varphi^{-1}(P^2 R_P) \subset P^2 R_P \Longrightarrow \varphi(P) \subset P^2 R_P \Longrightarrow PR_P \subset P^2 R_P \Longrightarrow PR_P = P^2 R_P$．帰納法により，$P^{i+1} R_P = P^i R_P$ であるから，$P^{(i+1)} = \varphi^{-1}(P^{i+1} R_P) = \varphi^{-1}(P^i R_P) = P^{(i)}$ を得る．

2. $P = P^{(2)}$ と仮定する．
定理 6.2.4 より，$\bigcap P^{(i)} = S(0)$ が成り立つ．ただし，$S = R \setminus P$ である．
ここで，練習問題 1 より，任意の $i \in \mathbb{N}$ に対して $P = P^{(i)}$ となるので，上式の左辺は P となる．一方，R は整域であるから，(0) の S 成分は (0) である（問 5.6）．ゆえに，右辺は (0)，したがって，$P = (0)$ となり，これは仮定に矛盾する．

3. (1) $P \cap (x^k, y) = P \cap (P^k + Q) = P^k + (P \cap Q) = P^k$．
(2) $M^k \subset (x^k, y)$ で，M は R の極大イデアルであるから，(x^k, y) は M 準素イデアルである（命題 5.1.17）．ゆえに，$P^k = P \cap (x^k, y)$ は無駄のない準素分解である．
(3) P はこの分解の P 準素成分であるから，命題 6.1.16 より $P^{(k)} = P$ となる．
(4) $1 < k$ のとき，$P^k = (x^k) \subsetneq (x) = P = P^{(k)}$．

4. $\mathrm{ht}\, p = r$ とすると，R における素イデアルの鎖 $p_r \subsetneq \cdots \subsetneq p_1 \subsetneq p_0 = p$ が存在する．このとき，A における素イデアルの昇鎖 $p_r A \subset \cdots \subset p_1 A \subset p_0 A = pA$ がある．ここで，$p_i A \in \mathrm{Spec}(A)$ であり（命題 1.6.7），また，$p_i A \cap R = p_i$ である（命題 1.6.2）．ゆえに，$p_r A \subsetneq \cdots \subsetneq p_1 A \subsetneq p_0 A = pA \subset P$ である．したがって，$r \leq \mathrm{ht}\, P$ が成り立つ．

5. $I \subset P_3 \subsetneq P_1$ をみたす素イデアル P_3 が存在したと仮定する．このとき，仮定の，P_2 が $(a) + I$ の極小素イデアルであることより，P_2 は $(a) + P_3$ の極小素イデアルになる．これを剰余環 R/P_3 で考えると，P_2/P_3 は単項イデアル $(\bar{a}) = ((a) + P_3)/P_3$ の極小イデアルである．すると，単項イデアル定理 6.4.8 より，$\mathrm{ht}(P_2/P_3) \leq 1$ が成り立つ．ところが，一方で $(\bar{0}) \subsetneq P_1/P_3 \subsetneq P_2/P_3$ なる素イデアルの列があり，これより，$2 \leq \mathrm{ht}(P_2/P_3)$ となる．これは矛盾である．

6. $(I:a)=I$ であるから，定理 6.1.13 より，a は I のいかなる素因子にも含まれない．P を $(a)+I$ の素因子とする．$I \subset P$ であるから，命題 5.2.9 より，P は I のある素因子 P' を含む．すると，$a \in P, a \notin P'$ であるから，$P' \subsetneq P$ である．ゆえに，$\operatorname{ht} I \leq \operatorname{ht} P' < \operatorname{ht} P$ である．P は $(a)+I$ の任意の素因子であるから，$\operatorname{ht} I < \operatorname{ht}((a)+I)$ が得られる．

7. 練習問題 6 を使うと，$((a_1,\ldots,a_{i-1}) : a_i) = (a_1,\ldots,a_{i-1})$ より $\operatorname{ht}(a_1,\ldots,a_{i-1}) < \operatorname{ht}(a_1,\ldots,a_{i-1},a_i)$ が成り立つ．$i=1$ のとき，$0=\operatorname{ht}(0) < \operatorname{ht}(a_1) \Longrightarrow 1 \leq \operatorname{ht}(a_1)$．帰納的に，$s \leq \operatorname{ht}(a_1,\ldots,a_s)$ が得られる．一方，クルルの標高定理 6.4.12 より，逆の不等式が得られる．

8. P を含む R の素イデアルの昇鎖と $(\bar{0})$ から始まる R/P の素イデアルの昇鎖は 1 対 1 に対応する．これより，$\operatorname{coht} P = \dim R/P$ が分かる．
   $\operatorname{ht} P = r$ ならば，素イデアルの昇鎖 $P_0 \subsetneq P_1 \subsetneq \cdots \subsetneq P_r = P$ があり，$\operatorname{coht} P = s$ ならば，素イデアルの昇鎖 $P = P_r \subsetneq P_{r+1} \subsetneq \cdots \subsetneq P_{r+s}$ がある．これより，$r+s \leq \dim R$ が成り立つ．

9. 標準全射 $\pi : R \longrightarrow R/I$ に対して，対応定理 1.1.17 を用いて考える．
   $\operatorname{coht} P = r$ とすれば，P を含む素イデアルの昇鎖 $P = P_0 \subsetneq P_1 \subsetneq \cdots \subsetneq P_r$ が存在する．剰余環 R/I に移行して考えると，$P/I \subsetneq P_1/I \subsetneq \cdots \subsetneq P_r/I$ が存在する．ゆえに，$\operatorname{coht} P \leq \operatorname{coht} P/I$ が成り立つ．
   逆に，$\operatorname{coht} P/I = s$ とすれば，剰余環 R/I の素イデアルの昇鎖 $P/I \subsetneq P_1' \subsetneq P_2' \subsetneq \cdots \subsetneq P_s'$ が存在する．これをもとの環 R に引き戻して考えると，$P = \pi^{-1}(P/I) \subsetneq \pi^{-1}(P_1') \subsetneq \cdots \subsetneq \pi^{-1}(P_s')$ なる P を含む R の素イデアルの昇鎖が存在する．ゆえに，$\operatorname{coht} P \geq \operatorname{coht} P/I$ が成り立つ．

10. (1) $\operatorname{coht} I$ の定義より，$\operatorname{coht} I = \operatorname{coht} P (I \subset \exists P,\ P \in \operatorname{Spec}(R))$．この P に対して，$\operatorname{ht} I \leq \operatorname{ht} P$ である．
    すると練習問題 8 より，$\operatorname{ht} I + \operatorname{coht} I \leq \operatorname{ht} P + \operatorname{coht} P \leq \dim R$.
    (2) 対応定理 1.1.17 と命題 1.3.9, 命題 1.3.10 より，I を含む R の素イデアルと R/I の素イデアルは 1 対 1 に対応する．$\operatorname{coht} J = \sup\{\operatorname{coht} P' \mid J \subset P', P' \in \operatorname{Spec} R\} = \sup\{\operatorname{coht} P'/I \mid J/I \subset P'/I, P' \in \operatorname{Spec} R\} = \operatorname{coht} J/I$.
    $\operatorname{coht} I = \sup\{\operatorname{coht} P' \mid I \subset P', P' \in \operatorname{Spec} R\} = \sup\{\operatorname{coht} P'/I \mid P'/I \in \operatorname{Spec} R/I\} = \dim R/I$.
    (3) 命題 5.2.7 に注意する．（命題 7.2.5 を参照せよ．）

    (i) $\Leftrightarrow$ (ii). $\operatorname{coht} I = 0 \Longleftrightarrow \dim R/I = 0 \Longleftrightarrow R/I$ の素イデアルは P/I だけ $\Longleftrightarrow$ I を含む R の素イデアルは P だけ $\Longleftrightarrow I : P$ 準素イデアル．
    (i) $\Leftrightarrow$ (iii). $\operatorname{ht} I = n \Longleftrightarrow \operatorname{ht} I = \operatorname{ht} P \Longleftrightarrow I : P$ 準素イデアル．

第 7 章の問題

問 7.1 $(\Longleftarrow)$ は明らかであるから，$(\Longrightarrow)$ を示す．命題 1.6.2, (2) を使うと，たとえば $P_1^e = P_2^e \Longrightarrow P_1^{ec} = P_2^{ec} \Longrightarrow P_1 = P_2$.

問 7.2 局所環であることを示す．$P \in \operatorname{Spec} R \Longrightarrow P^* = PR^* \in \operatorname{Spec} R^*$（命題 1.6.7）$\Longrightarrow R^*_{P^*}$: 局所環（命題 4.1.13）.
ネーター環であることを示す．R : ネーター環 $\Longrightarrow R^* = R[X_{ij}]_{1 \leq i,j \leq n}$: ネーター環（ヒ

ルベルトの基底定理 3.3.16）$\Longrightarrow R^*_{P^*}$ ：ネーター環（命題 4.3.4）.

問 7.3　命題 7.4.2 より，$\dim R \leq \dim_k P/P^2$．P が n 個の元で生成されるならば，$\dim_k P/P^2 \leq n$（命題 7.4.1）．ゆえに，$n = \dim_k R \leq \dim_k P/P^2 \leq n$．したがって，$\dim R = \dim_k P/P^2$ となり，定義 7.4.3 より R は正則局所環である．

問 7.4　$x \in P^s \backslash P^{s+1}, x \in P^t \backslash P^{t+1}$ とする．このとき，$s < t$ とすると，$s < t \Longrightarrow s+1 \leq t \Longrightarrow x \in P^t \subset P^{s+1}$ となり矛盾である．$t < s$ としても同様に矛盾であるから，$t = s$ でなければならない．

問 7.5　$\alpha \in T$ とする．このとき，$R \subset R[\alpha] \subset T \subset R'$ であり，仮定より T は有限生成 R 加群であるから，定理 7.5.3, (1) $\Longleftrightarrow$ (3) より，α は R 上整である．α は任意であるから，T は R 上整である．

問 7.6　仮定より，R' は有限生成 R 加群であるから，$R' = \sum_{i=1}^n x_i R$ と表され，R'' は有限生成 R' 加群であるから，$R'' = \sum_{j=1}^m y_j R$ と表される．すると，$R'' = \sum_{j=1}^m y_j R = \sum_{j=1}^m y_j (\sum_{i=1}^n x_i R) = \sum x_i y_j R$ となる．ただし，i, j は $1 \leq i \leq n, 1 \leq j \leq m$ の範囲を動く．したがって，R'' は有限生成 R 加群である．

第 7 章の練習問題

1. $y \in R'$ とする．$y \neq 0 \Longrightarrow 1/y \in R'$ を示せばよい．仮定より，y は R 上整であるから，整従属式で最小次数をもつものを $y^n + a_1 y^{n-1} + \cdots + a_n = 0$ $(a_i \in R)$ とする．最小次数であることより，$a_n \neq 0$ としてよい．すると，仮定より R は体であるから，$1/a_n \in R$ である．したがって，$1/y = -(y^{n-1} + a_1 y^{n-2} + \cdots + a_{n-2})/a_n \in R'$ となる．
   逆に，R' が体であると仮定する．$x \in R, x \neq 0$ とする．$1/x \in R'$ であるから，$1/x$ は R 上の整従属式 $(1/x)^m + b_1(1/x)^{m-1} + \cdots + b_m = 0, b_i \in R$ を満足する．これより，$1/x = -(b_1 + b_2 x + \cdots + b_m x^{m-1}) \in R$ を得る．

2. (1) R 上の整従属式を R'/I' で考えればよい．
   (2) $x/s \in S^{-1}R'$ とする．$x \in R'$ であるから，整従属式 $x^n + a_1 x^{n-1} + \cdots + a_n = 0, a_i \in R$ がある．これより，$(x/s)^n + (a_1/s)(x/s)^{n-1} + \cdots + a_n/s^n = 0, a_i/s^i \in S^{-1}R$ となり，x/s は $S^{-1}R$ 上整である．
   (3) R の商体と $S^{-1}R$ の商体は同じである．α をその商体の元とし，R_S 上整であると仮定する．すると，整従属式 $\alpha^n + (c_1/s_1)\alpha^{n-1} + \cdots + (c_n/s_n) = 0, c_i/s_i \in R_S$ がある．$s = s_1 s_2 \cdots s_n \in S$ とおき，$\beta := s\alpha$ とおけば，$\beta^n + s(c_1/s_1)\beta^{n-1} + s^2(c_2/s_2)\beta^{n-2} + \cdots + s^n(c_n/s_n) = 0$ を得る．ここで，$s^i(c_i/s_i) \in R$ である．これより，β は R 上整となり，R は仮定より正規環であるから，$\beta \in R$ となる．したがって，$\alpha = \beta/s \in R_S$ が得られる．

3. (1) $\Longrightarrow$ (2)．これは練習問題 2 の (3) より分かる．
   (2) $\Longrightarrow$ (3)．これは自明．
   (3) $\Longrightarrow$ (1)．R の商体を F，$x \in F$ とする．x を R 上整であると仮定する．このとき，R の任意の極大イデアル P に対して，x は R_P 上整である．すると仮定より，$x \in R_P$ となる．したがって，$x \in \bigcap_{P \in \mathrm{Max}(R)} R_P$．ところが，第 4 章練習問題 3 より，$\bigcap_{P \in \mathrm{Max}(R)} R_P = R$ が成り立つので，$x \in R$ が示された．

4. 練習問題 2 より，R' が R 上整ならば，R'/P' は R/P 上整である．このとき，演習問題 1 を使うと，$P' \in \operatorname{Max} R' \iff R'/P'$ は体 $\iff R/P$ は体 $\iff P \in \operatorname{Max} R$.

5. $P := P'_1 \cap R = P'_2 \cap R$ とおく．さらに，$S := R \setminus P$ とすれば，R' は R 上整であるから，練習問題 2,(2) より，$S^{-1}R'$ は $S^{-1}R$ 上整である．$S^{-1}R = R_P$ であり，(R_P, PR_P) は局所環である．PR_P は R_P の極大イデアルである．簡単のために，$R'_P = S^{-1}R'$ と書く．このとき，$P'_1R'_P \cap R_P = P'_2R'_P \cap R_P = PR_P$ である．R'_P は R_P 上整であるから，練習問題 4 より，$P'_1R'_P$ と $P'_2R'_P$ は R'_P の極大イデアルである．ところが，$P'_1R'_P \subset P'_2R'_P$ であるから，$P'_1R'_P = P'_2R'_P$ でなければならない．すると，定理 4.3.6 より，$P'_1 = P'_2$ を得る．

6. R' は R 上整であるから，R'_P は R_P 上整である．R'_P の極大イデアルの一つを M とする（定理 1.3.7）．練習問題 4 より，$M \cap R_P$ は R_P の極大イデアルである．ところが R_P は局所環でその極大イデアルは PR_P であるから，$PR_P = M \cap R_P$ でなければならない．ここで，$\iota : R \longrightarrow R', \varphi' : R' \longrightarrow R'_P, \varphi : R \longrightarrow R_P, \iota_P : R_P \longrightarrow R'_P$ とする．$P' = (\varphi')^{-1}(M)$ とおけば，図式の可換性 $(\iota_P \circ \varphi = \varphi' \circ \iota)$ より，$(\iota_P \circ \varphi)^{-1}(M) = (\varphi' \circ \iota)^{-1}(M)$．これを計算すると，$P = P' \cap R$ が得られる．

7. R は正則局所環であるから，その極大イデアル $\mathfrak{m}$ は $\mathfrak{m} = (x_1, \ldots, x_n)$ と表される（命題 7.4.4）．仮定より，$P = \mathfrak{m}A$ であるから，$PA_P = (x_1, \ldots, x_n)A_P$．すると，クルルの標高定理 6.4.12 より $\dim A_P = \operatorname{ht} PA_P \leq n$.
一方，第 6 章練習問題 4 より，$\dim A_P = \operatorname{ht} PA_P = \operatorname{ht} P \geq \operatorname{ht}(R \cap P) = \operatorname{ht} \mathfrak{m} = n$．ゆえに，$\dim A_P = n$．したがって，$A_P$ の極大イデアル PA_P が n 個の元で生成されるので，A_P は正則局所環である．

8. (1) R は正規環であるから，R_P もそうである（練習問題 3）．このとき，$\dim R_P = \operatorname{ht} P = 1$．すると，定理 7.6.3 より，$R_P$ は正則局所環である．さらに，命題 7.6.2 より，R_P の任意のイデアルは極大イデアルのベキであるから，$QR_P = (PR_P)^s = P^sR_P$ と表される．ゆえに，命題 5.3.2 によって $Q = QR_P \cap R = P^sR_P \cap R = P^{(s)}$ を得る．
   (2) $(a) = \cap_{i=1}^n Q_i, \sqrt{Q_i} = P_i$ を準素分解とする．$(a) \subset P \Longrightarrow \cap_{i=1}^n Q_i \subset P \Longrightarrow \exists Q_i \subset P \Longrightarrow P_i \subset P$．すると，$(0) \subsetneq P_i \subset P$ で $\operatorname{ht} P = 1$ であるから，$P_i = P$ でなければならない．
   以上より，(a) のある Q_i は P 準素イデアルである．ここで，(1) より，$Q_i = P^{(s)}, s \geq 1$ と表される．ゆえに，$(a) \subset P^{(s)}$ となるが，もう一つの仮定 $a \notin P^{(2)}$ より，$s = 1$ でなければならない．したがって，$Q_i = P^{(1)} = P$ となる．すなわち，(a) の P 準素成分は P 自身である．

9. (1) $I = (a_1, \ldots, a_r)$ とおく．$(R/I, P/I)$ は局所環である．$\pi : R \longrightarrow R/I$ を標準全射とする．$s := \dim R/I = \operatorname{coht} I$ とおく（第 6 章の練習問題 10）．R/I のパラメーター系を $\bar{a}_{r+1}, \ldots, \bar{a}_{r+s}, (a_i \in P)$ とする．$(\bar{a}_{r+1}, \ldots, \bar{a}_{r+s})$ は P/I 準素イデアルである．ゆえに命題 5.1.16 より，$\pi^{-1}(\bar{a}_{r+1}, \ldots, \bar{a}_{r+s}) = (a_1, \ldots, a_r, a_{r+1}, \ldots, a_{r+s})$ は P 準素イデアルである．したがって，$n = \dim R = \operatorname{ht} P = \operatorname{ht}(a_1, \ldots, a_{r+s}) \leq r + s$ を得る．これより，$n - r \leq s = \dim R/I = \operatorname{coht} I$ が成り立つ．
   (2) $(\Longleftarrow)$ を示す．(1) の証明で $(a_1, \ldots, a_r, a_{r+1}, \ldots, a_{r+s})$ は P 準素イデアルである．仮定より，$r + s = n = \dim R$ であるから，$(a_1, \ldots, a_r, a_{r+1}, \ldots, a_{r+s})$ は R のパラメーター系である．

($\Longrightarrow$) $a_1, \ldots, a_r$ が R のパラメーター系の1部分ならば, 付け加えて, $a_1, \ldots, a_r, a_{r+1}, \ldots, a_n$ をパラメーター系とする. $J := (a_1, \ldots, a_r, a_{r+1}, \ldots, a_n)$ は P 準素イデアルである. 命題 5.1.15 より, J/I は P/I 準素イデアルである. このとき, $\operatorname{coht} I = \dim R/I = \operatorname{ht} P/I = \operatorname{ht}(\bar{a}_{r+1}, \ldots, \bar{a}_n) \leq s = n - r$. ゆえに, $\operatorname{coht} I \leq n - r$. 一方, (1) より, 逆の不等式が成り立つので, $\operatorname{coht} I = n - r$ が得られる.

10. (1) 前問 9 より, $\operatorname{coht}(a_1, \ldots, a_r) \leq n - r$ を示せばよい. $a_1, \ldots, a_r$ が R 正則列であるから, 第 6 章練習問題 7 より, $\operatorname{ht}(a_1, \ldots, a_r) = r$ である. さらに, 第 6 章練習問題 8 より, $\operatorname{ht}(a_1, \ldots, a_r) + \operatorname{coht}(a_1, \ldots, a_r) \leq \dim R = n$ が成り立つ. ゆえに, $\operatorname{coht}(a_1, \ldots, a_r) \leq n - r$ が得られる.

    (2) (1) と前問 9 より得られる.

参考文献

1. ファン・デル・ヴェルデン：『現代代数学 (1, 3)』, 銀林 浩 訳, 東京図書 (1966)
2. 秋月 康夫, 永田 雅宜：『近代代数学』, 共立出版 (1967)
3. ブルバキ, N.：『数学原論, 可換代数 1～4』, 東京図書 (1971, 1972)
4. 永田 雅宜：『可換環論』, 紀伊國屋書店 (1974)
5. 松村 英之：『可換環論』, 共立出版 (1980)
6. 松村 英之：『代数学』, 朝倉書店 (1990)
7. 彌永 昌吉, 有馬 哲, 浅枝 陽：『代数入門』, 東京図書 (1991)
8. 倉田 吉喜：『代数学』, 近代科学社 (1992)
9. 永田 雅宜, 吉田 健一：『代数学入門』, 倍風館 (1996)
10. リード, M.：『可換環論入門』, 伊藤 由佳理訳, 岩波書店 (2000)
11. 新妻 弘, 木村 哲三：『群・環・体入門』, 共立出版 (2002)
12. 山崎 圭次郎：『環と加群』, 岩波書店 (2002)
13. 渡辺 敬一：『環と体』, 朝倉書店 (2002)
14. アティヤー, M.F., マクドナルド, L.G.：『可換代数入門』, 新妻 弘 訳, 共立出版 (2006)
15. 松阪 和夫：『代数系入門』, 岩波書店 (2007)
16. 桂 利行：『代数学 II 環上の加群』, 東京大学出版会 (2007)
17. ノースコット, D.G.：『イデアル論入門』, 新妻 弘 訳, 共立出版 (2007)
18. 成田 正雄：『イデアル論入門』, 共立出版 (2009)
19. ノースコット, D.G.：『ホモロジー代数入門』, 新妻 弘 訳, 共立出版 (2010)
20. 雪江 明彦：『代数学 2 環と体とガロア理論』, 日本評論社 (2010)
21. 後藤 四郎, 渡辺 敬一：『可換環論』, 日本評論社 (2011)
22. 渡辺 敬一, 草場 公邦：『代数の世界』, 朝倉書店 (2012)
23. 新妻 弘：『イデアル論入門』, 近代科学社 (2016)
24. 後藤 四郎：『可換環論の勘どころ』, 共立出版 (2017)
25. O. Zariski and P. Samuel: Commutative Algebra, Vol. I, D. Van Nostrand Company (1958)

26. I. Kaplansky: Commutative Algebra, Allyn and Bacon, Boston, Massachusetts (1970)

数学史関連

1. 秋月 康夫：『輓近代数学の展望』，ダイヤモンド社 (1970)
2. ファン・デル・ヴェルデン：『代数学の歴史』，加藤明文訳，現代数学社 (1994)
3. ベル，E.T.：『数学をつくった人々 上，下』，田中勇・銀林浩訳，東京書籍 (1997)
4. ジェイムズ，I.：『数学者列伝 I,II,III』，蟹江幸博訳，シュプリンガー・フェアラーク東京 (2005)
5. スティルウェル，J.：『数学の歩み 上』，上野・浪川監訳，田中紀子訳，朝倉書店 (2005)
6. スティルウェル，J.：『数学の歩み 下』，上野・浪川監訳，林芳樹訳訳，朝倉書店 (2008)
7. 佐々木 力：『数学史』，岩波書店 (2010)

事典

1. 『数学入門辞典』，イデアル項目，岩波書店 (2005)
2. 『数学事典第 4 版』，岩波書店 (2007)
3. 蟹江 幸博：『数学用語 英和辞典』，近代科学社 (2013)
4. 『数学小事典第 2 版増補』，共立出版 (2017)
5. ベルトラン・オーシュコルヌ，ダニエル・シュラット著：『世界数学者事典』，熊原啓作訳，日本評論社 (2015)

索　引

著者紹介

新妻　弘（にいつま ひろし）

東京理科大学名誉教授，理学博士

1970 年　東京理科大学大学院理学研究科数学専攻 修了

1991 年　日本工業大学教養科 教授

1994 年　東京理科大学理学部数学科 教授

大学数学 スポットライト・シリーズ⑦

可換環論の様相

——クルルの定理と正則局所環

2017 年 12 月 31 日　初版第 1 刷発行

著　者　新　妻　　弘

発行者　小　山　　透

発行所　株式会社 近代科学社

〒 162-0843　東京都新宿区市谷田町 2-7-15

電 話　03-3260-6161　振 替　00160-5-7625

http://www.kindaikagaku.co.jp

藤原印刷　ISBN978-4-7649-0554-2

定価はカバーに表示してあります．

【本書の POD 化にあたって】
近代科学社がこれまでに刊行した書籍の中には、すでに入手が難しくなっているものがあります。それらを、お客様が読みたいときにご要望に即してご提供するサービス／手法が、プリント・オンデマンド（POD）です。本書は奥付記載の発行日に刊行した書籍を底本として POD で印刷・製本したものです。本書の制作にあたっては、底本が作られるに至った経緯を尊重し、内容の改修や編集をせず刊行当時の情報のままとしました（ただし、弊社サポートページ https://www.kindaikagaku.co.jp/support.htm にて正誤表を公開／更新している書籍もございますのでご確認ください）。本書を通じてお気づきの点がございましたら、以下のお問合せ先までご一報くださいますようお願い申し上げます。

お問合せ先：reader@kindaikagaku.co.jp

Printed in Japan
POD 開始日　2022 年 9 月 30 日
発　　　行　株式会社近代科学社
印刷・製本　京葉流通倉庫株式会社